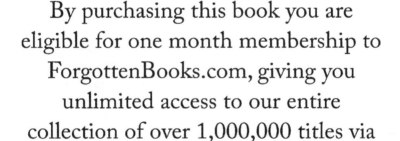

ISBN 978-0-265-62979-6
PIBN 10496590

DIE

CLADOCEREN BÖHMENS

VON

MC. BOHUSLAV HELLICH.

PRAG.

Druck von Dr. Ed. Grégr. — In Commissions-Verlag bei Fr. Řivnáč.

1877.

INHALT.

VORWORT.

Das Interesse an dem Studium der niederen Crustaceen wurde in den letzten Jahren bei uns in Böhmen durch eine Reihe von Publicationen angeregt *) und der Gegenstand versprach so lohnende Ausbeute, dass ich gerne der Einladung meines Lehrers Hrn. Dr. A. Frič die Cladoceren speciell zu bearbeiten folgte.

Zu diesem Behufe hatte ich über das ganze Material zu verfügen, welches Dr. Frič und mehrere andere Mitglieder des Comités für die Landesdurchforschung von Böhmen gesammelt haben, und ich wurde auch durch die Liberalität des genannten Comités in den Stand gesetzt, Hrn. Dr. Frič bei der Untersuchung einiger Böhmerwaldseen zu begleiten, sowie auch selbständig die Durchforschung mehrerer Teiche in der Umgebung von Wittingau, Turnau, Jičín, Poděbrad und Kej vorzunehmen.

Eine grosse Schwierigkeit lag in der Beschaffung der Literatur, da die zahlreichen kleineren Aufsätze in schwedischen, dänischen und englischen Journalen zerstreut sind und desshalb bin ich der naturhistorischen Section des Museums zu besonderem Danke für die Hilfe verpflichtet, die mir durch Beschaffung der nöthigen Werke zu Theil wurde.

Als Resultat mehrjähriger Arbeit, bei welcher mir Herr Dr. A. Frič mit Rath und That beistand, lege ich nun den Freunden der einheimischen Thierwelt die nachfolgenden Blätter vor, aus denen ein erfreulicher Fortschritt in unserer Kenntniss der Cladoceren ersichtlich ist. Indem das im Jahre 1867 veröffentlichte Verzeichniss nur 8 Arten, das vom Jahre 1872 bereits 32 Arten auswiess, enthält nachfolgende Uibersicht 96 Arten und hoffentlich ist damit die Reihe der in Böhmen lebenden Cladoceren noch nicht geschlossen.

---

*) Siehe Literatur pag. 6, 7.

Einen nicht geringen Beitrag zur Erreichung obiger Zahl lieferte Prof. Kurz, welcher in einer Monographie*) 6 neue Arten aus der Umgebung von Deutschbrod beschrieb.

Von grossem Einflusse auf die Bereicherung unseres Wissens waren die Untersuchungsmethoden, mittelst welcher Dr. Frič auch die Fauna der Tiefen der Gebirgsseen des Böhmerwaldes und der Teiche des südlichen Böhmens ans Tageslicht förderte und über welche er in den Sitzungsberichten der k. h. Ges. d. Wissenschaften Mittheilungen machte.

Das Fischen mit dem Schleppnetz in verschiedenen Tiefen des Wassers dürfte besonders bei den Alpenseen angewandt überraschende Resultate liefern.

Werthvolles Material erhielt ich auch von den Herren: Dr. A. Slavík, Ot. Novák, Prof. Rosický, Dr. Vejdovský, Prof. John, Přibík und Jos. Šťáska, welchen ich hiemit den wärmsten Dank ausspreche.

Die sämmtlichen Zeichnungen wurden zuerst von mir entworfen, dann von Herrn K. Myslivec auf Holz gezeichnet und von Herrn Patočka geschnitten.

Prag, im Jänner 1877.

Bohuslav Hellich.

---

*) Dodekas neuer Cladoceren Sitzungsber. der k. Akadem. der Wiss. 1874.

EINLEITUNG.

~~~~~~

Man findet kaum einen Tümpel, Teich, See oder irgend ein stehendes Wasser, das in den Sommermonaten nicht von einer grossen Zahl von verschiedenen winzigen Geschöpfen belebt wäre. Unter diesen Thierchen gehören die meisten den kleinen Crustaceen, der sogenannten Entomostraca an. Eine, an Arten ziemlich reiche Abtheilung derselben, sind die Cladoceren, welche in der vorliegenden Abhandlung näher besprochen werden sollen.

Den ältesten Naturforschern sind diese Thierchen ihrer Kleinheit wegen gänzlich unbekannt geblieben. Erst in der zweiten Hälfte des 17. Jahrhundertes, als der Wissenschaft durch die Erfindung des Mikroskopes ein neues weites Feld gebahnt wurde, erschien die erste Abbildung einer Daphnienart von J. Schwammerdam (1669), welche er mit dem Namen Pulex aquaticus arborescens belegte. Ihm folgte Franz Redi (1684) mit seiner Schrift „Animaletti aquatici", wo er ebenfalls eine Daphnienart abgebildet hatte. Linné führte diese Thierchen unter der Gattung Monoculus an. J. Chr. Schäffer (1755) unterschied schon mehrere Arten.

Von grosser Bedeutung ist O. Fr. Müllers Werk „Entomostraca" (1785), welches als Grundlage den späteren Beobachtern diente. In diesem Werke werden schon die Familien Daphnia, Lynceus und Polyphemus angeführt; blos in der Fam. Lynceus kommt unter dem Namen Lynceus brachyurus ein Phyllopod vor, der später zur selbstständigen Familie Limnetis erhoben wurde. Zu den drei aufgeführten Familien reihte (1819) Strauss noch zwei neue: Sida und Latona an. In dieselbe Zeit fällt auch die vorzügliche Arbeit von Jurine (1820), welche die Geneverfauna behandelt, und sehr viele wichtige Angaben über die Fortpflanzung dieser Thiere enthält. Die ersten anatomischen Arbeiten lieferten Strauss (1819), Lovén (1836) und Schoedler (1846), von denen die zwei letzten uns eine detailirte Anatomie von zwei neuen Gattungen Evadne und Acanthocercus hinterliessen.

In den fünfziger Jahren erschienen gleichzeitig die Arbeiten von Baird (1837—1850) in England, Livièn's (1848) in Norddeutschland und Fischer's (1849) in Russland, die uns eine grosse Reihe neuer Arten und Familien vorweisen. Das erste von den drei aufgeführten Werken ist schon dadurch interessant, dass

1*

in demselben zuerst versucht wird die Familien S i d a, D a p h n i a und L y n c e u s zu trennen. Diese Idee blieb jedoch lange Zeit unberücksichtigt, und erst 20 Jahre später führte sie namentlich S c h o e d l e r und S a r s geltend ein. B a i r d trennte nämlich die Gatt. D a p h n e l l a von S i d a, die Gatt. M o i n a von D a p h n i a und die Gatt. L y n c e u s theilte er sogar in 6 neue Gattungen: E u r y c e r c u s, C a m p t o c e r c u s, A c r o p e r u s, A l o n a, C h y d o r u s und P l e u r o x u s. Aehnlich stellte D a n a (1852) noch eine neue Gattung C e r i o d a p h n i a auf.

Viel günstiger gestaltete sich das Studium der Cladoceren, namentlich in Bezug auf Anatomie, in den letzt verflossenen Jahren. Vor allem verdient L e y d i g's (1860) in vieler Hinsicht unübertroffene Arbeit*) besonders hervorgehoben zu werden, da er uns in seinem grossen Werke nicht nur eine gründliche Beschreibung der bisher bekannten und vieler neuen Arten vorlegt, sondern auch mit einer detailirten Anatomie auf Grundlage histiologischer Beobachtungen vertraut macht. Zugleich mögen noch die kleineren Arbeiten sowohl physiologischen als anatomischen Inhaltes erwähnt werden: Z e n k e r's (1851), Z a d d a c h's (1855), L u b o c k's (1858) und L e u c k a r t's (1859). Zur Ergänzung einzelner Faunen trugen noch wesentlich bei: L i l j e b o r g (1853) in Schweden, F i s c h e r, S c h m a r d a (1854) in Aegypten, C h y z e r (1858) in Ungarn, S c h o e d l e r (1859) in Berlin und B a i r d für Jerusalem.

In der letzten Zeit hat man der Systematik mehr Aufmerksamkeit geschenkt, und die monographische Bearbeitung der einzelnen Gattungen hat die Zahl der Arten sehr vermehrt und eine neue Eintheilung nöthig gemacht. Es mussten einige Gattungen neuerdings getheilt werden, was aber nicht mit genug Vorsicht geschah und häufig zu Extremen führte. So theilte man die Gatt. D a p h n i a in weitere drei Gattungen H y a l o d o p h n i a, S i m o c e p h a l u s und S c a p h o l e b e r i s ein, von welchen man aber nur die zwei letzten als stichhältig behielt. Einer ähnlichen, neuen Eintheilung unterzog man auch die von B a i r d aufgestellten Lynceusgattungen, welche Eintheilung aber nicht genug Anklang gefunden hat.

Die Cladocerenfauna betreffend sind zu dieser Zeit Schriften von S a r s (1861—1865, Norwegen), S c h o e d l e r (1859—1866, Norddeutschland), N o r m a n und B r a d y (1867, England), P. E. M ü l l e r (1868, Dänemark), F r i č (1872, Böhmen) und K u r z (1874, Böhmen) erschienen. Das allgemeine System wurde durch S a r s und P. E. M ü l l e r wieder corrigirt und von neuem bearbeitet. Die anatomischen und morphologischen Kenntnisse bereicherten: S a r s, P. E. M ü l l e r, P l a t e a u (1869), L u n d (1870), W e i s m a n n (1874) und C l a u s (1875). Zur Entwickelungsgeschichte der Cladoceren, die man in der letzten Zeit fast gänzlich vernachlässigt hat, trugen P. E. M ü l l e r (1868), D o h r n (1869) und S a r s (1871) wesentlich bei.

Die bei der Zusammenstellung dieser Arbeit benützte Literatur ist folgende:

1775. M ü l l e r, O t t o, F r i e d r i c h: Entomostraca seu insecta testacea, quae in aquis Daniae et Norwegiae reperit, descripsit et iconibus illustravit. Lipsiae et Harniae. c. tab. 21 col.

1778. G e e r, C. d e: Mémoires pour servir à l'histoire des Insectes. Stockholm.

---

*) Leydig: Naturgeschichte der Daphnien.

5

1819—1820. S t r a u s, H. E.: Mémoires sur la Daphnia de la classe de Crustacés. In: Mémoires du Museum d'histoire naturelle. Paris. Tom. V. p. 380—425, pl. XXIX. und Tom. VI., p. 149—162.
1820. J u r i n e, L.: Histoires des Monocles, qui se trouve aux environs de Genève. Genève et Paris. c. tab. 22 col.
1832. P e r t y, M.: Ueber den Kreislauf der Daphniden. In: Isis. 1832., p. 725—726.
1835—1841. K o ch, C. L.: Deutschlands Crustaceen, Myriapoden und Arachniden. Regensburg.
1836. L o v é n, L.: Evadne Nordmanni ett hittils okändt Entomostracon. In: Kongliga Vetenskaps-Akademiens Handlingar för ar 1835. p. 1—29., Tab. I., II.
1843. B a i r d, W.: The natural history of the british Entomostraca. In: The Anal and Magazine of natural History, Ser. I., Tom. 11., p. 81—95., Tab. II—III.
1846. S ch o e d l e r, E.: Ueber Acanthocercus rigidus, ein bisher noch unbekanntes Entomostracon aus der Fam. der Cladoceren. In: Wiegmanns Archiv für Naturgeschichte. 2ter Jahrg. 1. B.; 2. H., p. 1—52, Tab. I—IX.
1848. F i s c h e r, S e b.: Ueber die in der Umgebung von St. Petersburg vorkommenden Crustaceen aus der Ordnung der Branchiopoden und Entomostraceen. In. Mémoires présentes à l'academie imp. de sciences de St. Petersbourg par divers Savants. Tom. VI., 2 de Livr., p. 159—194., Tab. I—X.
1848. L i è v i n: Die Branchiopoden der Danziger Gegend. In: Neueste Schriften der naturforschenden Gesellschaft in Danzig. IV. B., 2., H., p. 1—52., Tab. I—XI.
1849. F i s ch e r, S e b.: Abhandlung über eine neue Daphnienart, Daphnia aurita und uber die Daphnia laticornis Jurine. In: Buletin de la société imp. de naturalistes de Moscou. Tom. XXII., Nr. III., p. 38., Tab. III—IV.
1850. B a i r d, W.: The natural history of the britisch Entomostraca. London. (Ray society.) C. 36 tab.
1851. F i s c h e r, Seb.: Bemerkungen über einige weniger genau gekannte Daphnienarten. In: Bul. de la société imp. des natur. de Moscou. Tom. XXIV., 2 Bd., p. 96—108 mit 1 Taf.
1851. — Branchiopoden und Entomostraceen. In: Middendorff, Reise im äussersten Norden und Osten Sibiriens. Zoologie. I. p. 149—162, Taf. VII.
1851. Z e n k e r, W.: Physiologische Bemerkungen über die Daphniaden. In: Archiv für Anat., Physiol. und wissenschaftliche Mediz. von Joh. Müller. Jahrg. 1851. p. 112—121, mit 1 Taf.
1852. D a n a, Jam. D.: Crustacea. In: United States Exploring Expedition 1838—1842. Vol. XIII. Philadelphia. Part. II., p. 1262—1277.
1853. L i l j c h o r g, W.: De Crustaceis ex ordinibus tribus: Cladocera, Ostracoda et Copepoda in Scania occurentibus. Lund. 1853. c. 27 tab. lith.
1854. F i s ch e r, Seb.: Ergänzungen, Berichtungen und Fortsetzung zu der Abhandlung über die in der Umgebung von St. Petersburg vorkommenden Crustaceen etc. In: Mém. prés. à l'acad. imp. de scien. de St. Petersbourg. Tom VII., p. 1—14, Tab. I—III.
1854. — Abhandlung über einige neue oder nicht genau gekannte Arten von Daphniden und Lynceiden, als Beitrag zur Fauna Russlands. In: Bull. de la soc. imp. des natur. de Moscou. Tom. XXVII., Part. I., p. 423—434, Tab. IH.
1854. S ch m a r d a: Ueber die mikroskopische Thierwelt Aegyptens. In: Denkschriften der. k. Akademie der Wissenschaften zu Wien. B. VII.
1855. Z a d d a ch, E. G.: Holopedium gibberum, ein neues Crustaceum aus der Fam. der Branchiopoden. In: Wiegmann's Archiv für Naturgeschichte. XXL Jahrg, p. 159—188, Taf. VIII—IX.
1858. L u b b o c k, J.: An acounth of the two methods of reproduction in Daphnia and of the structure of the Ephipium. In: Philosophical Transactions of the royal Society of London. Vol. 147, Pl. 1, p. 79—100. Pl. VI—VII.
1858. C h y z e r, C.: Ueber die Crustaceenfauna Ungarns. In.: Verhandlungen der k. k. zool. bot. Gessellschaft in Wien.

1858. Schoedler, E.: Die Branchiopoden der Umgebung von Berlin. 1. Beitrag. In: Jahresbericht über die Luisenstädtische Realschule. Berlin. 1858. p. 1—28., Tab. I.

1859. Leukart, R.: Ueber das Vorkommen eines saugnapfartigen Haftapparates bei den Daphniaden und den verwandten Krebsen. In: Wiegmann's Archiv für Naturgeschichte. XXV. Jahrg., p. 262—265, Tab. VII.

1859. Baird, W.: Description of several species of Entomostracous Crustacea from Jerusalem. In: The Annals and Magazine of natural History. Vol. IV. Third Series. p. 280—283, Pl. V—VI.

1860. Liljeborg, W.: Beskrifning öfver twenne märkliga Crustaceer af ordningar Cladocera. In: Öfv versigt af kgl. Vetensk. Academiens Forhandlingar. XVII. p. 265—271, Tab. VII—VIII.

1860. Fischer, Seb.: Beiträge zur Kenntniss der Entomostraceen. In: Abhandlungen der math.-physik. Classe der köng. baierischen Academie der Wissenschaften. Bd. VIII. Abth. 3., p. 645—682, Tab. XX—XXI.

1860. Leydig, Fr.: Naturgeschichte der Daphniden. Tübingen. Mit 10 Kupfertafeln.

1861. Eurén, H. A.: Om märkliga Crustaceer af Ordningen Cladocera, funna i Dalarne. In: Öfversigt af kgl. Vetensk. Academiens Förhandlingar. 1861. p. 115—118, Tab. III.

1862. Sars, O. G.: Om Crustacea Cladocera, iattagne i Omegnen af Christiania. In: Forhandlinger i Videnskabsselskabet i Christiania. 1861. p. 144—167. Andet Bidrag. p. 250—302.

1862. Schoedler, Ed.: Die Lynceiden und Polyphemiden der Umgebung von Berlin. In: Jahresbericht der Dorotheenstädtischen Realschule in Berlin. p. 1—26 mit zwei Kupfertafeln.

1863. Sars, O. G.: Beretning om en i Sommeren 1862 foretagen zoologisk Reise i Christianias og Trondhjems Stifter. In: Nyt magazin for Natur, videnskaberne. Tolvte Bind. 3 Hefte. p. 193—252.

1863. Schoedler, Ed.: Neue Beiträge zur Naturgeschichte der Cladoceren. Mit 3 Kupfertafeln. Berlin.

1861. Norman, A. M.: On Acantholeberis, a Genus of Entomostraca, new to great Britain. In: Annals and Magazine of natural History. Vol. XI. Third Ser. p. 409—415, Tab XI.

1864. Kluzinger, Dr.: Einiges zur Anatomie der Daphnien nebst kurzen Bemerkungen über die Süsswasserfauna der Umgebung Cairos. In: Zeitschrift für wissenschaftliche Zoologie. XIV. Jahrg. p. 165—173, Tab. XX.

1865. Sars, G. O.: Norges Ferskvandskrebsdyr. Förste Afsnit. Branchiopoda. 1. Cladocera ctenopoda. Christiania. cum tab. 4 lith.

1865. Schoedler, Ed.: Zur Diagnose einiger Daphniden. In: Wiegmann's Archiv für Naturgeschichte. XXXI. Jahrg. p. 283—285.

1866. Schoedler, Ed.: Die Cladoceren des frischen Haffs nebst Bemerkungen über anderweitig vorkommende, verwandte Arten. In: Archiv für Naturgeschichte. XXXII. Jahrg. p. 1—56, Tab. I—III.

1867. Norman, M. A. and Brady, G. S.: A monograph of the british Entomostraca beloning to the families Bosminidae, Macrothricidae aud Lynceidae. In: The natural History Transactions of Northumberland and Durham. London.

1867. Frič, A. a Nekut Fr.: Korýši země české. In: Živa. Časopis přírodnický. 1867.

1868. Müller, P. E.: Danmarks Cladocera. In: Schiödte's Naturhistorisk Tidskrift. Tredie Raecke. Femte Bind. Kjobenhaven. p. 53—240, Tab. I—VI.

1868. — Bidrag til Cladoceresnes Fortplantingshistorie. In: Schiödte's Naturh. Tidskrift. III. Raecke. 5. B. Kjobenhaven. p. 295—354, Tab. XIII.

1869. Plateau: Recherches sur les Crustacées d'eau douce de Belgique. In: Mém. couronné et des étrang. de l'acad. de Belgique. XXXIV. 1870. XXXV. 1871.

1869. Dohrn. A.: Ueber Anatomie und Entwickelung der Daphnien. Jena.

1870. Lund, L.: Bidrag til Cladocerernes Morphologie og Systematik. In: Schiødtes Naturhistorisk Tidskrift. III. Raecke. 7. B. p. 129—174, Tab. V—IX.
1871. Frič, A.: Ueber die Fauna der Böhmerwaldseen. In: Sitzungsberichte der k. böhm. Gesellschaft der Wissenschaften. 1871. Prag.
1872. — Die Krustenthiere Böhmens. In: Archiv der naturw. Landesdurchforschung von Böhmen. II. Bd. IV. Abth. p. 199—269.
1873. Frič, A.: Ueber die Crustaceenfauna der Wittingauer Teiche und über weitere Untersuchungen der Böhmerwaldseen. In: Sitzungsb. der k. böhm. Gesellsch. der Wissensch. Prag. 1873.
1873. — Zvířena jezer Šumavských. Vesmír. Roč. II. p. 249, 265, 281.
1873. Sars, O. G.: Om en dimorph. Udvikling samt Generationswexel hos Leptodora. In: Forhandl. i Videnskabsselsk i Christiania. 1873.
1874. Vernet, H.: Entomostracees. In: Materieaux pour servir à l'etude de la faune profonde du lac Léman par le Dr. F. A. Forel. (Extrait du Bull. de la soc. vaud. de scien. natur., t. XIII, nr. 72.) p. 94—118.
1874. Kurz, W.: Ueber androgyne Missbildung bei Cladoceren. In: Sitzungsbericht der k. k. Academic der Wissenschaften in Wien. 1874. 1. Abth. mit 1. Taf.
1874. Frič A.: O zvířeně rybníků třeboňských. Vesmír. Roč. III. p. 15, 27.
1874. Kurz, W.: Dodekas neuer Cladoceren nebst einer kurzen Uebersicht der Cladocerenfauna Böhmens. In: Sitzungsb. der k. k. Academ. der Wissenseh. in Wien, Math. naturw. Classe. 1. Abth. mit 3 Taf.
1874. Hellich, B.: Ueber die Cladocerenfauna Böhmens. In: Sitzber. der k. böhm. Gessellsch. der Wissensch. Prag. 1874.
1874. Weismann: Ueber Bau und Lebenserscheinungen von Leptodora hyalina. Leipzig mit 6 Tafeln. In: Zeitschrift für wissenschaftliche Zoologie. 1874.
1875. Claus, Carl: Die Schalendrüsen der Daphnien. In: Zeitschrift für wissensch. Zoologie. Bd. XXV. Jahrg. 1875. p. 165—174, Tab. XI.

Subordo: Cladocera, Latreille.[*]

Die Cladoceren haben einen kleinen, zarten, seitlich comprimirten Körper, welcher nur zwei deutlich abgesonderte Hauptabschnitte unterscheiden lässt, nämlich den freien Kopf und den übrigen Körper, der von einer zweiklappigen Schale gänzlich oder theilweise umschlossen wird und aus Thorax, Pro- und Postabdomen besteht.

Der Kopf ist durch einen bedeutenden Umfang ausgezeichnet, indem er zuweilen sogar an Grösse den zweiten Körperabschnitt erreicht. Er ist entweder stark niedergedrückt (L y n c e i d a e) oder nach vorn gestreckt (D a p h n e l l a, M o i n a) und bildet im ersteren Fall an der Unterkante einen Schnabel, dem die Tastantennen aufsitzen. Der Kopf trägt 2 Paar Tastantennen, ein Paar Madibeln, ein Paar Maxillen und die Oberlippe. In der Kopfhöhe beginnt das Nervensystem und der Nahrungskanal.

Der Thorax mit Proabdomen auf das Innigste verschmolzen stellt einen verhältnissmässig kleinen Körperabschnitt dar, schliesst das Herz ein und sendet von der Rückenseite die beiden Schalenklappen ab, welche längs der ganzen Dorsalkante zusammen hängen und vom ganzen Proabdomen abstehen.

Das Proabdomen ist beweglich, cylindrisch, seitlich comprimirt, undeutlich gegliedert und mit Beinen versehen. Nur bei den H a p l o p o d e n zerfällt dieses in vier langgestreckte Segmente. In der Leibeshöhle liegt der grösste Theil des Nahrungskanales und die Geschlechtsorgane.

Nach hinten setzt sich der Leib in das entweder durch eine Chitinleiste geschiedene oder durch eine Einkerbung mehr oder weniger abgegränzte Postabdomen, welches nie gegliedert erscheint. Dieses ist unten, wo die Afterspalte liegt, entweder abgerundet (S i d a) oder der Länge nach gespalten (D a p h n i a, L y n c e i d a e), jederseits bewehrt und trägt vorne am freien Ende zwei Krallen und hinten gleich hinter dem Proabdomen zwei gegliederte Borsten, welche entweder unmittelbar vom Postabdomen (L y n c e i d a e) oder von einem gemeinschaftlichen Höcker (P o l y p h e m u s) entspringen. Selten sitzt jede Borste auf eigenem Höcker (S i d a). Bei den O n y c h o p o d e n, welche ein verkümmertes Postabdomen ohne Schwanzkrallen haben, zeichnet sich der gemeinschaftliche, borstentragende Höcker durch eine ungewöhnliche Grösse und Länge aus.

Von Gliedmassen sind 8—10 Paare vorhanden, nämlich: zwei Paar Antennen, ein Paar Madibeln, ein Paar Maxillen (das zweite Paar ist im embryonalen Leben durch nur einen abgerundeten Höcker angedeutet) und 4—6 Paar Beine.

Das erste Paar der Antennen, die Tast- oder Riechantennen entspringen bald vom Schnabel, bald an der unteren Kopfkante, sind eingliedrig, bei Weibchen beweglich oder unbeweglich, bei Männchen stets beweglich und mit Tast- und Riechstäbchen ausgerüstet. Sie gehen oft namentlich bei Männchen am freien Ende in eine Geissel aus, welche sich bei den B o s m i n i d e n beiderlei Geschlechts mehrfach gegliedert zeigt.

Als Locomotionsorgane fungirt das zweite sehr stark entwickelte Antennenpaar, die Ruderantennen, welche zu beiden Seiten der Kopfbasis ihren Ursprung haben. Sie besitzen einen eingliedrigen Stamm, welcher sich am freien Ende in zwei gegliederte und

---

[*] Cuvier: Regn. anim. IV. p. 151.

mit gefiederten Borsten versehene Aeste spaltet. Bei den Ctenopoden und Gymnomeren tragen die plattgedrückten Aeste Seiten- und Endborsten; die Anomopoden
dagegen sind im Besitz von cylindrischen Aesten, welche nur mit Endborsten ausgestattet
sind. Bei den Holopediden geht vom Ruderantennenstamm nur ein zweigliedriger
Ast ab, zu dem sich beim Männchen noch ein kurzer zweigliedriger Nebenast gesellt.
Die Mandibeln sind stark, eingliedrig, am Ende abgestutzt und einwärts gebogen.
Bei Leptodora sind sie zugespitzt. Die Maxillen sind stets verkümmert, eingliedrig,
ohne Fortsätze; bei den Calyptomeren beweglich, bei den Onychopoden unbeweglich. Bei Leptodora fehlen sie.

Die Beine, deren Zahl 4—6 Paar beträgt, sind an der Unterseite des Proabdomens eingelenkt und zeigen im Ganzen einen derart complicirten Bau, so dass ihre
Erklärung zur schwierigsten Partie der Cladocerenanatome gehört. Sie reihen sich dem
Baue nach zu den Spaltfüssen der Copepoden, sind platt gedrückt oder cylindrisch
und nehmen im Allgemeinen von vorn nach hinten an Grösse ab. Lund*), welcher in
der neuesten Zeit eine ausführliche Arbeit über den Bau der Cladocerenfüsse veröffentlicht
hat, unterscheidet hier einen eingliedrigen Stamm, welcher sich in zweigliedrige Aeste
theilt. Diese sind den manigfaltigsten Umwandlungen unterworfen, so dass bald der
eine, bald der andere Ast, bald nur einzelne Glieder derselben zur Entwickelung kommen
und auch selbst die Gliederung eingeht. Der Stamm trägt an der äusseren Seite einen
eigenthümlichen behaarten Fortsatz und einen blasenförmigen Anhang (poseprocessen),
dessen Bestimmung noch im Dunkel steht, an der inneren Seite einen mit Borsten und
Stacheln reich ausgerüsteten Maxillar-Fortsatz. Jene Füsse, deren Aeste im Allgemeinen
verschiedenartig ausgeprägte und zuweilen annähernd cylindrische Form beibehalten,
heissen Greiffüsse im Gegensatz zu den Branchialfüssen, deren Aeste in plattgedrückte,
lamellöse und mit meist lang gefiederten Borsten zahlreich ausgestattete Fortsätze sich
ausbreiten. Alle Beine der Ctenopoden und Gymnomeren haben einen überein-
stimmenden Bau und zwar besitzen die Ctenopoden lamellöse Branchialfüsse, die letzteren dagegen viergliedrige, cylindrische und einfache Greiffüsse. Die Onychopoden
tragen am Ende des Stammgliedes blos ein eingliedriges Rudiment des Aussenastes. Bei
den Anomopoden sind die Fusse derart gebaut, dass die zwei vorderen cylindrischen
als Greiffüsse, die breiteren blattartigen als Branchialfüsse eingerichtet sind. Das letzte
Beinpaar bleibt stets verkümmert. Was die gegenseitige Lage der Füsse betrifft, so sind
diese bei den Gymnomeren dicht aneinander gedrängt, bei den Calyptomeren
jedoch abstehend. Eine Ausnahme bilden die Daphniden, bei welchen das letzte
Fusspaar von dem vorletzten in weiterem Abstand entfernt ist. Bei Männchen ist das
Endglied des ersten Fusspaares mit einem gekrümmten Hacken und oft einer langen,
nach hinten gebogenen Geissel oder mit einigen Borsten versehen. Die Beine sind in
stätiger Bewegung und führen auf diese Weise die Nahrungsbeute durch die Längsspalte
zwischen denselben dem Munde zu und begünstigen die Respiration.

Die Körperdecke besteht aus einem inneren, weichen Zellgewebe oder Matrix
und aus einer structurlosen äusseren Schicht, Cuticula. Die letztere von der ersteren
abgesondert, wird zeitweilen abgestossen und wieder von neuem erzeugt. Die Cuticula
ist stark chitinisirt und an verschiedenen Körperstellen verschieden dick und hart. Besonders
dick erscheint sie am Kopf, wo sie den Kopfschild bildet, der von der ebenso verdickten
äusseren Schalendecke durch eine Sutur geschieden ist. Diese Sutur ist bei der Häutung
von hoher Bedeutung, da die Haut an dieser Stelle berstet und so die Häutung begünstigt.
Der Kopfschild umhüllt den Kopf entweder gänzlich oder unvollständig, indem er den
Schnabel dachartig überragt und die hintere Kopfseite frei lässt (Daphnia). Bei
Leptodora ist der Kopfschild blos auf eine querovale Platte, die am Rücken der
Kopfbasis liegt, reducirt. Zu beiden Seiten des Kopfes oberhalb der Ruderantennenbasis
hebt sich derselbe zu einem scharfkantigen Gewölbe oder Fornix empor, welches vom
Zusammenstosse des Kopfes und der Schale beginnend mit einer bogenförmigen Linie erst
vorne in der Augengegend sich verliert.

---

*) Lund, Bidrag til Cladoc. Morphol. og System. 1870.

Die Schale ist eigentlich eine Hautdupplicatur, welche vom Thorax ausgeht und au den Rändern mit Stacheln, Wimpern oder Dornen besetzt ist. Die Cuticula der Schale ist au der inneren, dem Leibe gekehrten Fläche zart, dünn, an der äusseren wie des Kopfschildes hart, dick.

Im Allgemeinen zeigt die Cuticula auf der Oberfläche eine vorherrschend reticulirte Structur, die jedoch verschiedenartig entwickelt ist. Nebst dem ist die Oberfläche glatt, punktirt, gestrichelt, bedornt, höckerig, gefurcht oder gestreift. Die Matrix der Haut durchsetzen stellenweise bei manchen Arten kleine, undurchsichtige Kalkablagerungen (Simocephalus, Moina). Von der Haut nach Innen gehen verschiedene chitinöse Balken und Stäbchen ab, welche an den inneren Organen sich befestigen und diese in der Lage festhalten.

Vorne in der Schale, in der Nähe der Mandibeln finden wir stets eine Schalendrüse, welche aus einem Wassersack und einem langen, vielfach gewundenen und mit grossem Epithel ausgekleideten Kanal besteht. Seine Mündung liegt wahrscheinlich auf der inneren Schalenfläche. Weismann*) erklärt diese Drüse für das Harn secernirende Organ der Cladoceren. Am Rücken in der Nähe der Thoracalkerbe bei Sida, Simocephalus, Eurycercus liegt noch ein besonderes Haftorgan, mittelst dessen sich die Thierchen au fremde Gegenstände anklammern können.

Alle beweglichen Organe werden durch eigene, quergestreifte Muskeln in Bewegung gesetzt, unter denen die Muskeln der Ruderantennen die übrigen an Grösse und Mächtigkeit übertreffen. Sie nehmen ihren Ursprung von der Rückenhaut des Kopfes. Bei Holopedium geschieht das Biegen des Leibes durch einen langen, schlanken und paarigen Bauchmuskel, der seitlich von dem Thoracalabschnitt des Darmkanales entspringt und ebenfalls an demselben vor dem Postabdomen sich befestigt. An den Beinen desselben Thierchens unterscheide ich drei Muskelschichten, nämlich eine äussere, mittlere und innere. Die innere Schichte aus nur einem paarigen kurzen Muskel bestehend, geht von dem langen Bauchmuskel ab. Dieser Muskel inserirt sich in der Mitte der Vorderfläche des Fussstammes und biegt denselben nach hinten. Die mittlere sowie auch die äussere Schichte zählt zwei paarige, ungleich lange Muskeln, einen vorderen und einen hinteren, welche von einer gemeinschaftlichen Stelle zu beiden Seiten des Darmrohres ausgehen. Der Urprung der mittleren Muskelschichte liegt vor und mit dem Urprung der äusseren Schichte. Der vordere, kürzere Muskel der mittleren Schichte befestigt sich hinter der Basis des Fussstammes, den Fuss dem Darm zuziehend, der hintere dagegen, der längere ist unten am Ende des Fussstammes den Fuss hebend. Der vordere, längere Muskel der äusseren Schichte heftet sich oben am Ende des Fussstammes, den Fuss biegend, der hintere, kürzere dagegen hinten an der Basis vor der Insertionsstelle des hinteren und mittleren Muskels und zieht den Fuss auf und vorwärts.

Das Nervensystem ist wie bei allen Arthropoden aus paarigen, hintereinander liegenden Ganglien, welche durch Quer- und Längscommissuren verbunden sind, zusammengestellt. Das erste Ganglienpaar, das Gehirn, welches in der Kopfhöhle unmittelbar vor der Speiseröhre liegt, weicht von den übrigen Ganglienpaaren insoferne ab, dass es bedeutend grösser ist und zahlreiche Nervenäste zu den verschiedenen Sinnesorganen absendet. Die beiden Ganglien sind hier so untereinander verschmolzen, dass sie zu zwei, meist viereckigen Hemisphären werden, welche nur durch eine seichte Einschnürung geschieden sind. Unten erweitert sich das Gehirn (Fig. 4, cr) in einen unpaaren Fortsatz, der bei den Daphniden durch ein verticales Chitinstäbchen, welches von der Haut entspringt, in der Lage gehalten wird; seitlich von der Basis des Fortsatzes giebt das Gehirn (Fig. 4, nc) die Hautnervenäste ab, welche vor- und aufwärts sich biegend unter der Haut in der Nähe des Fornix mit einfachen Gaglienzellen enden, nachdem sie sich vor denselben in kleinere Zweige gespalten haben. Die Cuticula bleibt auf diesen Stellen normal oder vertieft sich über den Zellen zu einer seichten Grube (Sida). Weiter nach vorn aus dem vorderen Gehirnneck entspringen die kurzen Bulbi optici (Fig. 4, go), welche gewöhnlich an ihren verdickten Enden verwachsen sind und von hier zahlreiche feine

---

*) Weismann Aug. Dr.: Uiber Bau und Lebenserscheinungen von Leptodora hyalina.

Fäden zu den Krystálllinsen im Auge entsenden. Ober der Basis der Sehnerven nimmt noch ein zarter Nervenfaden (Fig. 8.) den Urprung, welcher die Augenmuskel innervirt. Hintenwärts setzt sich das Gehirn in die breite, die Speiseröhre umschliessende Commissur fort, von welcher oben und unten je ein Ast abgeht. Der obere, ziemlich starke Ast (Fig. 4, na_2) theilt sich, nach einer kurzen Strecke, wieder in zwei Aeste, welche die Ruderantennen versorgen; der untere, einfache und schwächere Ast geht in die Tastantennen (Fig. 4, na_1). Die übrigen, meist schwer sichtbaren Ganglienpaare sind bei den Calyptomeren ziemlich weit abstehend, bei den Gymnomeren dicht an einander gedrängt.

Das grosse, unpaare Auge liegt vorne in der Kopfhöhle in einer besonderen Kapsel eingeschlossen und enthält zahlreiche, ovale oder cylindrische, das Licht stark brechende Krystallinsen, welche mit den Fäden des Sehnerven in unmittelbarer Verbindung stehen. Ein karminrothes oder schwarzes Pigment umgibt diese Fäden und die Wurzel der Krystalllinsen. Das Auge wird beiderseits durch drei schwache Muskeln bewegt, welche entweder am Darm oder an den Seitenflächen des Kopfes einen gemeinschaftlichen Ursprung haben. Der schwarze Pigmentfleck oder auch das Nebenauge genannt, sitzt auf dem unpaaren Gehirnfortsatz und enthält zuweilen ein oder mehrere Bläschen mit weisslichem, das Licht nicht brechendem Inhalt.

Den Geruchsinn vermitteln die cylindrischen, am Ende abgestutzten und offenen Riechstäbchen der Tastantennen. Als Tastorgane fungiren dagegen die feinen, blassen, gewöhnlich zur Hälfte doppelt contourirten Borsten, welche ebenfalls hauptsächlich auf den Tastantennen ihren Sitz haben. Zwei solche, doppelcontourirte Borsten stehen stets an der äusseren Fläche der Ruderantennenbasis (Leydigische Tastborsten.)

Von dem Gehörorgane ist bis jetzt keine Spur vorhanden.

Der Mund liegt an der Basis des Kopfes, von der grossen, fleischigen Oberlippe bedeckt. Er ist sehr klein, weshalb er auch nur von den Mandibeln in kleine Stückchen zermahlte Beute aufnehmen kann. Die unten stets behaarte und bewegliche Oberlippe geht unterwärts bei den Lynceiden und den meisten Lyncodaphniden in einen kammartigen, lamellösen Fortsatz aus. Bei Acantholeberis ist dieser Fortsatz conisch. Hinten stosst der Mund bei den Gymnomeren an eine hervorragende Unterlippe, welche entweder durch die verstümmelten Maxillen (Onychopoda) oder durch einen besonderen Auswuchs des Kopfunterrandes gebildet wird (Haplopoda). Vom Munde durch einen Sphincter geschlossen, steigt die muskulöse Speiseröhre (Oesophagus) vertical nach oben und endet in dem weiten einfachen Magen, wo sie zapfenartig vorspringt. Bei Leptodora ist die Speiseröhre von enormer Länge, biegt sich gleich in der Kopfhöhle nach hinten und reicht bis in das dritte Abdominalsegment. Die Verdauung geschieht im folgenden, grössten Abschnitt des Darmrohres, im Magendarm, welcher einen dickwandigen, nach hinten zu sich allmälig verjüngenden Schlauch darstellt und hinten in den kurzen dünnwandigen Mastdarm übergeht. Dieser mündet dorsal am Postabdomen durch eine schliessbare Afterspalte. Der vordere Abschnitt des Magendarmes ist entweder nur erweitert oder mit zwei kurzen, einfachen Blindsäcken versehen, die den mehrfach verästelten Leberanhängen der nahe verwandten Phylopoden analog sind. Bei den Lynceiden befindet sich ventral vor dem Postabdomen noch ein unpaarer, wahrscheinlich Schleim secernirender Blindsack, um die vom Schleim eingehüllten Excremente durch den After schlüpfriger nach aussen zu befördern.

Wie bei allen Arthropoden wird auch hier der Darm in der Leibeshöhle von einem fettreichen Bindegewebe, dem Fettkörper begleitet, dessen Fettinhalt nach Jahreszeiten und Lebensverhältnissen der Thierchen wechselt. Er stellt feine Zellennetze dar, welche den Darm umhüllen. Bei Leptodora liegt der Fettkörper, der grosse polygonale Zellen enthält, in Form zweier breiten Platten zu beiden Seiten des Darmes.

Die Cladoceren haben ein Herz von ovaler oder langgestreckter Gestalt, welches in der Medianlinie des Körpers am Rücken des Thoracalabschnittes in einem weiten Blutsinus eingeschlossen liegt. Es besitzt eine vordere arteriöse Oeffnung und eine seitliche venöse Spalte. Das Blut aus der vorderen Herzöffnung nach vorne getrieben spaltet sich allsogleich in zwei Ströme, in einen vorderen Kopf- und einen den Leib durchlaufenden

Strom. Der Kopfstrom ergiesst sich am Rückweg in den weiten Raum zwischen den beiden Schalendecken, wo hauptsächlich auf der inneren, zarten Schalenfläche die durch die fortwährende Bewegung der Beine begünstigte Blutoxydation vor sich geht. Der hintere Strom fliesst in umgekehrter Richtung am Rücken des Leibes dem Herzen zu, um von der venösen Herzspalte, nachdem er sich mit dem oxydirten Blut des Kopfstromes gemischt hat, aufgesaugt zu werden. Die Blutkörperchen, ziemlich arm an Zahl, sind verhältnissmässig gross und gleichen den weissen Blutkörperchen der Wirbelthiere.

Die Cladoceren sind getrennten Geschlechtes. Bei Männchen, die schon im allgemeinen Körperbau von Weibchen ziemlich abweichen, erleiden besonders die Tastantennen, das Endstuck des ersten Fusspaares und das Postabdomen theilweise oder gänzliche Umwandlung, die schon früher besprochen wurde. Die paarigen Ovarien und Hoden, von gleicher Gestalt und Grösse erstrecken sich in der Leibeshöhle zu beiden Seiten des Darmes; die ersteren münden an der dorsalen Seite des Abdomens, die letzteren an der ventralen oder am Ende des Postabdomens. Die Ovarien erzeugen die sogenannten Sommer- und Wintereier, die in einer besonderen Höhle, in dem Brustraum, der durch die Wölbung des Schalenrückens zwischen diesem und dem Proabdomen entsteht, zur völligen Brutentwickelung gelangen. Der Verschluss dieser Bruthöhle wird hinten entweder durch einige dorsale Abdominalfortsätze oder durch das Anliegen des hinteren Abdominalrückens an die Schale erzeugt. Bei Moina schliesst den Brutraum ein leistenartig hervorspringender Schalenauswuchs.

Die Sommereier, von einer zarten Hülle umschlossen und mit einem fettreichen Dotter versehen, entstehen und entwickeln sich auf ungeschlechtliche Weise, ohne vorausgegangene Begattung im Gegensatz zu den Wintereiern, welche das Auftreten der Männchen bedingen, die dieselben auf unbekannte Weise mittelst der stäbchenförmigen Spermatozoen befruchten. Bei den Wintereiern ist die Hülle derber und der Dotter dunkler, homogener. Die angränzende Schale wird in eine besondere, dickere, stark chitinisirte zweite Umhüllung der Wintereier umgewandelt und während des Häutens abgeworfen. Diese umgewandelte und immer durch eine dunklere Farbe ausgezeichnete Schale heisst Ephipium.

A. Calyptomera, Sars.

Der Körper ist bis auf den freien Kopf von einer zweiklappigen Schale umschlossen. Die Mandibeln sind einfach am freien Ende abgestutzt; die Maxillen beweglich und mit Borsten oder Stacheln bewehrt. Die Beine sind undeutlich gegliedert, meist blattförmig mit deutlich entwickelten Branchial- und Maxillaranhängen.

a) Ctenopoda, Sars.

Sechs Paar Branchialfüsse, welche alle gleichmässig gebaut, lamelös und mit wohl entwickelten Branchialanhängen ausgerüstet sind. Die Ruderantennen sind zwei- oder einästig, die Aeste ungleich lang, seitlich comprimirt mit End- und Seitenborsten. Diese Unterabtheilung zählt 2 Familien.

Ruderantennen in beiden Geschlechtern mit zwei 2—3gliedrigen, End- und Seitenborsten tragenden Aesten.   I. Fam. Sididae.

Ruderantennen beim Weibchen einästig, mit 3 Endborsten, bei Männchen noch mit einem kleinen 2gliedrigen Nebenast.   II. Fam. Holopedidae.

I. Fam. Sididae, Sars.

Der Kopf ist gross, nach vorne gestreckt, von den Schalen tief eingeschnürt und ohne oder mit nur wenig vorspringendem Fornix. Das grosse Auge zählt viele Krystalllinsen. Der schwarze Pigmentfleck (das Nebenauge) ist sehr klein oder fehlt. Die beweglichen Tastantennen stehen von einander entfernt und sind beim Weibchen kurz, einfach, beim Männchen lang und am freien Ende in eine zugespitzte Geissel ausgezogen. Die Ruderantennen sind gross, zweiästig; die Aeste sind ungleich lang und aus 2—3 seitlich comprimirten Gliedern, welche auch Seitenborsten tragen, zusammengestellt. Die Schale ist länglich viereckig, den Körper sammt den Beinen vollkommen einschliessend. Die Schalensutur läuft nach hinten parallel dem Dorsalrande und endet erst vor dem hinteren und oberen Schalenwinkel auf, so dass sie die Schale in drei fast gleiche Theile trenut. Beine sind sechs Paare vorhanden, welche alle gleichgestaltet, lamellös, mit langen Schwimmborsten und deutlich entwickelten Branchialanhängen ausgerüstet sind. Das Postabdomen ist conisch nach hinten gestreckt und nicht zurückgeschlagen. Die Schwanzkrallen tragen Nebendorne. Der Darmkanal ist einfach ohne Blindsäcke, vorne deutlich erweitert. Das Herz ist lang gestreckt, spindelförmig. Die Hodenausführungs- gänge beim Männchen münden hinter dem sechsten Beinpaare.

Diese Familie umfasst fünf Gattungen, von denen- in Böhmen nur zwei vertreten sind.

Kopf mit zugespitztem Schnabel. Der obere Ast der Ruderantennen ist dreigliedrig, der untere zweigliedrig. Sida.

Kopf ohne Schnabel. Der obere Ast der Ruderantennen ist zweigliedrig, der untere dreigliedrig. Daphnella.

1. Gattung. Sida, Straus.

Sidaea, Fischer.

Der Körper ist länglich viereckig, durchsichtig, farblos. Der Kopf, von der Schale tief eingeschnürt, ist niedergebückt, vorne abgerundet und bildet hinten und unten einen langen, geraden, conischen, an der Spitze abgerundeten Schnabel ohne vorspringendem Dach. Das grosse Auge mit karminrothem Pigment liegt vorne in der Kopfhöhle nahe dem unteren Kopfrande. Der schwarze Pigmentfleck ist sehr klein. Die Tastantennen, von einem abgerundet dreieckigen Höcker zu beiden Seiten der Schnabelspitze entspringend, sind eingliedrig, cylindrisch, am freien Ende abgestutzt und fein bedornt. Vom Ende derselben treten die geknöpften Riechstäbchen hervor, von denen die eine, theilweise doppeltcontourirte die übrigen an Länge übertrifft. Die Ruderantennen sind mächtig, ziemlich kurz und zweiästig; der äussere Ast ist dreigliedrig, der innere zweigliedrig.

Die Schale ist länglich viereckig, hinten abgestutzt und am unteren Hinterwinkel mit einem kleinen Dorne versehen. Der vordere Schalenrand ist unter der Stelle, wo er mit dem Kopfschilde zusammenstosst, tief ausgeschnitten, der Unterrand fein bedornt. Beine sind sechs Paare vorhanden, die alle gleich gebaut und in gleichen Abständen von einander entfernt stehen. Der blasenförmige Anhang, welcher dem sechsten Beinpaare fehlt, ist lang, eng, in der Mitte kurz gestielt. Am Rücken des Abdomens fehlen die den Brutraum schliessenden Fortsätze. Das Postabdomen aus der Schale weit herausragend ist nicht zurückgeschlagen, sondern nach hinten gestreckt und hat eine länglich conische Gestalt. Die Rückenkante desselben ist bedornt. Die fein gezähnten Schwanzkrallen tragen vier Nebendorne. Die Schwanzborsten, welche kurz, zweigliedrig und dicht behaart sind, sitzen auf zwei hohen Höckern.

Der einfache Darmkanal erweitert sich vorne in eine conische Aussackung. Der After mündet an der Dorsalkante des Postabdomens.

Diese Gattung ist mit einem complicirten Haftapparate versehen, der nach Sars aus drei abgesonderten Theilen zusammengesetzt ist, von denen der erste aus einer eigenthümlichen, hufeisenförmigen, am Rücken des Kopfes hervorspringenden Chitinplatte besteht; die übrigen zwei Theile sind klein und liegen am Thorax hinter der Einschnürung.

Beim Männchen ist die längere Borste der Tastantennen in eine lange, starke, am Ende gezahnte Geissel umgewandelt. Auch das Endstück des ersten Beinpaares ist in einen Hacken umgestaltet, neben dem noch eine kurze, zugespitzte Borste steht.

Die Arten leben am Ufer der stillen, klaren Gewässer.

Die untere Kopfkante gerade. Das Auge klein, vom Stirnrande ziemlich entfernt. 1. crystallina.

Die untere Kopfkante concav. Das Auge sehr gross, dem Hirnrande anliegend. 2. elongata.

1. Sida crystallina, O. F. Müller. — Der gemeine Glaskrebs. — Stejnonožka jasná.

1775. Daphnia crystallina, O. F. Müller: Entomostraca. p. 96. Tab. XIV, Fig. 1—4.
1819. Sida crystallina, Straus: Mémoires sur le Daphnia, p. 157.
1848. Sida crystallina, Lièvin: Die Branchiopoden der Danziger Gegend. p. 16. Tab. III. Fig. 1—8. Tab. IV, Fig. 1—2.
1850. Sida crystallina, Baird: Brit. Entomostraca. p. 107. Tab. XII. Fig. 3—4. Tab. XIII, Fig. 1a—h.
1859. Sida crystallina, Schoedler: Die Branchiopoden der Umgebung von Berlin. p. 8.
1860. Sida crystallina, Leydig: Naturgeschichte der Daphniden. p. 85. Tab. V. Fig. 44—45. Tab. VI. Fig. 46—51.
1863. Sida crystallina, Schoeder: Neue Beiträge. p. 70.
1866. Sida crystallina, Schoedler: Cladoceren des frischen Haffs. p. 4.
1864. Sida crystallina. Sars: Norges Ferkvandskrebsdyr I. Cladocera Ctenopoda. p. 33. Tab. I. Fig. 1—16.
1868. Sida crystallina, P. E. Müller: Danmarks Cladocera. p. 101.
1872. Sida crystallina, Frič: Die Krustenthiere Böhmens. p. 214. Fig. 30.
1874. Sida crystallina, Kurz: Dodekas neuer Cladoceren. p. 4.

Der Körper ist länglich viereckig, äusserst durchsichtig, farblos.

Der Kopf ist fast viereckig, nach vorn verjüngt. Die obere und vordere Kante, gleichmässig gebogen, biegt sich nach hinten unter einem stumpfen Winkel in den geraden Unterrand. Der Schnabel ist lang und mit der kaum abgerundeten Spitze nach hinten gekehrt. Von oben aus betrachtet ist der Kopf breit, vorn abgerundet. Das Auge ist klein, ringsum mit vielen Krystalllinsen gesäumt. Der zweigliedrige Ast der Ruderantennen ist mit fünf, der dreigliedrige mit zehn Ruderborsten (drei am zweiten und sieben am letzten Gliede) versehen; ausserdem sind noch beide Endglieder des zweigliedrigen Astes und die zwei letzten des dreigliedrigen je mit einem langen Dorne bewaffnet.

Die Schale, vom Kopfe deutlich getrennt, hat eine länglich viereckige Gestalt und ist an der Oberfläche glatt und nur mit zerstreuten dreieckigen Punkten geziert. Der obere Schalenrand ist stark gewölbt, der Unterrand gerade und fein bedornt. Das Postabdomen, von den Schalen gänzlich unbedeckt, ist leicht gebogen, an der Rückenkante breit ausgeschweift und beiderseits der Analfurchen mit 19—20 starken Dornen, die nach hinten an Grösse abnehmen, bewaffnet. Die Schwanzkrallen sind lang, wenig gebogen, an der unteren Kante fein gezähnt und mit vier, ungleich von einander entfernten, langen Dornen ausgerüstet, von denen einer, welcher · der Basis am nächsten steht, der kurzeste ist.

Das Weibchen trägt im Brutraume etwa zwanzig Sommereier.

Grösse bis 4 ᵐ·ᵐ·

Das Männchen unterscheidet sich vom Weibchen ausser den schon erwähnten Merkmalen noch durch eine schlankere Form und durch den kurzen, abgerundeten Schnabel.

Diese Art ist sehr häufig und kommt überall in stillen Gewässern mit üppiger Vegetation vor, wo sie sich mit dem Haftapparate an fremde Gegenstände fest hält. Ich traf sie bei Prag auf der Kaiserwiese; bei Poděbrad, Turnau, Brandeis, in den meisten Teichen bei Wittingau und Frauenberg, in den grossen Gebirgsseen im Böhmerwalde bei Eisenstein u. s. w.

2. Sida elongata. Dr. Geer. — Der langgestreckte Glaskrebs. — Stejnonožka prodloužená.

1854. Sidaea crystallina, S. Fischer: Ergänz. Bericht. T. VII. p. 5; T. I.; Fig. 1—7.
1864. Sida elongata, Sars: Norges Ferskvandskrebsdyr. Cladocera Ctenopoda. p. 35, Tab. I., Fig. 18—32.

Diese Art sieht der vorigen äusserst ähnlich, von welcher sie sich namentlich in der Bildung des Kopfes unterschieden zeigt. Der Kopf ist verhältnissmässig kleiner, vorne gleichmässig abgerundet, am Unterrande deutlich concav; der kürzere, abwärts gerichtete Schnabel ist an der Spitze mehr abgerundct. Von oben gesehen sieht der Kopf enger aus und ist nach vorn verschmälert mit abgerundetem Scheitel. Das Auge, zweimal so gross als bei S. crystallina, liegt näher dem Stirnrande. Das letzte Glied des dreigliedrigen Ruderantennenastes war bei allen von mir beobachteten Individuen mit nur sechs Ruderborsten ausgerüstet.

Die Schale ist enger, ihr Oberrand weniger gebogen, ihr Hinterrand stärker gewölbt. Das Postabdomen, von den Schalenklappen fast gänzlich bedeckt, ist schlanker, kaum gebogen, an der Dorsalkante ebenfalls leicht ausgeschnitten und beiderseits der Analfurchen mit 18—20 starken Zähnen bewaffnet. (Sars zählt deren 24—26). Die Schwanzkrallen sind schlank, mehr gebogen, sonst von derselben Beschaffenheit wie bei der vorigen Art.

Körperlänge: 2.2—2.5 ^{m. m.} ; Körperhöhe: 1.25—1.3 ^{m. m,}

Ich fischte diese Art nur einmal mit Dr. Frič im grossen Arbersee bei Eisenstein, wo sie in Gesellschaft von Polyphemus pediculus und Alonopsis elongata in grosser Menge lebte.

2. Gattung **Daphnella**, Baird.

1854. Diaphanosoma, Fischer.

Der Körper ist schlank, eng, seitlich sehr comprimirt und äusserst durchsichtig, Der hohe Kopf hat eine viereckige Gestalt ohne Schnabelbildung, ist nach vorne gestreckt und von den Schalen immer deutlich durch eine mehr oder weniger tiefe Einschnürung getrennt. Das runde, mit karminrothem Pigmente und mit grossen Krystalllinsen dicht gekränzte Auge sitzt im vorderen und unteren Kopfwinkel, dem Stirnrande genähert. Der schwarze Pigmentfleck fehlt. Die Tastantennen des Weibchens sind beweglich, von der Grösse der halben Kopfhöhe und tragen am freien Ende eine fein zugespitzte Geissel; sie entspringen etwa in der Mitte der unteren Kopfkante von einem gemeinschaftlichen, niedrigen Höcker. Der Stamm der Ruderantennen, am Grunde geringelt, ist sehr lang und trägt an seinem Ende ausser einem stärkeren, befiederten Dorn noch eine lange, fein gefiederte Borste. Der äussere und längere Ast ist zweigliedrig, der innere, kürzere dreigliedrig. Das erste und kürzere Glied des zweigliedrigen Astes ist mit vier, das zweite mit acht zweigliedrigen und befiederten Borsten versehen; der dreigliedrige Ast trägt fünf Borsten, von denen eine am Ende des mittleren und längsten Gliedes, die übrigen am letzten Gliede sich befinden. Die Endglieder der beiden Aeste sind noch mit je einem kurzen starken Dorn versehen.

Die Schale ist länglich viereckig mit breit abgerundeten hinteren Winkeln. Der obere Schalenrand ist in der Mitte stark gewölbt. Der Unterrand verlängert sich vorne in einen einwärts gekehrten stumpfen Höcker, den man am besten betrachten kann, wenn das Thier am Rücken liegt. Die Schalenoberfläche ist fein punktirt. Das unbedornte Postabdomen von conischer Gestalt wird von den Schalenklappen gänzlich bedeckt. Die Schwanzkrallen sind schlank mit drei von einander abstehenden Dornen am Unterrande. Die sehr langen, zweigliedrigen Schwanzborsten sitzen an einem sehr hohen gemeinschaftlichen Höcker hinter dem Abdomen. Der Darmkanal hat ebenfalls keine Blindsäcke und erweitert sich gleich hinter der Speiseröhre in einen Hohlraum von conischer Gestalt, der in die Kopfhöhle hinein ragt. Der After mündet gleich unter den Schwanzkrallen.

Das Männchen ist beträchtlich kleiner als das Weibchen und zeichnet sich besonders durch seinen eigenthümlichen Bau der Tastantennen aus. Die Geissel derselben ist sehr stark verlängert, so dass die Tastantennen fast die Schalenlänge erreichen. Der äussere Geisselrand ist der ganzen Länge nach mit kurzen und starren Härchen besetzt. Das erste Fusspaar trägt ebenfalls wie bei Sida einen jedoch am Ende zugespitzten

Hacken. Der lancetförmige Anhang fehlt. Die Hodenausführungsgänge münden ventral, beiderseits des Abdomens in einem eigenthümlichen, bläschenförmigen Anhang, welcher unterhalb des letzten Beinpaares sitzend, sehr lang und am Ende erweitert ist, so dass er die Postabdomiualkrallen an Länge übertrifft.

Diese Gattung scheint über die ganze Erde verbreitet zu sein, denn bisher wurde sie überall beobachtet. Sie liebt stille, klare Gewässer und hält sich gerne in der Mitte nahe der Wasseroberfläche, wo sie manchmal in grossen Schwärmen angetroffen wird. Diese Gattung zählt zwei Species, welche beide in Böhmen vorkommen.

Augenpigment klein; der untere Schalenrand lang bedornt; Kopf von den Schalen tief eingeschnürt . . . . 1. brachyura.

Augenpigment gross; der untere Schalenrand kurz bedornt. Kopf von den Schalen wenig eingeschnürt . . . . 2. Brandtiana.

3. Daphnella brachyura, Liévin. — Der kurzschwänzige Glaskrebs. — Stejnonožka krátkorepá.

1848. Sida brachyura, Liévin: Die Branchiop. der Danz. Gegend. p. 20, Tab. IV., Fig. 3—4.
1850. Daphnella Whingii, Baird: The nat. Hist. of the brit. Entom. p. 109, Tab. XIV., Fig. 1—4.
1851. Sidaea crystallina, Fischer: Ueber die in der Umgeb. von St. Petersburg vorkom. Crust. p. 190, Tab. I—II.
1853. Sida brachyura, Liljeborg; De Crustac. ex. ordin. trib. Clad. Copep. et Ostrac. p. 20, Tab. I., Fig. 6; Tab. II., Fig. 1.
1854. Diaphanosoma Leuchtenbergianum, Fischer: Ergänz. zu der Abh. über Crust. p. 4.
1858. Daphnella brachyura, Schoedler: Branch. der Umg. von Berlin. p. 9.
1860. Sida brachyura, Leydig: Naturg. der Daphn. p. 109.
1865. Daphnella brachyura, Sars: Norg. Ferskvandskrebsdyr. Cladoc. Ctenop. p. 44, Tab. II., Fig. 16—24.
1867. Daphnella Brandtiana, P. E. Müller: Danmarks Cladocera, p. 101.
1872. Sida brachyura, Frič: Die Krustenth. Böhmens p. 21, Fig. 31.
1874. Daphnella brachyura, Kurz: Dodekas neuer Cladoceren. p. 4.

Der Kopf ist plump gebaut, von der Schale durch eine sehr tiefe Einkerbung getrennt; sein Unterrand ist mässig gewölbt, vor den Tastantennen leicht gebuchtet und mit stark hervortretender Stirngegend. Der gerade Vorderrand geht in schiefer Richtung von unten nach vorn und oben und biegt sich dann unter einer plötzlichen Rundung in den stark convexen Oberrand. Von oben betrachtet, ist der Kopf dreieckig, ziemlich schmal mit convexen Seitenrändern, die vorne unter einem abgerundeten Scheitelwinkel zusammenlaufen. Bei obiger Betrachtung liegt das Auge in der Mitte der Kopfhöhle, von dem Kopfscheitel entfernt. Das Auge ist klein, bei der Seitenansicht dem Stirnrande anliegend, in der Mitte mit ziemlich kleinem karminrothen Pigment, welches ringsum mit grossen, länglichen Krystalllinsen umgeben ist. Die Ruderantennen sind sehr lang und überragen in der Ruhe den hinteren Schalenrand.

Die Schalen sind länglich oval, äusserst durchsichtig, fein punktirt; ihr Oberrand, besonders bei erwachsenen Weibchen, die im Brutraume viele Sommereier tragen, bildet in der Mitte einen starken Bogen, welcher von dem hinteren, nicht abgerundeten Schalenwinkel plötzlich aufhört. Der schwach convexe Unterrand ist vorne frei und erst hinter der Mitte mit zehn bis zwölf einwärts gerichteten langen Borsten versehen. Der ganze übrige freie Schalenrand ist noch bis zum oberen Winkel mit kurzen, starren Dornen besetzt, die jedoch am Unterwinkel deutlicher und stärker hervortreten. Die Schwanzkrallen sind mässig gebogen mit stark divergirenden Nebendornen.

Körperlänge des Weibchens: 0·78—1·22 ᵐ·ᵐ·; Kopfhöhe: 0·22—0·36 ᵐ·ᵐ·;
Körperhöhe: 0·5—0·58 ᵐ·ᵐ·.
In Tümpeln und grossen Teichen sehr gemein. Ich traf sie in den Teichen bei
Prag, Wittingau.

4. Daphnella Brandtiana, Fischer. — Der kurzarmige Glaskrebs. — Stejnonožka krátkoramenná.

1854. Diaphanosoma Brandtianum, S. Fischer: Erg. zu der Abh. über Crust. p. 44,
Tab. HI, fig. 16—24.
1860. Sida Brandtiana, Leydig: Naturgeschichte der Daphn. p. 114.
1865. Daphnella Brandtiana, Sars: Norges Ferskvandskrebsdyr. Cladoc. Ctenopoda p. 45,
Tab. II, fig. 25—33.
1867. Daphnella brachyura, P. E. Müller: Danmarks Cladocera. p. 100.

In Gestalt sieht diese Art der vorigen äusserst ähnlich, so dass sie leicht mit
derselben verwechselt werden kann. Ihr Kopf ist schlanker, länger, und von der Schale
durch eine seichtere Einschnürung getrennt. Die untere Kopfkante ist hinter der wenig
hervorragenden Stirn kaum ausgerandet, der Vorderrand ist gerade und steigt in senkrechter Richtung nach oben, um sich dann in den leicht convexen Oberrand umzubiegen.
Von oben gesehen bilden die geraden Kopfseitenränder vorne einen abgestutzten Winkel,
in welchem das Auge sitzt. Bei der Seitenansicht liegt das grosse Auge nahe dem
Stirnrande und hat einen bedeutend grösseren karminrothen Pigmentfleck, welcher mit
kleinen, runden Krystallinsen bekränzt ist. Die Ruderantennen sind schwächer und
erreichen kaum den hinteren Schalenrand.
Die Schale ist weniger durchsichtig als bei Daph. brachyura und an der
Oberfläche dicht gekörnt. Der untere Schalenrand ist ebenfalls erst hinter der Mitte
jedoch nur mit kurzen Dornen bis zum Hinterrande bewaffnet. Zwischen den Dornen
läuft noch eine Reihe feiner Stachelchen, welche sich bis zum hinteren Oberwinkel fortsetzt. Die Nebendornen der Schwanzkrallen stehen parallel nebeneinander.
Länge: 1·0—1·2 ᵐ·ᵐ·; Höhe: 0·55—57 ᵐ·ᵐ·.
In den Teichen bei Wittingau, Dymokur nicht sehr häufig.

II. Fam. Holopedidae, Sars.

Der ganze Körper ist in einer äusserst hyalinen, gelatinösen Hülle eingeschlossen,
welche unten offen bleibt. Der Kopf ist klein, nach unten gebogen. Die Tastantennen
kurz, unbeweglich und in beiden Geschlechtern gleich. Die Ruderantennen sind lang,
beim Weibchen einästig mit nur drei Ruderborsten, beim Männchen noch mit kleinem
zweigliedrigen Nebenast. Die Oberlippe, die Mandibeln und die Maxillen sind frei, von
der Schale unbedeckt. Die Schale ist kurz, am Rücken sehr hoch buckelartig gewölbt
und äusserst zart. Die Schalensutur ist sehr kurz und steigt senkrecht hinauf. Sechs
Beinpaare sämmtlich lamellös, mit deutlich entwickeltem Branchialanhang. Das Postabdomen von conischer Gestalt ragt wie sämmtliche Fusspaare aus der Schale hervor.
Der einfache Darmkanal trägt vorne zwei kurze Blindsäcke. Das Herz ist langgestreckt,
fast dreieckig. Die Hodenausführungsgänge beim Männchen münden einfach hinter dem
sechsten Fusspaare.
Diese Familie enthält nur eine Gattung.

3. Gattung **Holopedium**, Zaddach.

Der kleine, stark nach unten geneigte Kopf hat eine conische Gestalt ohne Schnabelbildung. Das Auge ist klein, beweglich, mit wenig Krystalllinsen. Der schwarze Pigmentfleck von der Grösse des Augenpigmentes liegt vor der Basis der Tastantennen. Diese sind kurz, cylindrisch, in der Mitte leicht angeschwollen und mit kurzen Endriechstäbchen. Die Ruderantennen sind sehr lang und schlank, beim Weibchen einästig, zweigliedrig mit nur drei Endborsten. Die Basis derselben zu beiden Seiten des Kopfes fest angewachsen, ist in der Mitte geringelt und sehr biegsam.

Die Schale ist sculpturlos, höher als länger, namentlich bei erwachsenen Weibchen am Rücken hoch buckelartig gewölbt, hinten mässig zugespitzt. Der untere freie Schalenrand ist hinten fein bedornt. Sechs Paar Beine, welche sämmtlich lamellös, gleich geformt und sehr lang sind, so dass sie zum Drittheile aus den Schalenklappen hervorragen. Das 2—4 Fusspaar trägt kurze, flaschenförmige Blasenfortsätze. Das Postabdomen ist conisch, gerade gestreckt, beiderseits etwa mit zehn gleich langen Dornen bewaffnet. Die kurzen, gebogenen und fein gezähnten Schwanzkrallen tragen an der Basis einen kleinen Nebendorn. Die ziemlich langen, zweigliedrigen, dicht behaarten Schwanzborsten sitzen auf einem gemeinschaftlichen, cylindrischen und hohen Fortsatz.

Beim Männchen tritt zu den zweigliedrigen Ruderantennen noch ein kurzer, zweigliedriger Nebenast mit zwei Endborsten. Das Endstück des ersten Fusspaares ist nur in einen langen, gekrümmten Hacken umgewandelt.

Diese Gattung weiset nur eine Species aus.

5. Holopedium gibberum, Zaddach. — Der langarmige Buckelkrebs. — Hrbatka jezerni.

1855. Holopedium gibberum, Zaddach: Ein neues Crustac. aus der Fam. der Branchiop. p. 159, Tab. VIII—IX.

1862. Holopedium gibberum, Sars: Om Crustacea Cladocera iagttagne i Omegnen af Christiania. Andet Bidrag. p. 251.

1865. Holopedium gibberum, Sars: Norges Ferskvandskrebsdyr. Cladoc. Ctenop. p. 57, Tab. IV.

1868. Holopedium gibberum, P. E. Müller: Danmarks Cladocera. p. 103.

1872. Holopedium gibberum, Frič: Die Krustenthiere Böhmens. p. 215, Fig. 32.

Länge: 1·4—1·6 m. m.; Höhe: bis 2 m. m..

Diese zierliche Art lebt in der Mitte grosser Seen und Teiche. Ich fischte sie im Jahre 1871 mit Hrn. Dr. Frič in den Gebirgsseen bei Eisenstein, dann im Juni 1873 im Teiche „Nový ydovec" bei Lomnitz. Das Räderthierchen Conochylus volvox war immer in ihrer Gesellschaft.

b) Anomopoda, Sars.

Fünf bis sechs Paar Beine, von denen die zwei ersten als Greiffüsse, die übrigen als Branchialfüsse eingerichtet sind. Die Ruderantennen sind zweiästig, die Aeste fast gleich lang, cylindrisch mit Endborsten.

Der eine Ast der Ruderantennen dreigliedrig, der andere viergliedrig.

† Fünf Paar Beine, das letzte in weitem Abstand von dem vorletzten entfernt. Darm ohne Schlinge und vorne mit zwei Blindsäcken 1. Fam D a p h n i d a e.

† Fünf bis sechs Paar Beine in gleichem Abstand von einander.

2*

†† Tastantennen vielgliedrig, beim Weibchen unbeweglich; Riechstäbchen von der Spitze entfernt. Darm ohne Schlinge   2. Fam. B o s m i u i d a e.

†† Tastantennen eingliedrig, beweglich.   Riechstäbchen endständig.   Darm einfach oder geschlingelt.   3. Fam. L y n c o d a p h n i d a e.

Beide Aeste der Ruderantennen dreigliedrig.   Fünf oder sechs Paar Beine. Kopf mit seitlich vorspringendem Dach.   Darm geschlingelt.

                                 4. Fam. L y n c e i d a e.

III. Fam. Daphnidae, Sars.

Der Kopf meist mit seitlich vorspringendem Dach.   Das Auge enthält wenig Krystalllinsen.   Die Tastantennen sind beweglich oder unbeweglich, eingliedrig, mit Endriechstäbchen und entspringen meist von der hinteren Kopfkante hinter dem Schnabel, selten von der unteren.   Die Ruderantennen sind zweiästig, die Aeste cylindrisch, fast gleich lang; der dreigliedrige Ast trägt fünf, der viergliedrige vier Ruderborsten.   Fünf Paar Beine, von denen das letzte in weitem Abstand von dem vorletzten seinen Ursprung nimmt.   Die ersten zwei Fusspaare sind meist cylindrisch und als Greiffüsse, die hinteren lamellös und als Branchialfüsse eingerichtet.   Das Postabdomen ist stets zurückgeschlagen. Der Darmkanal ist einfach ohne Schlinge und erweitert sich vorne in zwei kurze Blindsäcke.   Das Herz ist von ovaler Gestalt.

Diese Familie umfasst fünf Gattungen.

Kopf mit Schnabel.

† Tastantennen des Weibchens sehr klein, unbeweglich. Kopf von der Schale nicht geschieden. Schale rautenförmig gefeldert, hinten in einen Stachel verlängert. Abdomen mit 3—4 Dorsalfortsätzen.   1. Gat. D a p h n i a.

† Tastantennen des Weibchens beweglich. Kopf von der Schale durch Impression gesondert.

†† Schale quer gestreift, hinten schräg abgestutzt. Abdomen mit zwei Dorsalfortsätzen.   2. Gat. S i m o c e p h a l u s.

†† Schale undeutlich reticulirt, hinten gerade abgestutzt. Der untere und hintere Schalenwinkel beiderseits in einen Dorn auslaufend. Abdomen mit einem Dorsalfortsatz.   3. Gat. S c a p h o l e b e r i s.

Kopf ohne Schnabel, von der Schale durch Impression gesondert. Tastantennen beweglich.

††. Schale oval oder rundlich, hexagonal gefeldert. Abdomen mit einem Dorsalfortsatz.   4. Gat. C e r i o d a p h n i a.

†† Schale vierkantig, undeutlich reticulirt. Abdomen ohne Dorsalfortsatz.   5. Gat. M o i n a.

4. Gattung **Daphnia**, O. Fr. Müller.

H y a l o d a p h n i a, Schoedler.

Der Körper ist schlank, lang, niedrig und mehr oder weniger durchsichtig. Der Kopf ist ziemlich hoch, breit, nach vorn gestreckt mit einem abgerundeten oder einem in eine Spitze (Pyramide) auslaufenden Scheitel, welcher bei der Rückenansicht · gekielt und selten abgerundet ist.   Hinten bildet der Kopf einen zugespitzten oder abgestutzten Schnabel, dessen hintere Wand glatt, abgerundet oder zu beiden Seiten von dem Kopfschilde dachartig überragt ist.   Der Fornix ist unbedeutend, niedrig und wölbt sich ober den Ruderantennen in einer bogenförmigen Linie bis zum Auge. Etwa von der Mitte dieser Linie senkt sich noch eine stärkere bogenförmige Chitinleiste nach hinten bis zur Schnabelbasis. Die Sutur zwischen dem Kopfschilde und der Schale ist wellenförmig und steigt von dem Zusammenstosse der beiden Schalenklappen schräg rückwärts über das Herz hinauf. Das Auge ist gross und mit vielen Krystalllinsen versehen. Der kleine, schwarze Pigmentfleck fehlt zuweilen.

Die Tastantennen sind sehr rudimentär, unbeweglich, an der hinteren Schnabelfläche einen fast verschwindenden oder sehr niedrigen Höcker bildend, von dem die kurzen Riechstäbchen hervortreten. Die Ruderantennen sind gross und schlank; der viergliedrige Ast derselben ist mit vier, der dreigliedrige mit fünf zweigliedrigen und behaarten Borsten ausgerüstet.

Die Schale, von dem Kopfe meist durch eine sehr seichte Einkerbung geschieden, hat eine länglich ovale Form und läuft hinten in einen bedornten Stachel aus. Die Schalenränder sind stets kurz bedornt. Die Schalenoberfläche ist regelmässig rautenförmig gefeldert.

Der einfache Darm trägt vorne zwei kurze und in die Kopfhöhle hineinragende Blindsäcke. Beine sind fünf Paare vorhanden, von denen das dritte und vierte mit grossen, sackförmigen Branchialfortsätzen versehen sind. Das fünfte Paar ist rudimentär. Das Proabdomen ist sehr undeutlich gegliedert, und ist am Rücken vor dem Postabdomen mit drei bis vier Fortsätzen versehen; die zwei vorderen Fortsätze sind gross und dienen zum Verschluss des Brutraumes.

Das Postabdomen, von dem Proabdomen durch eine Seitenleiste getrennt, ist ziemlich gross, conisch, gegen das freie Ende hin verschmälert und an der unteren Kante stets mit einfachen Zähnen bewehrt. In der Mitte dieser Kante mündet auch der After. Die Postabdominalkrallen sind lang, gebogen, fein gezähnelt und bei manchen Arten an der Basis mit einem Nebenkamm von kleinen Zähnchen versehen. Die Postabdominalborsten sind zweigliedrig und kurz.

Im Brutraume mancher erwachsenen Weibchen zählte ich bis 30 Sommereier, so dass derselbe stark mit Eiern vollgestopft war. Die sogenannten Wintereier werden im braunschwarzen, stark chitinisirten Ephipium zu zweien getragen, wo sie immer die quere Lage einnehmen. Die Ephipium tragenden Weibchen erscheinen entweder im Herbste oder im Sommer, wenn das Leben der Daphnien durch das Austrocknen oder durch das Faulwerden des Wassers bedroht wird.

Die Männchen sind stets kleiner als die Weibchen. Auf dem abgerundeten Schnabel sitzen die langen, cylindrischen und beweglichen Tastantennen, welche am freien Ende, wo die Riechstäbchen heraustreten, in eine zugespitzte Geissel ausgehen. Der untere, lang behaarte Schalenrand bildet vorne einen einwärts ausgehöhlten Höcker. Die Dorsalkante ist gerade. Das erste Fusspaar hat am Ende einen starken, gekrümmten Hacken und eine lange, nach hinten gebogene Geissel. Von den Abdominalfortsätzen ist nur der erste vollkommen entwickelt.

Manche Arten dieser sehr artenreichen Gattung gehören zu den grössten Cladoceren; ihre Grösse schwankt zwischen 1—5 $^{m \cdot m \cdot}$. Man findet sie in allen unseren süssen Gewässern und zwar immer in grosser Menge und zu jeder Jahreszeit. Sie ziehen das klare, wenn auch nicht das frische Wasser vor; im faulenden Wasser dagegen gehen sie bald zu Grunde. Ihre Durchsichtigkeit varirt je nach der Stelle, wo sie leben; besonders hyalin und durchsichtig erscheinen diejenigen Formen, welche in Tiefen oder in der Mitte grosser Seen und Teiche leben. Diese werden pelagische oder Seeformen genannt und zeichnen sich durch einen viel zarteren und schlankeren Bau als die übrigen Arten aus, welche kleinere Gewässer bewohnen. Ihre Bewegungen sind rasch und hüpfend.

Bei der Bestimmung der Arten ist hauptsächlich der Bau des Kopfes, des Schnabels, der Schale, die Stellung des Schalenstachels und der zwei ersten Abdominalfortsätze, endlich die Bewehrung des Postabdomens zu beachten.

Diese Gattung zählt 35 Arten, von denen 24 der Cladoceren-Fauna Böhmens angehören, die sich nach folgender Uebersicht voneinander unterscheiden.

Schwanzkrallen mit Nebenkamm. Körper gedrungen, wenig durchsichtig.

Untere Postabdominalkante mit einem deutlichen Ausschnitt. Kopf sehr niedrig.
Darmcoeca lang, eingerollt. Schalenstachel sehr lang.   1. S ch a e f f e r i.
Darmcoeca kurz, gebogen. Schalenstachel kurz.   2. m a g n a.
Untere Postabdominalkante gerade, oder schwach gewölbt. Kopf hoch.
Untere Kopfkante zwischen der Stirn und der Schnabelspitze gerade oder convex.
Fornix ober den Ruderantennen in einen zugespitzten Dorn auslaufend.
Schnabel an der Spitze abgestutzt. Der Dorsalrand der Schalen gebogen.
Schalendorn kurz.   3. p s i t t a c e a.
Schnabel nicht abgestutzt. Dorsalrand gerade. Schalendorn sehr lang.
    4. A t k i n s o n i i.
Untere Kopfkante concav.
Schalenstachel ziemlich lang.

    * Stirn stark vorragend. Kopf niedergedrückt.   5. p u l e x.
    * Stirn mässig vorragend. Kopf hoch.
    ** Schalenstachel oberhalb der Medianlinie des Körpers.   6. p e n n a t a.
    ** Schalenstachel in der Médianlinie.   7. S c h o e d l e r i.
Schalenstachel sehr kurz oder fehlend.
    * Seichte Impression zwischen Kopf und Thorax.   8. o b t u s a.
    * Impression zwischen Kopf und Thorax fehlt.   9. g i b b o s a.

Schwanzkrallen ohne Nebenkamm.
Nebenauge stets vorhanden. Kopf vorne abgerundet, selten gehelmt.
Das zweite Glied der Ruderborsten kürzer als das erste, dick.
Kopf niedrig. Schalenstachel in der Medianlinie. Bulbi optici kurzgestielt.
    11. v e n t r i c o s a.
Kopf hoch. Schalenstachel ober der Medianlinie. Bulbi optici lang gestielt.
    12. c a u d a t a.
Glieder der Ruderborsten von gleicher Länge oder das zweite länger als das erste.
Körper wenig durchsichtig, gelb oder röthlich.

    * Kopf durch Impression deutlich gesondert, niedrig, unten tief ausgeschnitten.
    10. p a l u d i c o l a.
    * Impression zwischen Kopf und Thorax unbedeutend oder fehlt.
    ** Kopf unten kaum ausgeschnitten, nach vorn gestreckt. Schnabel gerade.
    *** Abdominalfortsätze an der Basis verwachsen. Schalenstachel in der
    Medianlinie.   13. l o n g i s p i n n a.
    *** Abdominalfortsätze an der Basis nicht verwachsen.
    † Abdominalfortsätze kurz, dick, gleich lang. Schalenstachel ober der Me-
    dianlinie.   14. r o s e a.
    † Der erste Abdominalfortsatz zweimal so lang als der zweite. Schalenstachel
    in der Medianlinie.   15. l a c u s t r i s.
    ** Kopf unten tief ausgeschnitten, geneigt. Schnabel lang, nach hinten
    gebogen. Schalenstachel in der Medianlinie.   16. a q u i l i n a.
Körper hyalin, farblos.

    * Kopf vorne abgerundet, länger als die Hälfte der Schalenlänge, ohne
    Impression. 2—2·5 $^{m.\ m.}$.   17. g r a c i l i s.
    * Kopf kürzer als die Hälfte der Schalenlänge, durch eine Impression vom
    Thorax getrennt, vorne abgerundet oder gehelmt.
    ** Kopf klein, enger als die Schale. Postabdomen mit sieben Zähnen.
    Kaum 1 $^{m.\ m.}$ gross.   17. m i c r o c e p h a l a.
    ** Kopf ebenso breit wie die Schale, vorne abgerundet oder gehelmt. Post-
    abdomen mit zehn Zähnen. Kaum 2 $^{m.\ m.}$ gross.   19. g a l c a t a.

Nebenauge fehlt. Kopf stets gehelmt (Gatt. H y a l o d a p h n i a, Schoedler).
Kopf höher als die Hälfte der Schalenlänge.
Postabdomen mit sechs Zähnen. Kaum 2 $^{m.~m.}$ gross.
    * Kopf gerade gestreckt.   20. K a h l b e r g e n s i s.
    * Kopf aufwärts gebogen.   21. C e d e r s t r ö m i i.
    Postabdomen mit vier Zähnen. Kaum 1 $^{m.~m.}$ gross.   22. v i t r e a.
Kopf kürzer als die Hälfte der Schalenlänge.
    Postabdomen mit sechs Zähnen.   23. c u c u l l a t a.
    Postabdomen mit sieben bis acht Zähnen.   . 24. a p i c a t a.

6. Daphnia Schaefferi, Baird. — Der bewimperte Wasserfloh. — Perloočka obrvená.

1851. Daphnia Schaefferi, Baird: Brit. Entomostr. p. 93, Tab. VII., Fig. 1—2; Tab. VIII., Fig. A—J.

Fig. 1.

Daphnia Schafferi,
B. — Kopf. *a,* Tastantennen. *a₂* Ruderantennen. *ai* Darmcoeca, *nc.* Hautnerv. *f.* Fornixplatte. *sc* Seitenleiste des Kopfschildes.

Der Körper ist sehr gross, breit, plump gebaut, wenig durchsichtig. Der niedrige, sehr breite, ein wenig nach unten geneigte Kopf ist von den Schalen nicht gesondert. Der Oberrand ist stark convex, die Stirn wenig hervorragend, abgerundet, der Unterrand gerade oder schwach concav, der Schnabel kurz, stumpf und an der Hinterkante bedornt. Der Schnabel bildet mit der geknickten hinteren Kopfkante einen stumpf- oder rechtwinkeligen Ausschnitt, in welchem die Tastantennen sitzen. Das Gewölbe (Fornix) ist sehr hoch und breitet sich beiderseits in eine dreieckige Platte aus, welche die Basis der Ruderantennen theilweise bedeckt. Bei der Ruckenlage ist der Kopf vorne dreimal gekielt und der optische Durchschnitt desselben stellt ein Fünfeck dar, dessen Seitenränder zwischen der Kopfbasis und der erhabenen Seitenleiste, nämlich dem Seitenkiel, der unweit von dem Scheitelkiel und diesem paralell zu beiden Seiten des Kopfes verläuft, convex und zwischen dem letzteren und dem Scheitelkiel mässig concav sind.

Das verhältnissmässig kleine und der Stirn anliegende Auge besitzt nur wenig, zur Hälfte mit Pigment bedeckte Krystalllinsen. Die Tastantennen sind kurz, kegelförmig und ragen frei unter dem Schnabel hervor. Die Ruderantennen sind kurz, stark, an der Oberfläche ziemlich lang bedornt; der dreigliedrige Ast an der Innenseite lang behaart; die Ruderborsten kurz.

Die breiten Schalen laufen hinten ober der Medianlinie des Körpers in einen ziemlich langen, stark bedornten Stachel aus. Der Dorsalrand ist mässig gewölbt, bedornt, der freie Ventralrand bauchig, einwärts gebogen, an der äusseren Lippe mit dicht stehenden, kurzen Dornen besetzt, an der inneren Lippe besonders vorne lang behaart. Die Schalenoberfläche ist quadratisch gefeldert mit dicken und erhabenen Linien. Die Darmcoeca sind sehr lang und eingerollt. Die Postabdominalfortsätze dick, von einander entfernt, von denen der erste zweimal so lang ist als der zweite. Das Postabdomen ist gegen das freie Ende hin merklich verschmälert; die Unterkante in der Mitte tief ausgeschnitten und beiderseits vor dem Ausschnitte mit sechs, hinter demselben mit zwölf gebogenen, gleich grossen Zähnen bewehrt. Zuweilen trifft man noch einen Zahn in der Mitte des Ausschnittes. Gegen die Basis ist das Postabdomen kurz bedornt. Die Schwanzkrallen sind stark, gebogen, fein gezähnt und tragen an der Basis einen niedrigen Kamm mit etwa 18 Dornen. Die Schwanzborsten sind verhältnissmässig lang.

Länge (Weibchen): 2·6—3 $^{m.~m.}$; Höhe: 1·62—1·9; $^{m.~m.}$; Kopfhöhe: 0·55 bis 0·62 $^{m.~m.}$; Stachel: 0·5—0·6 $^{m.~m.}$.

Das Männchen ist kleiner als das Weibchen und ebenfalls plump gebaut. Sein Kopf ist nach vorn gestreckt, abgerundet, die Unterkante stark concav, der Schnabel leicht abgerundet. Die Tastantennen sind beweglich, am freien Ende erweitert und abgestutzt; die Geissel kurz gebogen. Die Schale ist eng, am Unterrande fein, lang behaart. Die Geissel des ersten Fusspaares ist sehr lang. Die Abdominalfortsätze fehlen. Länge (Männchen): 2·13 $^{m.\,m.}$; Höhe: 1·15 $^{m.\,m.}$; Kopfhöhe: 0·35 $^{m.\,m.}$; Stachel 0·47 $^{m.\,m.}$.

Diese Art lebt in schmutzigen Gewässern. Sirbitz bei Podersam (Frič); Aag bei Eger (Novák). Poděbrad, Böhmisch Brod, Pisek, Winterberg.

7. Daphnia magna, Straus. — Der grosse Wasserfloh. — Perloočka velká.

1820. Daphnia magna, Straus: Mém. p. 159.
1851. Daphnia pulex, var. magna, Baird: Brit. Entomostr. p. 89, Tab. XI., Fig 3—5.

Fig. 2.

Daphnia magna, Str. — Postabdomen.

Diese in der Gestalt und Farbe der vorigen äusserst ähnliche Art reiht sich zu den grössten Cladoceren. Der Körper ohne Impression zwischen Kopf und Thorax ist ebenfalls plump gebaut, schmutzig grün. Der Kopf ist niedriger als bei D. Schaefferi und von oben betrachtet annähernd vierkantig, indem der Scheitelkiel sehr niedrig und abgerundet ist. Der Fornix bildet auch beiderseits oben den Ruderantennen die dreieckige Platte. Die kurzen, kegelförmigen Tastantennen ragen frei hinter dem Schnabel hervor.

Die Schale hat eine schräg ovale Gestalt und ist viel breiter als der Kopf. Der sehr kurze, gerade Schalenstachel entspringt weit ober der Medianlinie des Körpers und ist aufwärts gerichtet. Die Schalenränder sind von derselben Beschaffenheit wie bei der vorigen Art. Die Schalenoberfläche ist klein quadratisch reticulirt. mit feinen, erhabenen Linien.

Ein besonders wichtiges Unterscheidungsmerkmal bieten die Darmcoeca, welche sehr kurz, am freien Ende verdickt und nicht eingerollt sind. Die Abdominalfortsätze stehen getrennt von einander. Das Postabdomen ist gegen das freie Ende hin stark verjüngt, an der Unterkante ebenfalls tief ausgeschnitten und beiderseits der Analfurche mit 15—16 gleich langen und gekrümmten Zähnen bewaffnet. Die Postabdominalkrallen sind gebogen, fein gestrichelt und an der Basis kammartig wie bei D. Schaefferi gezähnt.

Das Weibchen trägt im Brutraume mehr als 30 Sommereier.

Länge: 3·01—4 $^{m.\,m.}$; Höhe: 2·06—2·3 $^{m.\,m.}$; Kopfhöhe: 0·7—1·1 $^{m.\,m.}$

Häufig in schmutzigen kleinen Gewässern bei Prag, Poděbrad, Brandeis an der Elbe, Böhmisch Brod.

8. Daphnia Atkinsonii, Baird. — Der langdornige Wasserfloh. — Perloočka ostnatá.

1859. Daphnia Atkinsonii, Baird. Desc. of sev. spec. of Entom. from Jerusalem.

Fig. 3.

Daphnia Atkinsonii, Baird. — Postabdomen.

Der Körper gross, schlank, wenig hoch; der Dorsalrand gerade, ohne Impression zwischen Kopf und Thorax. Von oben betrachtet sieht der Körper eng aus und vorne am Kopf scharf gekielt. Der Kopf ist gestreckt, kuppelförmig, ziemlich niedrig, vorne gleichmässig abgerundet mit einem kurzen, scharfen Schnabel, der nach hinten gekehrt ist. Der Fornix läuft ober den Ruderantennen in einen breiten, fein zugespitzten und nach hinten gerichteten Dorn aus. Das grosse Auge liegt von der nicht hervorspringenden Stirnkante entfernt. Der schwarze Pigmentfleck ist sehr klein.

Die verkümmerten und unbeweglichen Tastantennen entspringen unterhalb des Schnabels in Form eines dreieckigen Höckers, aus dem die kurzen Riechstäbchen hinabragen. Die Ruderantennen sind kurz, stark, bedornt; das Endglied des dreigliedrigen Astes ist an der Innenseite lang behaart.

Die Schalen, breiter als der Kopf, verlängern sich hinten in einen sehr langen, geraden und nach oben gerichteten Stachel, welcher wie die Schalenränder mit langen, dicht gedrängten Stacheln bewaffnet ist. Am Schalenrücken stehen diese Stacheln in zwei, vorne divergirenden Reihen. Der gerade Dorsalrand ist der ganzen Länge nach, der sehr gewölbte Ventralrand nur hinten bedornt. Die Schalenoberfläche ist sehr deutlich rautenförmig gefeldert.

Die Darmcoeca sind kurz, aufwärts gebogen. Die beiden ersten Abdominalfortsätze stehen dicht nebeneinander, sind lang, bewimpert und divergiren mit ihren Enden.

Das breite, zugespitzte Postabdomen ist an der Unterkante mit zehn schwachen, gleich grossen Zähnen bewaffnet, und am Hintertheile dicht bedornt. Die fein gestrichelten Schwanzkrallen haben zwei, dicht hintereinander stehende, niedrige Kämme. Die fein gestrichelten Schwanzkrallen tragen zwei Kämme. Der erste Kamm ist etwa aus zehn, der zweite aus zwanzig Dornen zusammengestellt. Die Schwanzborsten sind kurz.

Das Weibchen trägt im Brutraume höchstens 12 Sommereier.

Länge: 1·87—2·5 ᵐ·ᵐ·; Höhe: 0·87—1·45 ᵐ·ᵐ·; Kopfhöhe: 0·47—0·57 ᵐ·ᵐ·; Stachel: 1—1·42 ᵐ·ᵐ·.

Das Männchen blieb mir unbekannt.

Diese höchst interessante und von allen Daphnien durch den geraden und bedornten Dorsalrand leicht unterschiedbare Art traf Dr. Frič in einer mit schmutzigem Wasser gefüllten Lache bei Kounic und Fr. Vejdovský bei Elbekostelec in Gesellschaft mit M o i n a.

Der B a i r d-schen Figur fehlt die Bewehrung der Dorsalkante.

9. Daphnia psittacea. W. Baird. — Der Papageiwasserfloh. — Perloočka křivonosá.

1851. Daphnia psittacea, Baird: British Entomostr. p. 92. Tab. IX, Fig. 3. 4.
1858. Daphnia psittacea, Schoedler: Branchiop. d. Umgeb. von Berlin. I. Beitrag. p. 16.
1872. Daphnia psittacea, Frič: D i e K r u s t e n t h i e r e B ö h m e n s. p. 232, Fig. 34.
1874. Daphnia psittacea, Kurz: Dodekas neuer Cladoc. p. 18. Tab. I, Fig. 10.

Der Körper dieser Art erscheint mehr gedrungen als bei der letztbeschriebenen Art, der sie am meisten ähnlich sieht. Der Kopf ist ebenfalls ziemlich niedrig, kuppelförmig, nach vorne gestreckt. Der Schnabel kurz, stumpf, an der unteren Kante schräg abgestutzt. Gleich hinter diesen ragen die conischen, kürzeren Tastantennen frei hervor. Das Auge, mittelgross, mit wenigen, nur theilweise mit Pigment bedeckten Krystalllinsen liegt ebenso von der nicht hervorragenden Stirnkante entfernt. Der schwarze Pigmentfleck ist klein.

Die Ruderantennen sind schlank, stark beschuppt, mit langen, zweigliedrigen und dicht behaarten Ruderborsten.

Die Schale, vom Kopf durch eine seichte Einkerbung getrennt und bedeutend breiter als der Kopf, hat eine länglich ovale Gestalt und bildet hinten, weit ober der Schalenmitte einen, an der Basis sehr breiten, hinten mit einem runden Höcker versehenen, kurzen, leicht gebogenen und schlanken Stachel. Der obere Schalenrand ist nicht wie bei der vorigen Art gerade, sondern leicht gebogen, der untere Schalenrand stark gebogen, bauchig. Die Bedornung beider Ränder ist von derselben Beschaffenheit wie bei der D. A t k i n s o n i i, jedoch scheint sie hier zarter zu sein.

Die Darmcoeca sind ziemlich lang und eng; die zwei ersten, langen Abdominal-fortsätze stehen dicht hintereinander, der dritte ist länger als bei vorgehender Art.

Das Postabdomen ist lang, schmal, conisch, die untere Kante leicht gebogen und hinter dem After, der ebenfalls jederseits mit zehn kleinen und schlanken Zähnen bewaffnet ist, mit einem seichten Ausschnitte versehen. Im Uebrigen stimmt es gänzlich mit dem der Daph. Atkinsonii.

Länge: 1·9 ^{m. m.}, Höhe: 1·30 ^{m. m.}, Höhe des Kopfes: 0·4 ^{m. m.}, Stachel: 0·18 ^{m. m.}. Die Weibchen haben ein röthliches Colorit.

Ich traf diese Art nur einmal im December 1869 in der Elbebucht „Skupice" bei Poděbrad und in den Gräben des nahe liegenden Fasangartens.

10. Daphnia pulex, De Geer. — Der gemeine Wasserfloh. — Perloočka obecná.

1820. Monoculus pulex, Jurine : Hist. des Monocl. p. 85, Tab. VIII—XI.
1851. Daphnia pulex, Baird : Brit. Entom. p. 89, Tab. IV., Fig. 1—3.
1859. Daphnia pulex, Schoedler : Branchiop. der Umg. von Berlin. p. 13, Tab. I., Fig. 2, 4, 5.
1860. Daphnia pulex, Leydig : Naturg. der Cladoc. p. 118, Tab. I., Fig. 1—7.
1862. Daphnia pulex, O. G. Sars : Om de i Omegnen af Christiania forek. Cladoc. p. 263.
1867. Daphnia pulex, P. E. Müller. Danmarks Cladoc. p. 110, Tab I., Fig. 4.
1872. Daphnia pulex, Frič : Krustenth. Böhmens. p. 221. Fig. 33.

Der Körper gross, plump gebaut, ziemlich breit, wenig durchsichtig, röthlich gefärbt. Der breite Kopf ist niedrig, nach unten geneigt, vorne stark abgeflacht, mit deutlich hervortretender Stirngegend. Die untere Kopfkante ist hinter der Stirn sehr tief ausgeschnitten. Der fein zugespitzte Schnabel ist leicht nach hinten gebogen. Der Fornix ist hoch. Von oben gesehen ist der Kopf vorne abgerundet. Das Auge ist gross und hat nicht viele Krystalllinsen. Die Tastantennen sind sehr kurz, conisch und ragen hinter der Schnabelspitze wenig hervor. Die Ruderantennen sind kurz, schlank, deutlich beschuppt und mit langen, dicht befiederten Ruderborsten ausgerüstet.

Die Schalen, bei erwachsenen Weibchen vom Kopf durch keine Impression getrennt, haben eine ziemlich ovale Gestalt. Der Unterrand ist viel gewölbter als der Oberrand und verschmilzt mit jenem in einen sehr kurzen, geraden und nach oben gerichteten Stachel, welcher ober der Medianlinie des Körpers liegt. Die beiden Schalen-ränder sind hinten kurz bedornt. Die Schalenoberfläche ist fein rautenförmig gefeldert.

Die Darmcoeca sind kurz, am freien Ende verdickt und nach oben gebogen. Die zwei ersten Abdominalfortsätze stehen dicht nebeneinander; der erste nach vorn gewendet ist doppelt so lang als der zweite, welcher sich nach hinten biegt. Der dritte Fortsatz ist unbedeutend.

Das lange Postabdomen ist am Ende verschmälert. Sein Unterrand ist mässig gewölbt und vorne mit 12—14 fast gleich grossen Zähnen bewaffnet. Die gebogenen Schwanzkrallen besitzen an der Basis zwei Kämme, von denen der erste, höhere 6—7, der zweite niedrigere 3—4 zugespitzte Dornen hat. Die Schwanzborsten sind lang, zwei-gliedrig und befiedert.

Länge des Weibchens: 2·15 ^{m. m.}; Höhe: 1·23 ^{m. m.}; Kopfhöhe: 0·4 ^{m. m.}; Schalen-stachel: 0·16 ^{m. m.}.

In schmutzigen Gewässern ziemlich selten. Kratzau bei Frauenberg.

Diese Art unterscheidet sich von der D. pennata, mit der sie sehr oft ver-wechselt wurde, auf den ersten Blick durch die stark ausgeschnittene untere Kopfkante, sowie durch den abgerundeten Scheitel. Die beste Zeichnung von dieser Art hat Leydig geliefert. Die Liljeborgische Figur stimmt eher mit D. obtusa überein.

11. Daphnia pennata, O. F. Müller. — Der behaarte Wasserfloh. — Perloočka zpeřená.

1785.· Daphnia pennata, O. Fr. Müller: Entom. p. 82, Tab. XII., Fig. 4—7.
1835.? Daphnia ramosa, Koch: Deutschlands Crust. H. 35, n. 18.
1851.? Daphnia pulex, Baird: Brit. Entom. p. 90.
1858. Daphnia pennata, Schoedler: Branch. p. 15.
1862. Daphnia pennata, O. G. Sars: Om de i Omegnen af Christiania forekom. Cladoc. p. 264.

Fig. 4.

Daphnia pennata, Müll.
— Kopf. cr Gehirn. go
Augennerv. nc Hautnerv.
na₁ Tastantennennerv.
na₂ Ruderantennennerv.
nl Nervus labri. mo Augenmuskeln. ai Darmblindsack. f Fornix.

Der Körper ist röthlich, wenig durchsichtig, gross, hoch. Der Kopf, von den Schalen durch eine sehr seichte Impression gesondert, ist höher und breiter als bei D. pulex, vorn abgerundet, mit wenig hervorragender Stirn. Der schiefe, leicht concave Unterrand läuft nach hinten in ein ziemlich langes, scharfes, nach hinten gekehrtes Rostrum aus, hinter dem die kleinen, conischen Tastantennen wenig hervorragen. Die Riechstäbchen sind sehr kurz. Der stark gewölbte Fornix zieht sich vorn vor das Auge. Von oben betrachtet ist der Kopf breit, nach vorn verjüngt und an dem Scheitel zugespitzt· Das grosse Auge mit nicht vielen ovalen Krystallinsen liegt nahe der Stirnkante. Der schwarze Pigmentfleck ist klein, rundlich.

Der Basaltheil der schlanken Ruderantennen überragt den Kopf und besitzt sowie auch die beiden Aeste eine stark ausgeprägte schuppenartige Sculptur. Die Ruderborsten sind schlank, dreigliedrig (das letzte Glied sehr kurz) und lang behaart.

Der oben gebogene Schalenrand verlängert sich hinten mit dem ebenfalls sehr convexen Unterrande in einen ziemlich langen, geraden, nach hinten gerichteten Stachel, welcher über der Medianlinie des Körpers steht und stets bedeutend länger ist als bei D. pulex. Die Schalenränder sind zur Hälfte dicht und kurz bedornt. Die Schalenstructur ist deutlich ausgeprägt.

Die Darmcoeca sind kurz. Die zwei Abdominalfortsätze lang, behaart und stehen entfernt von einander.

Das Postabdomen hat eine conische Gestalt, ist an der Hinterkante leicht convex und mit 16—18 von vorn nach hinten an Grösse abnehmenden Zähnen bewehrt; übrigens ist das ganze Postabdomen, besonders hinten mit feinen Schuppen bedeckt, welche aus 5—6 im Halbkreise gestellten Chitinleistchen bestehen. Die langen und gebogenen Schwanzkrallen tragen an der Basis zwei Kämme, unter denen der höhere aus 5—6, der niedrigere aus nur 4 Dornen gebildet wird.

Das Weibchen trägt im Brutraume über 20 Sommereier.

Länge: 2·1—2·38 ᵐ·ᵐ·; Höhe: 1·45—1·63 ᵐ·ᵐ·; Kopfhöhe: 0·37—0·45 ᵐ·ᵐ·.

Das Männchen ist bedeutend kleiner als das Weibchen. Sein Kopf ist stark niedergedrückt, über der Stirn leicht ausgebuchtet, unten gerade, mit breit abgerundetem Schnabel. Die langen Tastantennen sind an der Basis mit einigen Querreihen von kurzen Haarchen versehen und tragen ausser der zugespitzten Geissel am freien, abgestutzten Ende noch eine kurze Seitenborste vor der Mitte. Der obere Schalenrand ist gerade, der untere lang behaart. Das erste Fusspaar trägt an seinem Endgliede einen stark gekrümmten Hacken und eine lange, beinahe die Länge der Schale erreichende Geissel. Das Abdomen besitzt am Rücken zwei behaarte und nach hinten gerichtete Fortsätze, von denen der erste doppelt so lang ist als der zweite. Das Postabdomen ist klein, schlank, gebogen und auf dieselbe Weise wie beim Weibchen bewehrt. Die Hodenausführungsgänge münden ventral hinter den Krallen.

Fundorte: sehr häufig in verschiedenen Wasseransammlungen mit schmutzigem Wasser bei Prag, Poděbrad, Přelouč, Böhmisch Brod, Brandeis an der Elbe, Pisek, Eger, Wittingau, Turnau, Řidká u. s. w.

12. Daphnia Schoedleri, Sars. — Der weisse Wasserfloh. — Perloočka bílá.

1858. Daphnia longispinna, Schoedler: Branchiop. p. 14, Tab. I., Fig. 13—14.
1862. Daphnia Schoedleri, Sars: Om de i Omegnem af Christiania forekom. Cladoc.
And. Bidrag. p. 266.

Der Körper ist schlank, durchsichtig, ohne Impression zwischen Kopf und Thorax.
Der Kopf hoch, gestreckt, vorne abgerundet und mit kaum vorragender Stirn. Seine
leicht concave oder gerade Unterkante läuft hinten in eine kurze, spitzige und nach
hinten gerichtete Schnabelspitze, welche mit den sehr verkümmerten Tastantennen einen
ziemlich scharfen Winkel bildet. Die hintere Kopfkante ist leicht ausgehöhlt, gebogen.
Der Fornix wölbt sich sehr hoch über den Ruderantennen und seine scharfe Kante fällt
bis zur Mitte des Auges hinab. Von oben betrachtet erscheint der Kopf an der Basis
sehr breit, dreieckig, mit stark convexen Seitenrändern, welche vorn an dem Scheitel in
einen spitzigen Kamm zusammenlaufen. Das grosse Auge liegt nahe der Stirnkante und
besitzt viele Krystalllinsen, welche nur mit der Basis im reichen Pigmente stecken. Der
schwarze Pigmentfleck ist sehr klein.

Die Schale, kaum breiter als der Kopf, hat eine ovale Gestalt und endet hinten
in der Medianlinie des Körpers mit einem ziemlich langen, geraden, nach hinten zielenden
Stachel. Die Schalenränder sind gleichmässig gewölbt und theilweise mit langen, dicht
gedrängten Dornen besetzt. Die Schalenreticulation ist deutlich und kleinmaschig.

Die Darmcoeca sind kurz, dick, gebogen. Der erste lange und dicke Abdominalanhang entspringt in kleinem Abstand von dem zweiten. Der dritte Fortsatz ist niedrig,
unbedeutend.

Das gegen das freie Ende stark verjüngte Postabdomen trägt an der leicht
convexen Unterkante 13—14 gebogene Zähne, welche hinten an Grösse allmälig abnehmen.
An der Basis der gebogenen Schwanzkrallen steht ein Kamm, welcher nur fünf lange
Dornen zählt. Die Schwanzborsten sind kurz.

Das Weibchen hat eine weissliche Farbe mit dunkelbraun gefärbten Schalenrändern
und Beinen. Im Brutraume zählte ich bis 30 Sommereier.

Länge: 1·65—2·9 $^{m. m.}$; Höhe: 0·88—1·95 $^{m. m.}$; Kopfhöhe 0·42—0·53 $^{m. m.}$;
Stachel: 0·4—0·45 $^{m. m.}$.

Das Männchen blieb mir unbekannt.

In kleinen Gewässern selten. Dr. Frič fand sie bei Neuhof unweit von Wittingau.

Diese Art gleicht am meisten der D. longispinna, mit der sie auch von
Schoedler verwechselt worden ist. Sie unterscheidet sich von jener auf den ersten Blick
durch die Bewehrung der Schwanzkrallen.

13. Daphnia obtusa, Kurz. — Der böhmische Wasserfloh. — Perloočka česká.

1853. Daphnia pulex, Liljeborg: De Crustac. ex ordin. tribus Clad. Copep. et Ostrac.
p. 30, Tab. II., Fig. 2, 3.
1874. Daphnia obtusa, Kurz: Dodekas neuer Cladoceren. p. 16, Tab. I, Fig. 8, 9.

Der Körper ist ziemlich klein, niedrig. Der Kopf von der Schale durch einen
breiten Ausschnitt gesondert, ist hoch, gestreckt, vorne gleichmässig abgerundet, mit
wenig vorragender Stirn. Die untere Kante ist leicht concav. Der kurze, stumpfe
Schnabel bildet mit den breiten, niedrigen und wenig hervorragenden Tastantennen einen
fast rechten Winkel. Der Fornix ist niedrig und verliert sich erst vor dem Auge. Von
oben gesehen ist der Kopf gekielt. Das grosse, dem Stirnrande nahe liegende Auge hat
viele deutlich hervortretende Krystalllinsen.

Die Ruderantennen sind schlank und erreichen kaum die Hälfte der Schalenlänge. Die Schale von ovaler Gestalt, am höchsten in der Mitte verschmälert sich gleichmässig nach hinten und endet in der Medianlinie des Körpers mit einem sehr kurzen Stachel, der übrigens auch ganz fehlen kann. Die beiden Schalenränder sind bis zur Hälfte mit winzigen, weit abstehenden Dornen besetzt. Die Oberfläche der Schalen ist fein und deutlich rautenförmig gefeldert.

Die Darmcoeca sind lang, dünn und spiralförmig gebogen. Die zwei ersten Abdominalfortsätze sind dick, ungleich lang und stehen dicht neben einander.

Das conische Postabdomen ist unten schwach gewölbt und hat beiderseits der Analfurche 9—10 fast gleich grosse, gekrümmte Zähne. Die Schwanzkrallen haben an der Basis zwei Kämme, von denen der vordere acht, der hintere zehn Dorne zählt. Die Schwanzborsten sind lang.

Im Brutraume der Weibchen fand ich höchstens 15 Sommereier.

Länge: 1·55—2·1 m. m.; Höhe: 0·98—1·23 m. m.; Höhe des Kopfes: 0·25—0·37 m. m.; Stachel: 0·08 m. m.

Das Männchen ist stets kleiner; sein Kopf ist vorn abgerundet, unten gerade. Die Geissel der Tastantennen ist lang und am Ende gekrümmt. Die vordere und untere Schalenecke stumpf, kaum vorragend, die untere Schalenkante lang behaart. Der Stachel, bedeutend länger als beim Weibchen, ist aufwärts gerichtet. Die Abdominalfortsätze sind sehr kurz und behaart.

Länge: 1·08 m. m.; Höhe: 0·59 m. m.; Kopfhöhe: 0·23 m. m.; Stachel: 0·12 m. m.

Fundorte: In kleinen, mit getrübtem Wasser angefüllten Pfützen und Lacken ziemlich häufig. Ražitz bei Pisek (Slavík), Hartmanitz bei Schüttenhofen, Habry (Hamböck), Mníšek (Příbík), Struhařov (Vejdovský).

Sie unterscheidet sich von D. pennata, welcher sie am ähnlichsten sieht, durch die deutliche Impression zwischen Kopf und Thorax und durch den Schalenstachel.

14. Daphnia gibbosa, n. sp. — Der bucklige Wasserfloh. — Perloočka hrbatá.

1874. Daphnia gibbosa, Hellich: Ueber die Cladocerenfauna Böhmens p. 13.

Fig. 5.

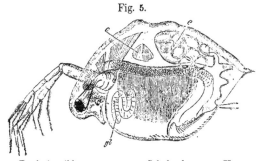

Daphnia gibbosa, n. sp. *gl* Schalendrüse. *c* Herz. *e* Sommereier.

Der Körper ist gross, sehr hoch. Der Kopf niedrig, tief geneigt mit abgerundeter und deutlich hervorragender Stirn; die untere Kopfkante ist stark ausgeschnitten, der Schnabel kurz, spitzig, nach hinten gebogen. Die Fornixlinie verliert sich oberhalb des Auges. Das Auge besitzt nicht viele Krystalllinsen und ist sehr gross. Der kleine schwarze Pigmentfleck ist rundlich.

Die kaum hervorragenden niedrigen Tastantennen sind mit der ganzen Länge nach mit dem Schnabel verwachsen. Die Ruderantennen sind ziemlich lang und deutlich beschuppt.

Die Schale vom Kopf durch einen niedrigen und abgerundeten Höcker gesondert, hat eine rhombische Gestalt. Ihr Unterrand ist stark gebogen, in der Mitte abgeflacht, an der äusseren Lippe frei, an der inneren Lippe zum Theil spärlich bedornt und bildet gleich unter dem Schalenstachel einen niedrigen Höcker. Der Stachel ist sehr kurz und steht oberhalb der Medianlinie des Körpers. Die Schalenoberfläche ist mit äusserst kleinen, deutlichen, quadratischen Maschen geziert.

Die Darmcoeca sind kurz gebogen. Der erste Abdominalfortsatz, mit dem zweiten sehr kurzen an der Basis verwachsen, ist sehr lang, dünn und am Ende eingerollt.

Das conische Postabdomen ist unten mit 17—19, von hinten nach vorn an Grösse zunehmenden Zähnen bewehrt und hinter dem After seicht ausgeschnitten. Die Schwanzkrallen sind nur mit einem Nebenkamme versehen, welcher etwa sieben Dornen zählt. Die Schwauzborsten sind kurz.

Die Farbe ist röthlich.

Länge: 2·01 $^{m. m.}$; Höhe: 1·38 $^{m. m.}$; Kopfhöhe: 0·4 $^{m. m.}$.

Ich traf diese Art einmal in einer Wassergrube in Podol bei Prag in ziemlich grosser Menge.

15. Daphnia paludicola, n. sp. — Der Sumpfwasserfloh. — Perloočka bahní.

Der Körper ist gross, wenig durchsichtig, gelblich. Der Kopf ist tief geneigt, niedrig, von der Schale durch einen breiten und tiefen Ausschnitt gesondert, vorne abgerundet, mit kaum hervortreteuder Stirn. Die untere Kopfkaute ist leicht ausgeschweift, der Schnabel kurz, scharf. Der Fornix ist sehr niedrig und eudet vor dem Auge. Von oben gesehen ist der Kopf ziemlich eng und hat eine dreieckige, vorn zugespitzte Gestalt mit schwach convexen Seitenrändern. Das Auge besitzt wenig Krystalllinsen.

Die Tastantennen sind sehr verkümmert, hinter dem Schnabel kaum hervorragend. Die Ruderantennen schlank, fein geschuppt, mit langen Ruderborsten.

Die Schale, viel breiter als der Kopf hat eine ovale Gestalt und entsendet hinten in der Mitte des Körpers einen ziemlich kurzen, dünnen Stachel, welcher leicht aufwärts gebogen ist. Der obere und untere Schalenrand ist hinten mit feinen und kurzen Dornen bewehrt. Die Schalenoberfläche ist gross und fein reticulirt.

Die Darmcoeca sind kurz und gerade. Der erste dünne Abdominalfortsatz mit dem zweiten an der Basis verwachsen, übertrifft diesen weit an Grösse.

Das Postabdomen von conischer Gestalt ist klein und unten mit 12—14 gleich langen Zähnen versehen. Die Krallen sind nur fein gestrichelt, die Schwauzborsten kurz, zweigliedrig, fein behaart.

Im Brutraume der Weibchen sah ich bis zwanzig Sommereier.

Länge: 2·18 $^{m. m.}$; Höhe: 1·5 $^{m. m.}$; Kopfhöhe: 0·45 $^{m. m.}$; Stachel: 0·25 $^{m. m.}$.

Beim Männchen ist der Kopf gestreckt, am Unterrande stark ausgeschnitten, mit abgerundetem Schnabel. Die kurzen und dicken Tastantennen sind am Ende schräg abgestutzt und tragen eine gerade, kurze Geissel. Die Schale ist unten gebogen, in der Mitte abgeflacht und lang behaart. Der Hacken des ersten Fusspaares ist schlank und zugespitzt, die Geissel sehr lang. Die Abdominalfortsätze fehlen hier gänzlich.

Länge; 0·9 $^{m. m.}$, Höhe: 0·5 $^{m. m.}$, Kopfhöhe: 0·2 $^{m. m.}$, Stachel 0·13 $^{m. m.}$.

Die schmutzig gelb gefärbte Art traf ich in einer Torfgrube in der Nähe des Opatovitzer-Teiches bei Wittingau.

16. Daphnia ventricosa, n. sp. — Der bauchige Wasserfloh. — Perloočka široká.

Fig. 6.

Daphnia ventricosa,
n. sp. — Kopf. *ai* Darm-
coecum. *f* Fornix.

Der Körper ist sehr gross, hoch, durchsichtig. Der Kopf niedrig, klein, vorn abgerundet, mit mässig hervorragender Stirn. Die Unterkante desselben ist vor dem Schnabel, welcher lang und leicht nach hinten gebogen ist, winkelartig tief eingedrückt. Der schwache Fornix verliert sich uber dem Auge. Bei der Betrachtung von oben erscheint der Kopf vorne abgerundet. Das Auge zählt viele runde Krystalllinsen, welche im Pigmente fast gänzlich eingebettet sind. Die Tastantennen sind mit der hinteren Kopfkante fast gänzlich verschmolzen. Die Ruderantennen etwa die halbe Länge der Schalenklappen erreichend sind undeutlich geschuppt und mit kurzen, dicken Borsten versehen. Das zweite Glied derselben ist weit kürzer als das erste. Die kurz ovale Schale ist breiter als der Kopf, am Rücken mässig gebogen, unten bauchig erweitert. Der Stachel ist sehr lang, gerade und steht in der Medianlinie des Körpers, von dem unteren Schalenrande durch einen niedrigen Höcker getrennt. Die Schalenoberfläche ist gross, quadratisch und deutlich gefeldert.

Die Darmcoeca sind kurz, dünn.. Der erste Abdominalfortsatz von der doppelten Länge des zweiten ist mit diesem an der Basis verwachsen.

Das Postabdomen ist lang, gegen das Ende verjüngt und hat an den Rändern der Analfurche 14 starke Zähne, welche nach hinten an Grösse abnehmen. Nebstdem ist der Schwanz zu beiden Seiten fein gestrichelt. An den fein gestrichelten Krallen fehlt der Nebenkamm.

Im Brutraume der Weibchen sah ich nur eine kleine Zahl der Sommereier.

Länge: 2·28 ᵐ·ᵐ·; Höhe: 1·43 ᵐ·ᵐ·; Kopfhöhe: 0·4 ᵐ·ᵐ·; Stachel: 0·55 ᵐ·ᵐ·.

Das Männchen kenne ich nicht.

Diese farblose und sehr durchsichtige Art lebt in der Mitte des schwarzen Sees im Böhmerwalde, wo ich sie in einer Tiefe von 6ᵐ· mit Bosmina bohemica beisammen fischte.

Von der ähnlichen D. paludicola unterscheidet sie sich durch die abweichende Beschaffenheit der Ruderborsten und die Lage des Stachels.

17. Daphnia caudata, Sars. — Der langstachelige Wasserfloh. — Perloočka šumavská.

1854. Daphnia longispinna, Fischer: Daphu. und Lync. p. 424, Tab: III., Fig. 1—4.
1863. Daphnia caudata, Sars: Zoologisk Reise i 1862. p. 214.

Der Körper ohne Impression zwischen Kopf und Thorax ist sehr gross, schlank, durchsichtig, blassgelb. Der hohe Kopf, vorne schräg abgestutzt, ist geneigt, hinter der wenig vorspringenden Stirn leicht eingedrückt und spitzt sich hinten in einen langen, geraden Schnabel. Der schwach entwickelte Fornix verliert sich vor dem Auge. Von oben gesehen ist der enge Kopf hoch gekielt.

Das Auge besitzt nicht viele Krystalllinsen, welche zur Hälfte im Pigmente verborgen liegen. Das Nebenauge ist sehr klein. Der Bulbus opticus ist langgestielt. Die Tastantennen sind sehr klein, den Hinterrand des Kopfes kaum überragend. Die Ruderantennen, länger als die Hälfte der Schale, haben ebenso dicke und kurze Borsten wie bei D. ventricosa. Das zweite Glied derselben ist auch bedeutend kürzer als das erste.

Die Schale, kaum breiter als der Kopf, ist länglich oval; ihre Dorsalkante mit der Kopfkante gleichmässig und schwach gewölbt, verlängert sich hinten mit der stark bauchigen Unterkaute in einen dicken, sehr langen Stachel, welcher weit ober der Medianlinie des Körpers steht und aufwärts gerichtet ist. Derselbe hat unten an der Basis einen niedrigen Höcker und ist sowie die Schalenränder mit langen Dornen besetzt. Die Schalenoberfläche ist gross reticulirt. Die Darmcoeca sind kurz. Der erste Abdominalfortsatz ist mit dem zweiten an der Basis verwachsen.

Das Postabdomen ist schlank, leicht gebogen und unten vor den Schwanzborsten mit einem niedrigen Höcker versehen. An den Rändern der Analfurche stehen zwölf ungleich lange Zähne. Die langen Schwanzkrallen sind nur fein gestrichelt. Das Weibchen trägt im Brutraume höchstens acht Sommereier.

Länge: 2·3—2·67 m· m·; Höhe: 1·25—2·0 m· m·; Kopfhöhe: 0·63—0·75 m· m·; Stachel: 0·925 m· m·.

Das Männchen ist stets kleiner als das Weibchen. Sein Kopf ist gestreckt, vorne gleichmässig abgerundet, unten leicht concav. Die kleine Geissel der kurzen Tastantennen wird von den Riechstäbchen überragt.

Diese schöne Art fand Dr. Frič 1873 im Plöckensteiner und Rachel-see im Böhmerwalde, wo sie in der Mitte mit Heterocope robusta beisammen lebte.

18: Daphnia longispinna, Leydig. — Der langstielige Wasserfloh. Perloočka hrotnatá.

1860. Daphnia longispinna, Leydig: Naturgesch. der Cladoceren. p. 140, Tab. II; Fig. 13—20.
1862. Daphnia longispinna, G. O. Sars: Om de i Omegnen af Christiania forekom. Cladocer. I. Bidrag. pag. 145.
1872. Daphnia longispinna, Frič: Die Krustenthiere Böhmens. p. 233, Fig. 36.
1874. Daphnia longispinna, Kurz: Dodekas neuer Cladoc. pag. 15.
1874. Daphnia Leydigii, Hellich: Ueber die Cladocerenfauna Böhmens. pag. 13.

Der Körper ist sehr schlank, mehr oder weniger durchsichtig, farblos oder blassgelb gefärbt; im letzteren Falle sind die Ruderantennen, die Schnabelspitze und das Postabdomen immer dunkler gefärbt. Der Kopf ist hoch, gestreckt, vorne abgerundet, unten schwach concav, hinten gerade. Die Stirn ragt wenig hervor. Der Schnabel ist lang, mit der Spitze nach hinten gerichtet. Der schwach entwickelte Fornix endet vor dem Auge. Von oben gesehen erscheint der Kopf eng, vorne plötzlich verschmälert und an dem Scheitel gekielt. Das grosse Auge liegt nahe dem Stirnrande, etwa in der Medianlinie des Kopfes. Das Nebenauge ist sehr klein.

Die Tastantennen sind klein, mit dem Schnabel verschmolzen, so dass nur die Riechstäbchen hinter demselben hervorragen.

Die Schale, vom Kopf nicht oder sehr undeutlich gesondert, ist breiter als dieser und hat eine länglich ovale Gestalt. Der ziemlich lange Stachel entspringt in der Medianlinie der Schale und ist gerade, nach hinten gerichtet. Zuweilen steht gleich unter demselben noch ein niedriger Höcker. Die beiden Schalenränder sind hinten spärlich bedornt. Die rautige Schalenstructur tritt deutlich hervor.

Die Darmcoeca sind kurz. Der erste Abdominalfortsatz übertrifft den zweiten, mit dem er an der Basis verwachsen ist, an Länge. Der dritte Fortsatz ist klein, aber deutlich entwickelt. An den Rändern der Analfurche stehen 10—12 Zähne, welche von vorn nach hinten an Grösse abnehmen. Die Schwanzkrallen sind blos fein gestrichelt und am Dorsalrande wie bei allen folgenden Arten mit zwei bis drei winzigen Zähnchen versehen.

Im Brutraume der Weibchen sah ich höchstens acht Sommereier. Das Ephipium ist dunkelbraun gefärbt.

Länge: 2·0—2·5 m· m·; Höhe: 1·0—1·25 m· m·; Kopfhöhe: 0·41—0·52 m· m· Stachel: 0·55 m· m·.

Beim Männchen, das stets kleiner ist als das Weibchen, ist der Kopf stark, niedergedrückt, der Schnabel breit abgerundet. Die Geissel der Ruderantennen ist kaum länger als die Riechstäbchen. Auf der Rückenkante des Kopfes sieht man zuweilen zwei bis drei kurze, aufwärts gerichtete Zähne, welche bei jungen Exemplaren beiderlei Geschlechtes sich öfters vorfinden. Der Unterrand der Schale ist gerade und dicht behaart. Am Endgliede des ersten Fusspaares sitzt ein ziemlich kleiner, aufwärts gekrümmter Hacken und eine sehr lange, hinten behaarte Geissel. Die Abdominalfortsätze fehlen. Länge: 1·75 $^{m.\ m.}$, Höhe: 0·58 $^{m.\ m.}$, Kopfhöhe: 0·3 $^{m.\ m.}$, Stachel: 0·43 $^{m.\ m.}$. Häufig in Tümpeln und Teichen mit klarem Wasser. Fundorte: Fasangarten bei Poděbrad; Kaiserwiese bei Prag; „Nový vdovec" Teich, „Svět" Teich bei Wittingau; Pisek; Eger.

19. Daphnia rosea, O. G. Sars. — Der röthliche Wasserfloh. — Perloočka růžová.

1862. Daphnia rosea, Sars: Om de i Omegn. af Christania forekom. Cladoc. p. 268.

Der Körper ist von mittlerer Grösse, durchsichtig, röthlich gefärbt. Der Kopf niedriger als bei D. longispina, ist niedergedrückt, hinter der vorragenden Stirn mehr ausgebuchtet und läuft nach hinten in einen geraden, langen, an der Spitze stumpfen Schnabel aus, hinter dem die sehr niedrigen Tastantennen kaum hervorragen. Der Fornix wölbt sich hoch über den Ruderantennen und endet vor dem Auge. Von oben gesehen ist der Kopf breit und gegen den gekielten Scheitel allmälig verjüngt. Das grosse Auge liegt dem Stirnrande gepresst unter der Medianlinie des Kopfes und hat nicht viele Krystalllinsen, welche fast gänzlich vom Pigment bedeckt sind.

Die Schale, zuweilen vom Kopf durch eine seichte Ausrandung gesondert, ist länglich oval, niedriger als bei der vorigen Art. Der gerade und ziemlich lange Stachel steht oberhalb der Medianlinie des Körpers und ist aufwärts gerichtet. Im Uebrigen ist die Schale wie bei D. longispina gleich beschaffen.

Die Darmcoeca sind kurz, nach oben gebogen. Die zwei ersten Abdominalfortsätze sind dick, kurz, fast von derselben Länge und stehen von einander entfernt.

Das Postabdomen ist schlank, gegen das Ende verjüngt, leicht gebogen und besitzt an der Unterkante 13—14 schlanke Zähne.

Das Weibchen trägt im Brutraume nicht viele Sommereier.

Länge: 1·9 $^{m.\ m.}$; Höhe: 1·1 $^{m.\ m.}$; Kopfhöhe: 0·37 $^{m.\ m.}$.

In Teichen und Pfützen mit klarem Wasser selten. Fundorte: Struhařov (Vejd.); Elbekosteletz (Vejd.).

Diese schöne Art hat bisher blos Sars beobachtet. Sie unterscheidet sich von allen Daphnien durch ihre röthliche Farbe und von D. longispina und D. lacustris, welchen sie am meisten ähnlich sieht, hauptsächlich durch die abweichende Beschaffenheit der Abdominalfortsätze.

20. Daphnia lacustris, O. G. Sars. — Der blasse Wasserfloh. — Perloočka bělavá.

1862. Daphnia lacustris, Sars: Om de i Omegnen af Christiania forek. Cladoc. And. Bidrag. p. 266.

Fig. 7.

Daphnia lacustris, Sars.
— Kopf. a_1 Tastanten-
nen. a_2 Ruderantennen.
c Gehirn. o Auge. i Darm.
ci Darmcoecum.
f Fornix.

Der Körper ist mittelgross, farblos oder blass gelb ge-färbt, ohne Impression zwischen Kopf und Thorax. Der Kopf ist niedrig, geneigt, vorne abgerundet, unten tiefer eingedrückt als bei D. longispina und rosea. Die Stirn ragt wenig hervor. Der Schnabel ist ziemlich kurz, am Ende schwach ge-bogen mit scharfer Spitze. Der Fornix ist hoch gewölbt und endet schon über dem Auge. Von oben betrachtet ist der Kopf breit und verschmälert sich allmälig gegen den Scheitel, welcher gekielt ist. Das grosse Auge liegt tief unter der Medianlinie des Kopfes und hat viele länglichovale Krystalllinsen.

Die Tastantennen sind mit der leicht concaven, hinteren Kopfkante gänzlich verwachsen. Die Riechstäbchen erreichen die Schnabelspitze nicht.

Die Schale, breiter als der Kopf, hat eine länglich ovale Gestalt; ihre grösste Höhe liegt hinter der Mitte. Die beiden Schalenränder sind bei erwachsenen Weibchen gleichmässig gewölbt, weshalb auch der gerade, nach hinten gerichtete Stachel in der Medianlinie des Körpers steht. Die Bewehrung desselben, sowie auch der Ränder ist sehr schwach entwickelt. Auch die Schalen-structur tritt weniger deutlich hervor als bei den oben erwähnten Arten.

Die Darmcoeca sind kurz, gerade. Die Abdominalfortsätze sind nicht verwachsen, sondern stehen dicht nebeneinander. Diese sind auch schmäler und kürzer.

Das Postabdomen von demselben Bau wie bei D. longispina trägt an den Rändern der Analfurche 14—16 fast gleich grosse Zähne. Die Schwanzborsten sind dick, kurz und spärlich behaart.

Im Brutraume der Weibchen sah ich höchstens 10 Sommereier.

Länge: 2·21 m. m.; Höhe: 1·26 m. m.; Kopfhöhe: 0·61 m. m.; Stachel: 0·3 m. m.

Das Männchen blieb mir unbekannt.

In grossen Teichen selten. Ich traf sie in den meisten Wittingauer Teichen, besonders aber im „Syn" Teiche bei Lomnitz, wo sie vorherrschend war. Auch dieses Thier ist bisher nur von Sars gefunden worden.

21. Daphnia aquilina, Sars. — Der krummschnäbelige Wasserfloh. — Perloočka křivozobá.

1863. Daphnia aquilina, Sars: Zoologisk Reïse 1862. p. 216.

Fig. 8.

Daphnia aquilina, Sars.
— Kopf.

Der Körper ist mittelgross, schlank, durchsichtig, farblos. Der Kopf ist hoch, tief geneigt, vorne abgerundet, unten zwischen der Stirn und dem Schnabel, die im gleichen Niveau liegen, tief ausgeschnitten. Der letztere ist sehr lang, spitzig und stark nach hinten gekrümmt, so dass er mit seiner scharfen Spitze zwischen die Schalenklappen hineinragt. Der Fornix verliert sich knapp über dem Auge. Von oben gesehen erscheint der Kopf enger als die Schale und ist dreieckig, vorn hoch gekielt.

Das Auge, dem Stirnrande gepresst, ist gross und besitzt wenig Krystalllinsen. Das Nebenauge ist verhältnissmässig gross. Die Tastantennen liegen hinter dem Schnabel ganz versteckt, so dass fast nur die Riechstäbchen hinter der Schnabelspitze hervor-springen. Die Ruderantennen sind schlank, undeutlich beschuppt.

Die Schale vom Kopf durch eine seichte und breite Ein-kerbung gesondert, hat eine länglich ovale Form. Die Ränder sind schwach bedornt und die Oberfläche fein rautenförmig gefeldert. Der Schalenstachel steht oberhalb der Medianlinie des Körpers, ist äusserst schlank, kurz und aufwärts gebogen.

Die Darmcoeca sind kurz. Die Abdominalfortsätze stehen dicht nebeneinander und sind lang, dick. Der erste übertrifft den zweiten doppelt an Länge. Das Postabdomen wie bei D. longispina hat an der unteren, leicht concaven Kante 16—17 ungleich lange Zähne. Die Schwanzkrallen sind gebogen und fein gestrichelt, ·die Schwanzborsten dick, kurz.

Das Ephippium ist tief dunkelbraun gefärbt.

Länge: 1·83 $^{m. m.}$; Höhe: 1·0 $^{m. m.}$; Kopfhöhe: 0·426 $^{m. m.}$; Stachel: 0·3 $^{m. m.}$. Das Männchen ist mir unbekannt.

Diese niedliche Art fand ich zahlreich im Cheyner Teiche westlich von Prag zusammen mit Simoc. exspinosus. Im „Syn" Teiche bei Lomnitz kommt sie vereinzelt vor.

Ob diese Art mit der Sarsischen D. aquilina identisch ist, kann ich nicht mit Sicherheit angeben, da seine Diagnose kurz und ungenügend ist. Bei der Bestimmung habe ich mich nur auf den eigenthümlichen Bau des Schnabels gestützt. Sehr nahe verwandt ist sie mit D. lacustris.

22. Daphnia gracilis, n. sp. — Der zierliche Wasserfloh. — Perloočka štihlá.

1874· Daphnia gracilis, Hellich: Ueber die Cladocerenfauna Böhmens, p. 13.

Der Körper ist hyalin, schlank, langgestreckt und überall gleich hoch. Der Kopf ist hoch wie die Hälfte der Schalenlänge, breit, geneigt, vorne abgerundet und unten hinter dem Auge leicht concav. Die Stirn ragt nicht hervor, sondern verschmilzt mit dem grossen Bogen des sehr hohen Kopfscheitels. Der Schnabel ist kurz, an der Spitze stumpf und nach hinten gekehrt. Der ziemlich hohe Fornix endet vor dem Auge. Von oben gesehen ist der Kopf mit einem hohen Kiel versehen.

Das grosse Auge liegt nahe dem unteren Kopfrande, etwa in der Mitte zwischen dem Scheitel und der Schnabelspitze und besitzt viele, deutlich hervortretende Krystalllinsen, welche dicht aneinander gedrängt sind. Der schwarze Fleck ist sehr klein. Die Tastantennen ragen in Form eines niedrigen Höckers hinter der Schnabelspitze hervor. Die schlanken und deutlich beschuppten Ruderantennen tragen kurze und dicht befiederte Ruderborsten. Der Basaltheil ist leicht gebogen.

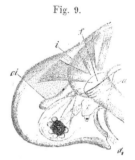

Fig. 9.

Daphnia gracilis, n. sp. — Kopf. a_1 Tastantennen. d_2 Ruderantennen. ci Darmcoecum. f Fornix.

Die Schale, vom Kopf nicht getrennt, hat eine länglich ovale Gestalt mit feiner rautenförmiger Structur. Der lange Stachel steht in der Medianlinie des Körpers, ist zuerst gerade, dann aufwärts gebogen und mit vier Längsreihen von grossen Dornen bewaffnet. Der untere Schalenrand, welcher convexer ist als der Oberrand, ist hinten kurz bedornt.

Die Darmcoeca sind lang, gerade. Die ersten zwei kurzen Abdominalfortsätze stehen dicht nebeneinander. Der dritte Anhang ist unbedeutend, klein. Das schlanke Postabdomen verengert sich merklich gegen das freie Ende und trägt an den Rändern der Analfurche zehn lange Zähne, welche nach hinten kleiner werden. Die Krallen sind sehr stark gebogen und äusserst fein gezähnt. Die Schwanzborsten sind kurz, dick.

Das Weibchen trägt im Brutraume 10—12 Sommereier.

Länge 2·4 $^{m. m.}$; Höhe: 1·25 $^{m. m.}$; Kopfhöhe: 0·88 $^{m. m.}$; Stachel: 0·9 $^{m. m.}$.

Ich traf dieses Thier an einem einzigen Orte im Teiche „Syn" bei Lomnitz mit mehreren Cladocerenarten zusammen; es war nicht sehr zahlreich vorhanden.

Diese Art reiht sich schon zu den wahren Seeformen. Von D. galeata, mit der sie am meisten übereinstimmt, unterscheidet sie sich durch die enorme Kopfhöhe. Bei Jungen dieser Art ist der Kopf vorne ebenfalls abgerundet.

23. Daphnia galeata, O. G. Sars. — Der gehelmte Wasserfloh. — Perloočka jezerni.

1865. Daphnia galeata, Sars: Zoolog. Reise i 1862. p. 21.
1868. Daphnia galeata, P. E. Müller: Danmarks Cladocera. p. 117, Tab. I., Fig. 6.
1874. Daphnia galeata, Kurz: Dodekas neuer Cladoceren. p. 13, Tab. I., Fig. 6—7.

Fig. 10.

Daphnia galeata, Sars. — Weibchen.

Der Körper ist hyalin, farblos, zwischen Kopf und Thorax mit einen breiten und seichten Eindruck versehen. Der hohe Kopf erreicht nicht die Hälfte der Schalenlänge und neigt sich ein wenig nach unten, so dass der höchste Punkt des abgerundeten oder zugespitzten Scheitels unter der Medianlinie des Kopfes liegt. Der Scheitel ist hier ebenfalls wie bei D. gracilis sehr hoch. Die untere Kopfkante über dem Auge mässig gewölbt ist hinten, vor dem Schnabel leicht ausgeschweift. Derselbe ist kurz, stumpf und hinten breit abgestutzt. Die Fornixlinie senkt sich bis zur Mitte des Auges. - Bei der Betrachtung von oben hat der Kopf dieselbe Gestalt wie bei voriger Art, an der Basis ziemlich breit und vorne hoch gekielt. Das mittelgrosse Auge ist mit zahlreichen, aus dem Pigment weit hervorragenden Krystalllinsen versehen und liegt etwa in der Mitte zwischen der Helm- und Schnabelspitze, dem Stirnrande genähert. Der schwarze Fleck ist klein und stets vorhanden. Die Tastantennen sind hinter dem Schnabel gänzlich versteckt, so dass nur das Endbüschel der Riechstäbchen hervorspringt.

Die Schale, kaum breiter als der Kopf, ist länglich oval und hat eine fein gegitterte Structur. Der Stachel liegt etwa in der Mitte der Schalenhinterkante und biegt sich stark aufwärts. Der untere, stärker gewölbte Schalenrand ist hinten mit kurzen, weit von einander abstehenden Dornen bewaffnet.

Der erste Abdominalanhang, mit dem zweiten an der Basis nicht verwachsen, übertrifft diesen dreimal an Länge. Das Postabdomen verhält sich wie bei vorhergehender Art und ist jederseits der Analfurche mit 10—12 Zähnen ausgerüstet, welche nach vorn an Grösse zunehmen. Die Krällen sind gebogen, fein gestrichelt; die Schwanzborsten kurz.

Ich unterscheide bei dieser Art drei Varietäten.

Var. 1. Der Kopf gehelmt, die Helmspitze abgerundet.

Länge: 1·6 ᵐ·ᵐ·, Höhe: 0·75 ᵐ·ᵐ·, Kopfhöhe: 0·6 ᵐ·ᵐ·, Stachel: 0·7 ᵐ·ᵐ·.

Var. 2. Der Kopf gehelmt, die Helmspitze scharf.

Länge: 1·62 ᵐ·ᵐ·, Höhe: 0·75 ᵐ·ᵐ·, Kopfhöhe: 0·65 ᵐ·ᵐ·, Stachel: 0·72 ᵐ·ᵐ·

Var. 3. Der Kopf abgerundet.

Länge: 1·5 ᵐ·ᵐ·, Höhe: 0·7 ᵐ·ᵐ·, Kopfhöhe: 0·5 ᵐ·ᵐ·, Stachel: 0·7 ᵐ·ᵐ·.

Häufig in der Mitte der Teiche und Seen.

Fundorte: Žehunerteich bei Žiželitz, Keyer- und Počernitzer Teich bei Prag, Rosenberger-, Kaňov-, Svět-Teich bei Wittingau u. s. w.

Bei jungen Exemplaren ist der Kopf stets gehelmt.

24. Daphnia microcephala, Sars. — Der kleinköpfige Wasserfloh. — Perloočka drobnohlavá.

1863. Daphnia microcephala. Sars: Reise Zoologisk i Sommeren 1862. p. 214.

Der Körper ist klein, durchsichtig, zwischen Kopf und Thorax ziemlich wenig eingedrückt. Der Kopf ist klein, vorne abgerundet, mit deutlich hervorspringender Stirn. Die untere Kopfkante ist zwischen Stirn und Schnabel gleichmässig sanft ausgerandet. Der Schnabel ist stumpf, kurz, an der Spitze abgerundet und seitlich von dem Kopfschilde nicht überragt. Der Fornix ist schwach und verliert sich vor dem Auge. Von oben gesehen verhält sich der Kopf wie bei D. longispina, an der Basis breit, dann plötzlich verschmälert und an dem Scheitel unbedeutend gekielt.

Das Auge liegt dem Scheitel- und Stirnrande genähert; es ist ziemlich klein und besitzt zahlreiche, deutlich aus dem kleinen Pigment hervortretende Krystalllinsen. Das Nebenauge habe ich vermisst. Die Riechstäbchen der kleinen Tastantennen sind lang und überragen die Schnabelspitze.

Die Schale, zweimal so hoch als der Kopf, hat bei erwachsenen Weibchen annähernd rundliche Gestalt und die Oberfläche deutlich gegittert. Der Stachel steht in der Medianlinie des Körpers; er ist ziemlich kurz, dünn, schwach, aufwärts gebogen und wie der hintere Theil des Schalenunterrandes zart bedornt.

Die Darmcoeca sind lang, gebogen. Die zwei ersten Abdominalfortsätze sind beide fast von gleicher Länge nach vorn gebogen und an der Basis verwachsen; der dritte Fortsatz ist kaum wahrnehmbar. Das Postabdomen von demselben Baue wie bei D. cucullata trägt vorne sieben ungleich lange Zähne. Die Schwanzborsten sind auch kurz und fein behaart.

Im Brutraume der Weibchen traf ich über zwanzig Sommereier.

Länge: 0·75 m·m·; Höhe: 0·45 m·m·; Kopfhöhe: 0·16 m·m·; Stachel: 0·16 m·m·.

Das Männchen blieb mir unbekannt.

In reinem Wasser selten.

Ich fand diese Art blos einmal im April 1873 in der Elbebucht „Skupice" bei Poděbrad.

Im ganzen behält diese Art grosse Uebereinstimmung mit D. cucullata, von der sie sich jedoch sehr leicht durch den stets abgerundeten Scheitel unterscheiden lässt

25. Daphnia cucullata, O. G. Sars. — Der hyaline Wasserfloh. — Perloočka průsvitná.

1862. Daphnia cucullata, Sars: Om de i Christiania Omegn forekom. Cladoc. 2 det. Bidrag. p. 271.
1866. Hyalodaphnia cucullata, Schoedler: Cladoc. des frischen Haffs. p. 28.
1867. Daphnia cucullata, P. E. Müller: Danmarks Cladocera. p. 120, Tab. I., Fig. 23.

Der Körper ist klein, hyalin, farblos, zwischen Kopf und Thorax durch einen deutlichen Eindruck getrennt. Der kleine Kopf, viel enger als die Schale, ist gestreckt und läuft vorne allmälig in eine kurze Spitze aus, so dass derselbe bei der Seitenansicht die Form einer niedrigen Pyramide darstellt, welche auf der Dorsalkante stets leicht ausgerandet ist. Die Stirn ist stark convex, der Schnabel kurz, stumpf abgerundet. Der Fornix ist sehr schwach entwickelt. Bei der Rückenansicht verengert sich plötzlich der Kopf vorne in einen hohen Kiel.

Das Auge liegt in der Mitte zwischen Helm- und Schnabelspitze dem Stirnrande genähert; es ist klein zu nennen und ringsum mit zahlreichen, deutlich aus dem Pigment hervorragenden Krystallinsen umgeben. Der schwarze Fleck fehlt. Hinter dem Schnabel ragen blos die Riechstäbchen der Tastantennen hervor.

Die Schale ist eiförmig, hoch; ihre grösste Höhe befindet sich hinter der Mitte. Der Oberrand ist mässig gewölbt und geht hinten allmälig in den geraden Stachel uber, velcher oberhalb der Medianlinie des Körpers entspringt; er ist lang, dünn. Die Schalenoberfläche ist zart gefeldert. Die Darmcoeca sind kurz. Die zwei ersten Abdominalfortsätze, zur Hälfte mit einander verwachsen, sind ungleich lang; der erste, viel grösser als der zweite, ist nach vorn gebogen. Der dritte ist unbedeutend. Das Postabdomen trägt an den Rändern der Afterspalte 6—8 feine Zähne. Die Schwanzkrallen sind nur fein gezähnelt. Die Schwanzborsten lang, fein behaart.

Das Weibchen trägt im Brutraume nicht viele Sommereier.

Länge: 0·95—1·11 ᵐ·ᵐ·; Höhe: 0·41—0·45 ᵐ·ᵐ·; Kopfhöhe: 0·34—0·33 ᵐ·ᵐ·; Stachel: 0·27—0·42 ᵐ·ᵐ·.

Das Männchen, kleiner als das Weibchen, unterscheidet sich von demselben durch einen niedrigen Scheitel und einen kürzeren Schnabel. Die Tastantennen sind am Ende abgestutzt und tragen hier eine Geissel, etwa von der Länge der Riechstäbchen. Der Schwanzstachel ist stets aufwärts gebogen.

In der Mitte der Seen und grossen Teiche häufig.

Fundorte: Svět-, Syn Teich bei Wittingau; Jordanteich bei Tábor; Keyer- und Počernitzer Teich bei Prag; Skupice bei Poděbrad. Als nächstverwandte Arten sind D. apicata, Kurz und D. Berolinensis, Schoedler zu nennen.

26. Daphnia Kahlbergensis, Schoedler. — Der grossköpfige Wasserfloh. Perloočka hlavatá.

1866. Hyalodaphnia Kahlbergensis, Schoedler: Cladoc. des frischen Haffs. p. 18, Tab. I., Fig. 1—3.
1867. Daphnia Kahlbergensis, P. E. Müller: Danmarks Cladocera, p. 118, Tab. II., Fig. 7—8.

Der Körper ist mittelgross, hyalin, zwischen Kopf und Thorax mit einer breiten Impression versehen. Der Kopf ist nach vorn gestreckt und sehr hoch, so dass er fast die Hälfte dès ganzen Körpers einnimmt. Bei der Seitenansicht stellt er eine hohe, breite, gegen das Ende sich allmälig verjüngende Pyramide dar, deren Spitze, welche in der Medianlinie des Kopfes liegt, mehr ausgezogen, abgerundet und zuweilen ein wenig aufwärts gekrümmt ist. Die Seitenränder dieser Pyramide sind stets schwach gewölbt. Die Stirn ragt nicht hervor. Der Schnabel ist kurz, stumpf abgerundet. Der Fornix schwach entwickelt. Von oben betrachtet, geht der enge Kopf in eine sehr hohe, seitlich stark comprimirte Spitze aus.

Das Auge liegt viel näher der Schnabelspitze als der Helmspitze, dem Unterrande genähert. Der schwarze Pigmentfleck fehlt. Die Tastantennen sind sehr klein und ragen nur mit den Riechstäbchen hinter dem Schnabel hervor. Die Endglieder der beiden Ruderäste sind seitlich fein behaart.

Die Schale ist länglich oval, hoch; ihre grösste Höhe liegt etwa in der Mitte der Schalenlänge. Der Schalenstachel steht in der Mitte des Hinterrandes; er ist ziemlich lang, gerade, etwas aufwärts gerichtet und an der Basis breit. Der untere Schalenrand ist hinten kurz bedornt. Diese Bewehrung geht auch auf den Stachel und zum Theil auf den Schalenoberrand über. Die Structur der Schalenoberfläche verhält sich wie bei voriger Art.

Die Abdominalfortsätze sind an der Basis mit einander verwachsen; der erstere grössere Fortsatz krümmt sich nach vorne. Das Postabdomen von demselben Baue, wie bei D. cucullata, trägt an den Rändern der Afterspalte sechs ungleich grosse Zähne. Die Schwanzborsten sind ziemlich lang, spärlich behaart.

Länge: 1·55—2·0 ᵐ·ᵐ·; Höhe: 0·66—0·79 ᵐ·ᵐ·; Kopfhöhe: 0·57—0·95 ᵐ·ᵐ·; Stachel: 0·35—0·65 ᵐ·ᵐ·.

Das Männchen, beträchtlich kleiner als das Weibchen, hat kurze Tastantennen, deren Geissel etwas länger ist als die Riechstäbchen. Der Hacken am ersten Fusspaare ist stark gekrümmt, die Geissel etwa von der Länge der Schale. Die kurzen Abdominalfortsätze stehen von einander entfernt.

In der Mitte der grossen Teiche häufig.

Fundorte: Nový vdovec-, Rosenberger-, Kaňov-, Svět-Teich bei Wittingau; Nekřetený-Teich bei Lomnitz; Juden-, Bestřey-Teich bei Frauenberg; Keyer-, Počernitzer Teich bei Prag; Jakobi-Teich bei Dymokur.

27. Daphnia Cederströmii, Schoedler. — Der enge Wasserfloh. — Perloočka úzká.

1866.   Hyalodaphnia Cederströmii, Schoedler: Cladoc. des frischen Haffs. p. 31, Taf. I. Fig. 7.

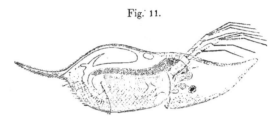

Fig. 11.

Daphnia Cederströmii, Schoedler.

Der Körper ist mittelgross, äusserst durchsichtig, farblos, zwischen Kopf und Thorax mit einer breiten Einkerbung versehen. Der Kopf, ebenso breit wie die Schale, hat auch eine pyramidenförmige Gestalt, welche schon von der Basis angefangen aufwärts gebogen ist, so dass die Pyramidenspitze in dem Niveau des Dorsalrandes liegt. Der Ventralrand des Kopfes ist gleichmässig gewölbt, der Dorsalrand stets stark concav. Der Schnabel ist kurz, stumpf abgerundet. Der Fornix niedrig. Von oben gesehen verhält sich der Kopf wie bei D. Kahlbergensis, mit welcher sie am nächsten verwandt ist.

Das Auge ist klein und liegt der Schnabelspitze weit näher als der Helmspitze. Der schwarze Fleck fehlt. Die Tastantennen ragen nur mit den Riechstäbchen hinter dem Schnabel hervor. Die Ruderantennen sind schlank, ziemlich kurz; die Aeste unbehaart.

Die Schale ist länglich oval, sehr niedrig und läuft hinten in der Médianlinie des Körpers in einen ziemlich langen, aufwärts gebogenen Stachel, welcher, sowie die Schalenränder, mit kurzen Dornen bewehrt ist. Auf der Schalenoberfläche zeigt sich eine deutlich gegitterte Structur.

Die Darmcoeca sind sehr kurz. Die Abdominalfortsätze miteinander an der Basis breit verwachsen, sind von ungleicher Grösse; der erste, nach vorn gebogene, übertrifft den zweiten doppelt an Länge. Der dritte ist unbedeutend. Das Postabdomen, von demselben Bau wie bei D. cuculata, besitzt jederseits der Afterspalte sechs gebogene Zähne, welche nach hinten kleiner werden.

Länge: 1·27—1·7 ᵐ·ᵐ·; Höhe: 0·45—0·55 ᵐ·ᵐ·; Höhe des Kopfes: 0·7—0·8 ᵐ·ᵐ· Stachel: 0·35 ᵐ·ᵐ·.

Das Männchen kenne ich nicht.

Lebt in der Mitte der Teichen und Seen nicht selten.

Fundorte: Opatowitzer Teich in Wittingau; Konvent-Teich bei Saar.

Die Art ist bis jetzt von G. C. Cederström in dem Narasee in Schweden beobachtet und von Schoedler beschrieben worden. Dem ganzen Habitus nach an D. Kahlbergensis erinnernd unterscheidet sie sich sowohl von dieser, wie von D. vitrea durch den sichelförmig aufwärts gebogenen Kopf und durch die Höhe des Körpers. An dem dreigliedrigen Ruderantennenast sah ich stets fünf Ruderborsten.

Kurz beschreibt noch zwei neue Arten, welche der Fauna Böhmens angehören und die ich aus eigener Anschauung nicht kenne. Es sind:

28. Daphnia apicata, Kurz. — Der farblose Wasserfloh. — Perloočka bezbarvá.

1874. Daphnia apicata, Kurz: Dodek. neuer Cladoc., p. 11., Tab. I., Fig. 3—5.

Sie ist mit D. c u c u l l a t a nahe verwandt. Die grösste Schalenhöhe liegt an der hinteren Hälfte der Schale, deren Reticulation äusserst blass und mit Mühe wahrnehmbar ist. Die Fornices sind schwach, das Rostrum ist nach hinten gerichtet und berührt fast die Vorderränder der Schale. Die Stirn hat eine schwache Crista, die niemals zugespitzt ist. Durch das Auge wird eine schwache Hervorwölbung der Stirn und das Rostrum eine schwache Concavität hervorgerufen. Der Schwanz ist viel stärker als bei D. c u c u l l a t a, gegen das Ende weniger verschmälert und trägt an der Analturche mehr Zähne. Von den Abdominalfortsätzen sind die beiden vorderen über die Hälfte verwachsen.

Länge: 1—1·2 $^{m. m.}$; Stachel: 0·2—0·3 $^{m. m.}$.

Das Männchen ist blos 0·7 $^{m. m.}$ lang. Der Kopfhelm ist höher als beim Weibchen, die Stirncontur über dem Auge kaum convex. Die Tastantennen sind kürzer als bei den anderen Daphnienmännchen und tragen am Ende nebst den Riechstäbchen eine kurze Geissel, welche die Riechstäbchen an Länge nicht erreicht. Der Stamm der Ruderantennen erreicht nicht den Helmrand. Die Genitalporen finden sich jederseits neben dem After. Die Abdominalfortsätze sind verkümmert.

Kurz fand diese Art zahlreich in einem kleinem Teiche bei Rokycan und unter der Ruine Roháč unweit Maleschau in einem Mühlteiche.

29. Daphnia vitrea, Kurz. — Der kleinaugige Wasserfloh. — Perloočka drobnooká.

1874. Daphnia vitrea, Kurz: Dodekas neuer Cladoceren. p. 10. Tab. II., Fig. 2.

Diese Art ist der D. Kahlbergensis zunächst verwandt. Der Schwanz ist schlanker und auf den Rändern der Analfurche stehen jederseits vier Zähne, die nach hinten an Grösse abnehmen und eine immer schiefere Richtung erhalten. Die vorderen zwei Abdominalanhänge sind der ganzen Länge nach verwachsen und nach vorn gerichtet; der dritte Anhang bildet ein unbedeutendes Höckerchen. Das Auge ist klein, wenig pigmentirt, aber mit dicht gedrängten Krystalllinsen versehen. Die Magencoeca sind lang, fast gewunden.

Länge: 0·85 $^{m. m.}$; Stachel: 0·25 $^{m. m.}$.

In einem Teiche bei der Station Holoubkau.

Die Art ist vielleicht nur eine kleine Varietät der D. K a h l b e r g e n s i s, von der sie nur in der Bewehrung des Postabdomens abweicht.

5. Gattung **Simocephalus,** Schoedler.

D a p h n i a, a u t o r u m.

Der Körper ist gelb oder röthlich gefärbt, wenig durchsichtig und zwischen Kopf und Thorax mit einer tiefen Einschnürung versehen. Der kleine, nach unten geneigte Kopf bildet hinten einen kurzen, stumpfen und aufwärts gekrümmten Schnabel, der hinten vom Kopfschilde überdacht wird. Die Stirn ist eng und ragt stets hervor. Der Fornix wölbt sich hoch über den Ruderantennen und verliert sich erst in der Stirngegend. Von oben gesehen scheint der Kopf sehr breit, auf dem Scheitel breit abgeflacht. In der Einschnürung am Rücken des Kopfes liegt ein einfaches Haftorgan.

Das Auge ist mittelgross, beweglich und besitzt nicht viele Krystallliusen. Der schwarze Fleck ist stets vorhanden und nimmt verschiedene Gestalten an. Die Tastantennen, von einem niedrigen Höcker der hinteren Kopfkante entspringend, sind eingliedrig, beweglich, nach hinten gerichtet und haben nebst den langen Endriechstäbchen noch eine blasse, lancetförmige Seitenborste. Die Ruderantennen sind lang, beschuppt und zweiästig. Der dreigliedrige Ast trägt fünf, der viergliedrige vier Ruderborsten, welche dreimal gegliedert und dicht behaart sind.

Die Schale ist annähernd vierkantig, mit abgerundeten Ecken. Der freie, untere Schalenrand biegt sich einwärts und ist an der inneren Lippe mit Haaren oder Stacheln ausgerüstet. Die Schalenstructur besteht vorherrschend aus Querleisten, welche durch kurze Anastomosen untereinander verbunden sind. Beine sind fünf Paare vorhanden. Die Branchialanhänge des 3—5 Fusspaares sind grösser und breiter als bei der G. D a p h n i a. Der einfache Darm ist vorne mit kurzen Blindsäcken versehen. Das Proabdomen trägt am Rücken nur zwei, den Brutraum schliessende Fortsätze, welche im weiten Abstand von einander entfernt stehen. Das Postabdomen ist gross, viereckig, vorne, wo der After mündet, tief ausgeschnitten und bedornt. Die Schwanzkrallen sind lang, wenig gebogen, mit oder ohne Nebendorne. Die Schwanzborsten sind kurz, zweigliedrig.

Das Ephippium enthält nur ein Ei, welches in der Längenaxe des Ephippiums liegt.

Das Männchen ist kleiner als das Weibchen. Die Tastantennen sind länger und haben zwei Seitenborsten, wovon die eine spitzig, die andere geknöpft ist. Das Endstück des ersten Fusspaares trägt auch einen gekrümmten Hacken. Die Geissel fehlt. Die Abdominalfortsätze sind verkümmert. Das Abdomen ist schlanker als beim Weibchen. Die Hodenausführungsgänge münden jederseits des Afters.

Diese Gattung umfasst drei böhmische Arten.

Die Stirn und der hintere Schalenrand ist unbedornt.

* Die Stirn ist abgerundet. Das Nebenauge gross, dreieckig.

1. v e t u l u s.

* Die Stirn geht in einen rechten Winkel aus. Das Nebenauge ist klein, rhomboidisch.

2. e x s p i n o s u s.

Die Stirn und der hintere Schalenrand ist bedornt. Die Stirn läuft in einen spitzigen Winkel aus. Das Nebenauge ist klein, rhomboidisch.

3. s e r r u l a t u s.

30. Simocephalus vetulus, O. Fr. Müller. — Der stumpfe Wasserfloh. — Perloočka šikmá.

1875. Daphnia sima, O. Fr. Müller: Entomostr. p. 91, Tab. XII., Fig. 11—12.
1819. Daphnia vetula, Straus: Mém. sur le Daphnia. Tom. V., Tab. XXIX., Fig. 11—12.
1820. Monoculus sinus, Jurine: Histoire des Monocl. p. 129, Tab. XII., Fig. 1--2.
1835. Daphnia sima, Koch: Deutschl. Crustac. H. 35; Tab. 12.
1848. Daphnia sima, Fischer: Ueber die in der Umg. von St. Petersburg vorkommend.
Crust. p. 177, Tab. V., Fig. 10; Tab. VI., Fig. 1—4.
1850. Daphnia vetula, Baird: Brit. Entom. p. 95, Tab. X., Fig. 1, 1a.
1853. Daphnia sima, Liljeborg: De Crustac. ex ordin. tribus Clad. Cop. et Ostr. p. 42,
Tab. III., Fig. 2—4.
1859. Simocephalus vetulus, Schoedler: Branch. der Umg. von Berlin p. 18.
1860. Daphnia sima, Leydig: Naturgesch. der Daphniden p. 153, Tab. I., Fig. 11—12;
Tab. III., Fig. 24—29.
1867. Simocephalus vetulus, P. E. Müller: Danmarks Cladoc. p. 122, Tab. I., Fig. 26—27.
1870. Simocephalus vetulus, Lund: Bidrag til Morph. og System. p. 161, Tab. V.,
Fig. 4, 5, 7, 8; Tab. VIII., Fig. 2.

1872. Daphnia sima, Frič: K r u s t e n t h. B ö h m e n s. p. 218, Fig. 37.
1874. Simocephalus vetulus, Kurz: Dodek. neuer Cladoc. p. 23.

Fig. 12.

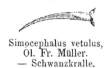

Simocephalus vetulus,
Ol. Fr. Müller.
— Schwauzkralle.

Der Körper ist gross, gelb- gefärbt, zwischen Kopf und Thorax tief eingeschnürt. Der kleine, niedergedrückte Kopf, vorn gleichmässig abgerundet, mit wenig hervorragender Stirn, unten schwach ausgeschweift. Der Schnabel ist lang zu nennen und krümmt sich aufwärts. Der Fornix wölbt sich hoch über der Ruderanteunenbasis, so dass der Kopf bei der Rückenansicht zu beiden Seiten stark gewölbt erscheint.

Das Auge ist klein; es liegt von dem Stirnrande etwas entfernt und hat nicht viele Krystalllinsen, welche aus dem schwarzen Pigment deutlich hervortreten. Der schwarze Pigmentfleck ist gross, annähernd dreieckig, lauggestreckt und steht nahe der Basis der Tastantennen. Diese sind beweglich, eingliedrig in der Mitte der Aussenseite mit einem niedrigen Höcker versehen, dem eine blasse, lancetförmige und an der Spitze abgerundete Borste aufsitzt. Die Endriechstäbchen sind ziemlich lang und von gleicher Grösse. Die Ruderantennen sind schlank und tragen dreigliedrige, dicht behaarte Ruderborsten.

Die Schale ist länglich vierkantig, sehr hoch. Ihre grösste Höhe befindet sich hinter der Mitte der Schalenlänge. Der Oberrand ist besonders hinten stark gewölbt, so dass der obere Schalenwinkel nahe der Medianlinie des Körpers liegt. Der Unterrand steigt in schräger Richtung herab und geht unter einem breit abgerundeten Winkel in den geraden Unterrand über. Dieser ist an der inneren Lippe mit langen Haaren besetzt. Die Schalenoberfläche ist deutlich und dicht quergestreift. Die Streifen anastomosiren selten untereinander.

Von den zwei Abdominalfortsätzen, welche in weitem Abstand von einander entfernt stehen, übertrifft der erste den zweiten an Länge. Das Postabdomen ist gross, stark, seitlich comprimirt und vorne tief ausgeschnitten. Unterhalb der Schwanzkrallen ist dieser Ausschnitt jederseits mit 7—8 starken Dornen bewehrt. Die zwei ersten Dorne überragen die übrigen an Grösse, und sind gekrümmt, fein gestrichelt. Die Schwanzkrallen sind schlank und von der ganzen Länge nach fein gestrichelt. Die Schwanzborsten sind kurz.

Im Brutraume der erwachsenen Weibchen zählte ich bis dreissig Sommereier.

Länge: 2·1—2·5 ᵐ·ᵐ·; Höhe: 1·56—1·75 ᵐ·ᵐ·.

In langsam fliessenden oder stehenden Gewässern gemein.

Fundorte: Prag, Turnau, Poděbrad, Přelouč, Dymokur, Wittingau, Frauenberg, Eisenstein, Eger u. s. w.

31. Simocephalus exspinosus, Koch. — Der gelbe Wasserfloh. — Perloočka žlutá.

1835. Daphnia exspinosa, Koch: Deutschl. Crustacea. H. 35, T. XI.
1859. Simocephalus exspinosus, Schoedler: Branch. in der Umgeb. von Berlin. p. 21, Tab. I., Fig. 7. 8. 9.
1868. Simocephalus exspinosus, P. E. Müller: Danmarks Cladoc. p. 122, Tab. I., Fig. 24.
1870. Simocephalus exspinosus, Lund: Bidrag til Cladoc. Morph. og System. p. 161, Tab. V., Fig. 9.
1874. Simocephalus exspinosus, Kurz: Dodekas neuer Cladoc. p. 23.

Der Körper ist sehr gross, gelb oder rothgelb. gefärbt, zwischen Kopf und Thorax tief eingeschnürt. Der kleine Kopf ist niedergedrückt, vorn und oben gleichmässig gewölbt, unten gerade. Die Stirn springt stark hervor und geht in einen fast rechten Winkel aus, in welchem das Auge liegt. Der Schnabel ist kurzer und stumpfer als bei S. vetulus und ebenfalls aufwärts gekrümmt.

Fig. 13.

Simocephalus exspinosus, Koch.
— Schwanzkralle.

Das kleine, dem Stirnrande gepresste Auge besitzt wenig Krystalllinsen. Der schwarze Pigmentfleck ist ebenfalls klein und hat eine rhomboidische Gestalt.

Die Schale ist länglich viereckig, sehr hoch, häuten etwas erweitert, mit breit abgerundeten Winkeln. Der obere und untere Schalenrand ist gleich stark gewölbt und von derselben Beschaffenheit, wie bei voriger Art. Die Schalenklappen sind weniger durchsichtig und unregelmässig grau oder rothgelb gefleckt, was von den reichlichen Kalkablagerungen der Matrix herrührt. Die Schalenoberfläche ist dicht quergestreift.

Der erste Abdominalfortsatz ist sehr lang. Das Postabdomen bietet nichts Wesentliches dar. Die Schwanzkrallen sind der ganzen Länge nach mit kurzen Dornen bewehrt, welche an der Basis die Unterkante der Krallen überragen.

Das Weibchen trägt im Brutraume bis fünfzig Sommereier.

Länge: 2·6—2·8 m. m.; Höhe: 1·7—1·85 m. m.

In stillen oder langsam fliessenden Gewässern wie die vorige häufig.

Ich traf sie zahlreich bei Prag, Turnau, Poděbrad, Wittingau.

Diese Art unterscheidet sich von den anderen Arten dieser Gattung durch die Grösse und durch den Bau des Kopfes. Bei den erwachsenen Weibchen, welche den Brutraum mit Embryonen vollgepfropft haben, wölbt sich der obere Schalenrand sehr bedeutend in die Höhe, so dass der obere und hintere Schalenwinkel etwas hervorspringt.

32. Simocephalus serrulatus, Koch. — Der gezackte Wasserfloh.
— Perloočka zoubkovaná.

1835. Daphnia serrulata, Koch: Deutschl. Crustac. H. 35:, Tab. XIV.
2848. Daphnia intermedia, Liévin: Branch. der Danziger Geg. p. 29, Tab. VI., Fig. 6.
1848. Daphnia Brandtii. Fischer: Ueber die in der Umg. vou St. Petersburg vorkommenden Crustac. p. 177, Tab. V., Fig. 1—2.
1854. Daphnia serrulata, Fischer: Ergänz. und Bericht. p. 4.
1853. Daphnia serrulata, Liljeborg: De Crust. ex ordin. tribus Clad. Copep. et Ostrac. p. 40, Tab. III., Fig. 5.
1859. Simocephalus serrulatus, Schoedler: Branch. der Umg. von Berlin. p. 22.
1860. Daphnia serrulata, Leydig: Naturg. der Daphn. p. 168.
1868. Simocephalus serrulatus, P. E. Müller: Danmarks Cladoc. p. 123, Tab. I., Fig. 25.
1870. Simocephalus serrulatus, Lund: Bldr. til Cladoc. Morph. og System. p. 161, Tab. V., Fig. 10.

Der Körper ist ziemlich klein, blassgelb gefärbt, mit einer tiefen Einschnürung zwischen Kopf und Thorax. Am kleinen, stark niedergedrückten Kopf ragt die Stirn stark hervor. Diese ist nicht wie bei S. vetulus abgerundet, sondern geht in einen scharfen Winkel aus, der vorne mit einigen kurzen Zähnen bewaffnet ist. Hinter der Stirn steigt der untere Kopfrand in gerader Richtung nach oben und bildet einen stumpfen, sehr kurzen und rückwärts gekrümmten Schnabel, welcher von dem vorderen Schalenrande ziemlich entfernt liegt, so dass die beweglichen Tastantennen einen freien Raum haben. Der Fornix ist ebenso wie bei vorigen Arten dieser Gattung sehr hoch gewölbt.

Fig. 14.

Simocephalus serrulatus, Koch. — Schwanzkralle.

Das Auge mit kleinen und deutlich aus dem Pigment hervortretenden Krystalllinsen liegt in dem Stirnwinkel. Der schwarze Pigmentfleck ist klein und besitzt ebenfalls eine rhomboidische Gestalt. Die Schale ist breit vierkantig. Die grösste Schalenhöhe liegt hinter der Mitte der Schalenlänge. Der obere und hintere Winkel ist etwas ausgezogen, vorragend, an der Spitze abgerundet und mit kurzen Zacken bewehrt, welche sich auch theilweise auf den Unter- und Oberrand der Schale erstrecken. Der freie untere Schalenrand ist lang behaart. Die Schalenklappen sind kaum durchsichtig und von zahlreichen Kalkablagerungen grau gefleckt. Die Schalenoberfläche ist quergestreift; die Streifen sind nicht so aneinander gedrängt wie bei den vorigen Arten und mit zahlreichen senkrechten Anastomosen untereinander verbunden, so dass die Schalen gegittert erscheinen.

Die Abdominalfortsätze sind lang. Die Schwanzkrallen tragen der ganzen Länge nach kurze Dorne, welche die Unterkante derselben überragen.

Länge: 1·8 $^{m. m.}$; Höhe: 1·0 $^{m. m.}$.

Diese Art kommt ziemlich selten vor und wird auf denselben Stellen wie die vorigen vorgefunden.

Ich traf sie in einigen Exemplaren bei Turnau an, im Judenteiche bei Wittingau.

6. Gattung Scapholeberis, Schoedler.

Daphnia autorum, part.

Der Körper ist mittelgross, braungefärbt, wenig durchsichtig und zwischen Kopf und Thorax mit einer tiefen Einschnürung versehen. Der kleine Kopf ist etwas nach unten geneigt, in Form eines Dreieckes, dessen Spitze zuweilen in einen aufwärts gekrümmten Dorn ausgeht. Der Schnabel ist kurz, stumpf, vom Kopfschilde seitlich überdacht. Der Fornix ist deutlich entwickelt.

Das grosse Auge liegt vorn im Kopfe, von dem Kopfschilde eng umschlossen. Der schwarze Fleck ist stets vorhanden und befindet sich in der Schnabelspitze. Die beweglichen und kurzen Tastantennen haben eine cylindrische Gestalt und tragen ausser den Endriechstäbchen noch eine kurze Seitenborste, welche nahe dem freien Ende sitzt. Die Ruderantennen sind kurz, schlank, zweiästig; der äussere viergliedrige Ast ist mit drei, der innere dreigliedrige mit fünf einfachen und zweigliedrigen Ruderborsten ausgerüstet. Die Oberlippe ist ohne Anhang. Die Schale, von viereckiger Gestalt, ist hinten gerade abgestützt mit deutlichen und nicht abgerundeten Winkeln. Von dem hinteren und unteren Schalenwinkel entspringt in der Verlängerung des unteren Schalenrandes ein gerader Stachel. Der freie untere Schalenrand biegt sich einwärts und ist auf der äusseren Lippe behaart. Der vordere und untere Schalenwinkel ragt immer hervor und ist von innen ausgehöhlt. Die Schalenoberfläche ist undeutlich reticulirt.

Beine sind fünf Paare vorhanden. Der einfache Darm, vorne in zwei kurze Blindsäcke erweitert, mündet unter den Schwanzkrallen. Zum Verschlusse des Brutraumes dienen zwei Abdominalfortsätze, von denen der erstere stets länger ist als der zweite. Das Postabdomen ist schmal, lang, gegen das Ende allmählig verjüngt, und trägt jederseits der Analfurche 6—7 einfache Zähne. Die Schwanzkrallen sind fein gestrichelt, ohne Nebendorne. Die Schwanzborsten kurz, zweigliedrig.

Das Ephippium enthält nur ein Ei, welches in der Längenaxe des Körpers liegt.

Das erste Fusspaar beim Männchen ist blos mit einem stark gekrümmten Hacken versehen.

Diese Gattung zählt bisher 3 Arten, welche in Böhmen vorkommen.

Der Kopf glatt; der Körper dunkelbraun gefärbt, wenig durchsichtig.
 * Der Körper langgestreckt. Der Schalenstachel lang.

1. mucronata.

* Der Körper gedrungen. Der Schalenstachel sehr kurz oder fehlt.

2. obtusa.

Der Kopf zu beiden Seiten mit einer stark hervorragenden Querleiste versehen.
Der Körper heller gefärbt, durchsichtig. Der Kopf- und Schalenstachel fehlen.

3. aurita.

33. Scapholeberis mucronata, O. Fr. Müller. — Der gehörnte Wasserfloh. — Perloočka jednorohá.

1785. Daphnia mucronata, O. F. Müller: Entomostraca. pag. 94. Tab. XIII., Fig. 5—7.
1820. Monoculus mucronatus, Jurine: Histoire de Monocles. pag. 137. Tab. XIV.,
    Fig. 1—2.
1835. Daphnia mucronata, Koch: Deutschlands Crustacea. h. 8. n. 1.
1848. Daphnia mucronata, Liévin: Branchiopoden der Danziger Gegend. pag. 30. Tab. VII.
    Fig. 1—2.
1848. Daphnia mucronata, Seb. Fischer: Ueber die in der Umgebung von St. Petersbourg vorkommenden Crustac. p. 183. Tab. VII., Fig. 1—6. 11.
1853. Daphnia mucronata, Lilljeborg: De crustac. in Scania occurrentibus. pag. 46.
    Tab. III., Fig. 7.
1858. Scapholeberis mucronata und cornuta, Schoedler: Branch. der Umgeb. von Berlin.
    pag. 24.
1860. Daphnia mucronata, Leydig: Naturgeschichte der Daphniden. pag. 187. Tab. IV.,
    Fig. 38—37.
1863. Scapholeberis cornuta, Schoedler: Cladoceren des frisch. Haffs. p. 7.
1868. Scapholeberis mucronata, P. E. Müller: Danmarks Cladocera pag. 124.
1870. Daphnia mucronata, Plateau: Recherch. sur les Crustac. d'eau douce.
1870. Scapholeberis mucronata, Lund: Bidrag. til Cladocer. Morph. og System. p. 157,
    Tab. V., Fig. 11—16.
1872. Daphnia mucronata, Frič: Krustenth. Böhmens. p. 237, Fig. 41.

Der Körper ist länglich viereckig, wenig durchsichtig, dunkel braun gefärbt. Der ziemlich hohe Kopf ist etwas nach hinten geneigt und von der Schale tief eingeschnürt. Der gerade, schräge Oberrand ist in der Mitte ausgebuchtet und geht nach vorn in die enge und stark hervortretende Stirn-uber, welche mit einem aufwärts gekrümmten Dorn versehen ist. Der Dorn fehlt zuweilen. Die untere Kopfkante ist stark convex und endet hinten mit einem kurzen, abgestutzten Schnabel, hinter dem die kleinen conischen Tastantennen hervorragen. Der Fornix ist schwach. Von oben gesehen sieht der Kopf bedeutend enger als die Schale und ist an der Basis breit, gegen den Scheitel plötzlich verjüngt.

Fig. 15.

Scapholeberis mucronata, O. F. Müller. — Tastantenne.

Das Auge ist gross und hat wenig Krystalllinsen, welche aus dem Pigment deutlich hervorspringen. Der schwarze Pigmentfleck von viereckiger Form liegt in der Schnabelspitze. Die Seitenborste der Tastantennen hat dieselbe Länge wie die kurzen Riechstäbchen. Die Ruderantennen sind fast glatt.

Die Schale ist länglich viereckig. Der vordere und untere abgerundete Schalenwinkel ragt über den Unterrand, welcher stets gerade und mit dicht stehenden Haaren besetzt ist. Hinten verlängert sich derselbe in einen langen, nach hinten gerichteten Stachel. Der obere Schalenrand ist beim Weibchen stark convex. Die Schalenoberfläche ist sehr undeutlich und unregelmässig reticulirt.

Der erste Abdominalfortsatz ist sehr lang. Das Postabdomen hat eine conische Form. Seine untere Kante ist schwach convex und mit 6—7 fast gleich grossen Zähnen bewehrt. Die Krallen tragen keine Nebendorne und sind blos fein gezähnt. Die Schwanzborsten sind kurz, dick, zweigliedrig und behaart.

Die Rückenseite dieses Thierchens ist immer heller gefärbt als der Kopf und die Bauchseite.

Länge: 1·06—0·73 m·m·; 0·4—0·42 m·m·; Kopfhöhe: 0·33 m·m·; Stachel: 0·2 m·m·. In bewachsenen Tümpeln und Teichen überall sehr häufig.

Fundorte: Welim bei Kolin, Poděbrad, Raudnitz, Zaboř, Sudoměř, Nimburg, Přelouč, Turnau, Pardubitz, Chrudim, Dymokur, Key, Počernitz, Prag, Eger, Königsberg, Wittingau, Lomnitz, Krummau, Budweis, Frauenberg, Hohenfurt, Pisek, Eisenstein etc.

Es kommen zwei Varietäten von dieser Art vor und zwar eine gehörnte (var. cornuta) und eine ungehörnte (var. mucrunata). Beide sind häufig. Der Schalenstachel varirt, ebenso in der Länge, ist aber stets länger als bei der Sc. obtusa, welcher sie sehr ähnlich sieht.

34. Scapholeberis obtusa, Schoedler. — Der ungehörnte Wasserfloh. — Perloočka bezrohá.

1853. Daphnia mucronata, Liljeborg: De Crust. in scania occurent. p. 44, Tab. III., Fig. 6—7.
1859. Scapholeberis obtusa, Schoedler: Branchiop. p. 24, Fig. 11—12.

Der Körper ist mittelgross, wenig durchsichtig, dunkelbraun gefärbt und zwischen Kopf und Thorax tief eingeschnürt. Der nach unten geneigte Kopf ist niedriger als bei D. mucronata und ragt an dem Scheitel abgerundet. Das Horn fehlt oder ist blos durch ein kleines Höckerchen angedeutet. Die Stirn ragt stark hervor. Die untere Kopfkante ist vor dem kurzen und an der Spitze abgestutzten Schnabel tief ausgebuchtet. Der Fornix ist mässig hoch gewölbt.

Das sehr grosse Auge mit kaum hervorragenden Krystalllinsen ist eng vom Kopfschilde umschlossen und vom Kopfe durch eine seichte Einschnurung gesondert. Der schwarze Pigmentfleck ist klein und hat eine spindelförmige Gestalt wie bei Simoc. vetulus. Die Tast- und Ruderantennen sind von derselben Beschaffenheit wie bei Sc. mucronata.

Die viereckige, ebenso hohe wie lange Schale ist in der Mitte der Schalenlänge am breitesten. Der obere Schalenrand ist stark gebogen und stösst hinten mit dem kurzen und leicht concaven Hinterrande unter einem fast rechten Winkel zusammen. Der Unterrand, hinter dem vorderen und nicht hervorragenden Höcker leicht ausgerandet, trägt dicke, kurze und dicht gedrängte Haare, welche sich bis zum Stachel erstrecken. Dieser fehlt entweder gänzlich oder ist nur sehr kurz, aufwärts gekrümmt und etwas höher gerückt als bei Sc. mucronata. Die Schalenoberfläche ist sehr undeutlich reticulirt.

Der erste Postabdominalfortsatz ist lang. Das Postabdomen trägt an den Rändern der Analfurche 6—8 Zähne. Die Schwanzkrallen sind fein gezähnt.

Länge: 0·7—0·78 m·m·; Höhe: 0·48 m·m·; Kopfhöhe: 0·2 m·m·; Stachel: 0·01—0·06 m·m·.

In sumpfigen Gewässern sehr häufig.

Dr. Frič traf diese Art in grosser Menge in den Filzseen des Böhmerwaldes bei Maader und Ferchenhaid.

Von der vorigen Art unterscheidet sie sich leicht durch ihre stets dunklere Farbe und durch den gedrungenen und sehr hohen Körper.

35. Scapholeberis aurita, Fischer. — Der Ohrwasserfloh. — Perloočka ušatá.

1849. Daphnia aurita, Fischer: Ueber eine neue Daphnienart. p. 39, Tab. III., Fig. 1—3; Tab. IV., Fig. 1.

Der Körper ist gross, blassgelb mit bläulichem Schimmer, zwischen Kopf und Thorax tief eingeschnürt. Der Kopf ist sehr niedrig, nach vorn gestreckt mit einem mehr oder weniger hervorragenden Scheitel, in welchem das sehr grosse Auge liegt. Der obere und untere Kopfrand ist gerade. Der kurze Schnabel ist nach unten gerichtet und wird zuweilen von dém vorderen Schalenrande bedeckt. Der Fornix ist hoch gewölbt und geht abwärts in eine, mit dem vorderen Kopfrande parallel verlaufende, stark hervorragende Leiste über, welche, nachdem sie einen queren Bogen beschrieben hat, erst vor der Schnabelspitze endet. Bei der Rückenansicht des Thieres erscheinen diese Leisten als spitzige, die Kopfscheitel nicht überragende Höcker, welche jederseits des Auges stehend, nach vorn zielen.

Das Auge hat nicht viele, aber deutlich aus dem Pigment hervorragende Krystalllinsen. Der schwarze Pigmentfleck ist gross, rundlich. Die Tastantennen sind ziemlich lang und conisch.

Die Schale, breiter als der Kopf, hat eine länglich vierkantige Gestalt. Der fast gerade Unterrand bildet vorn einen stumpfen Hohlhöcker und geht hinten in den sehr kurzen, kaum wahrnehmbaren Stachel aus. Er ist der ganzen Länge nach fein behaart. Der Oberrand ist wenig gebogen, der Hinterrand gerade. Die Schalenoberfläche ist glatt, scheinbar ohne Structur.

Die Darmcoeca sind kurz. Die Abdominalfortsätze sehr niedrig. Das Postabdomen bietet nichts Besonderes dar und ist von demselben Baue wie bei Sc. mucronata. Es ist an den Rändern der Afterspalte mit 5—6 kleinen und gekrümmten Zähnen bewehrt. Die langen Schwanzborsten sind unbefiedert.

Das Ephipium ist schwarzbraun, oval.

Länge: 0·94 m. m.; Höhe: 0·48 m. m.; Kopfhöhe: 0·29 m. m.

In klaren Gewässern sehr selten.

Fr. Vejdovský fand diese zierliche Art in einem Tümpel bei Elbekosteletz.

Nach Fischer ist das Männchen um ein Drittel bis zur Hälfte kleiner als das Weibchen und zeichnet sich durch einen mehr gedrungenen Körperbau. Das Postabdomen ist blos mit drei Zähnen bewaffnet.

7. Gattung **Ceriodaphnia**, Dana.

Daphnia autorum, part.

Der Körper ist mittelgross, rundlich, durchsichtig, zwischen Kopf und Thorax tief eingeschnürt. Der tief niedergedrückte Kopf bildet keinen Schnabel und wird vom Kopfschild seitlich nicht überdacht. Die Stirn ist stets abgerundet, stark hervorragend. Hinter derselben ist der Kopf tief ausgeschnitten. Der Fornix wölbt sich sehr hoch über der Basis der Ruderantennen und ist von oben betrachtet zu beiden Seiten abgerundet oder mit einem oder mehreren Zähnen bewaffnet.

Das Auge ist gross und besitzt nicht viele Krystalllinsen. Es liegt dem Stirnrande gepresst, vom Kopfschild eng umhüllt und oben vom ubrigen Kopfabschnitte durch eine seichte Einkerbung gesondert. Der schwarze Pigmentfleck ist stets vorhanden und sitzt in dem Stirnwinkel nahe der Basis der Tastantennen, welche in einem Kopfausschnitte hinter der Stirn sich befinden. Diese sind beweglich, cylindrisch, eingliedrig und tragen ausser den Endriechstäbchen noch eine zugespitzte Seitenborste. Die Ruderantennen sind schlank, 2ästig; der kürzere viergliedrige Ast trägt 4, der längere 3gliedrige 5 zweigliedrige und fein befiederte Ruderborsten.

Die Schale ist vierkantig, fast ebenso hoch wie lang, an der Oberfläche deutlich reticulirt. Die Reticulation besteht in der Regel aus fünf- bis sechseckigen, regelmässigen Polygonen. Der obere und untere Schalenrand ist stark gewölbt; der letzte freie Rand selten bedornt. Der obere und hintere Schalenwinkel verlängert sich in einen sehr kurzen Stachel; der untere Winkel ist breit abgerundet. Fünf Paar Beine. Der Darm ist einfach, hat vorne. zwei kurze Blindsäcke und mündet vorn am Postabdomen. Den Brutraum schliesst blos ein langer Abdominalfortsatz; die übrigen sind stets verkümmert.

Das Postabdomen ist gross, gegen das freie Ende hin verschmälert und an der schwach convexen Unterkante bewehrt. Die Schwanzkrallen sind entweder einfach, fein gezähnt, oder tragen noch an der Basis einen Nebenkamm. Die Schwanzborsten sind ziemlich lang, zweigliedrig.

Das Ephippium ist dunkelbraun gefärbt, hat eine länglich ovale Gestalt und birgt nur 1 Ei, welches in der Längenaxe des Körpers liegt.

Die Tastantennen beim Männchen sind lang, cylindrisch, am Ende abgestutzt, und mit einer langen Geissel versehen. Das erste Fusspaar trägt ebenso wie bei der Gattung Daphnia, einen stark gekrümmten Hacken und eine sehr lange Geissel. Der Abdominalfortsatz fehlt. Die Hodenausführungsgänge münden vor dem After.

Diese Gattung zählt bis jetzt sieben Arten, von denen fünf der böhmischen Fauna angehören.

Die Schwanzkrallen mit Nebenkamm.   2. r e t i c u l a t a.
Die Schwanzkrallen ohne Nebenkamm.

  * Die untere Postabdominalkante bedornt und gezähnt.   1. m e g o p s.
  ° Die untere Postabdominalkante nur bedornt.

  ** Der Kopf hoch. Das Postabdomen eng, unten schwach gebogen.
                                              3. p u l c h e l l a.

  ** Der Kopf sehr niedrig. Das Postabdomen gross, breit; seine Unterkante in der Mitte unter einem Winkel gebrochen.

    *** Die Stirn abgerundet, unbedornt.   4. l a t i c a u d a t a.
    *** Die Stirn zugespitzt, bedornt.   5. r o t u n d a.

36. Ceriodaphnia megops, O. G. Sars. — Der violette Wasserfloh. — Perloočka fialová.

1848. Daphnia quadrangula, Lievin: Brauch. der Danziger Gegend. p. 28, Tab. IV., Fig. 1—5.

1862. Ceriodaphnia megops, G. O. Sars: Om de i Omegn af Christiania forek. Cladoc. pag. 277.

1868. Ceriodaphnia megops, P. E. Müller: Danmarks Cladocera. p. 216, Tab. I., Fig. 9—10.

1870. Ceriodaphnia megops, Lund: Bidrag til Cladoc. Morph. og System. p. 160, Tab. VI., Fig. 10.

1874. Ceriodaphnia megops, Kurz: Dodekas neuer Cladoc. p. 19.

Der Körper ist gross, durchsichtig, violett gefärbt, zwischen
Kopf und Thorax tief eingeschnürt. Der Kopf ist hoch, etwas
nach vorn gestreckt, hinter dem Auge breit ausgerandet und am
Rücken abgeflacht. Die breite, gleichmässig abgerundete Stirn
bildet hinten mit dem Kopfausschnitte einen sehr stumpfen Winkel.
Der Fornix ist mässig gewölbt, seitlich abgerundet, ohne Dornen.
Von oben betrachtet erscheint der Kopf sehr niedrig, breit an
der Basis mit stark gewölbten Seitenkanten, welche gegen den

Fig. 16.

Ceriodaphnia megops,
Sars. — Postabdomen.

breiten und abgerundeten Scheitel zulaufen und vor diesem leicht ausgerandet sind.
Das Auge ist sehr gross, mit schwach aus dem reichen schwarzen Pigment
hervortretenden Krystalllinsen, die ganze Stirngegend nicht erfüllend. Der schwarze Fleck
ist bedeutend grösser als bei allen übrigen Arten dieser Gattung. Die Tastantennen
sind kurz, dick, tragen 8—9 Riechstäbchen, welche an Länge die Antennen übertreffen.
Die zugespitzte Seitenborste entspringt in der Mitte derselben. Die Ruderantennen
sind gross, robust.

Die Schale kaum breiter als der Kopf hat eine länglich vierkantige Gestalt.
Ihre grösste Höhe liegt in der Mitte. Die zarte Reticulation der Schalenoberfläche besteht
aus unregelmässigen, länglichen und quergestellten Polygonen, so dass die Schalenklappen
quergestreift wie bei S. serrulatus erscheinen. Der Oberrand ist fast gerade, in der
Mitte stark gewölbt und bildet mit dem bauchigen, unten abgeflachten Unterrande einen
sehr kurzen, spitzigen Stachel, welcher nahe der Medianlinie des Körpers liegt. Der
freie untere Schalenrand ist bis zum Stachel mit kurzen, weit abstehenden Dornen besetzt.

Der Abdominalfortsatz ist kurz, unbedeutend. Das Postabdomen lang, gegen
das Ende verschmälert, vorne schräg abgestutzt und hier jederseits der Analfurche mit
6—7 ungleich grossen Zähnen bewaffnet. Die Zähne tragen an der Basis noch einen
kleinen Nebenzahn. Hinter dieser Bewehrung zeigt sich noch die untere Kante sägeförmig
ausgeschnitten. Die Schwanzkrallen sind fein gezähnelt und ohne Nebenkamm.

Länge: 0·95 m. m.; Höhe: 0·63 m. m.; Kopfhöhe: 0·23 m. m.

Beim Männchen ist die Geissel der Tastantennen mit einem gekrümmten
Hacken versehen.

In Tümpeln und Teichen sehr häufig.

Fundorte: Mühlhof, Svět-, Rosenberger-, Tisi-, Karpfen-, Pešák-, Baštýř-, Hladov-
Teich bei Wittingau; Iser bei Podol unweit von Turnau; Elbebucht „Skupice" bei
Poděbrad; Jakobi-Teich bei Dymokur.

Die Livién-sche D. quadrangula ist identisch mit dieser Art. Die Grösse
und der ganze Habitus spricht dafür. Der Branchialanhang des fünften Fusspaares ist
bei Liévin mit 4, bei Lund mit 5 Borsten versehen.

37. Ceriodaphnia reticulata, Jurine. — Der gegitterte Wasserfloh. — Perloočka mřížovaná.

1820. Monoculus reticulatus, Jurine: Histoire des Monocl. p. 139, Tab. XIV., Fig. 3—4.
1851. Daphnia reticulata, Baird: Brit. Entomostr. p. 97, Tab. VII., Fig. 5.
1853. Daphnia quadrangula, Liljeborg: De Crustac. p. 35, Tab. III., Fig. 1.
1859. Ceriodaphnia reticulata, Schoedler: Branchiop. p. 26.
1860. Daphnia reticulata, Leydig: Naturg. d. Daphn. p. 182, Tab. IV., Fig. 34—36.
1862. Ceriodaphnia reticulata, Sars: Om i Christiania Omegn. forekom. Cladoc. p. 275.
1868. Ceriodaphnia reticulata, P. E. Müller: Danmarks Cladoc. pag. 127, Tab. I.,
       Fig. 11—12.
1870. Ceriodaphnia reticulata, Lund: Bidrag. til Cladoc. Morph. og System. p. 159,
       Tab. VI., Fig. 7—8.
1874. Ceriodaphnia reticulata, Kurz: Dodekas neuer Cladoc. p. 20.

Fig. 17.

Ceriodaphnia reticulata, Jur.
— Tastantenne.

Der Körper ist mittelgross, durchsichtig, blass olivengrün und gegen die Ränder schön violett gefärbt. Der Kopf ist hoch, niedergedrückt, oberhalb des Auges tief ausgeschnitten, am Rücken gewölbt. Die grosse Stirn ist mit dem Stirnwinkel gleichmässig abgerundet. Der Fornix erweitert sich über der Ruderantennenbasis in eine dreieckige Platte, welche an der Spitze in einen kleinen Dorn ausgeht.

Das Auge ist gross und liegt nahe dem Stirnrande. Die Krystalllinsen derselben treten aus dem reichen Pigment deutlicher hervor als bei C. megops. Die Tastantennen sind kurz und in der Mitte der äusseren Kante, wo die Seitenborste aufsitzt, höckerartig erweitert.

Die Schale hat eine länglich vierkantige Gestalt. Ihr Stachel ist sehr kurz, scharf, nach hinten gerichtet und der Medianlinie des Körpers genähert. Der freie untere Schalenrand ist unbedornt. Die Reticulation der Schalenoberfläche ist sehr deutlich ausgeprägt und besteht aus regelmässigen fünf- bis sechseckigen Polygonen. Am Rücken des Proabdomens hinter dem langen Fortsatze, welcher zum Verschluss des Brutraumes dient, befinden sich noch drei Querreihen von kurzen Haaren. Das Postabdomen ist schmal, vorn abgerundet und trägt an den Rändern der Analfurche zehn ungleich lange und von vorn nach hinten an Grösse abnehmende Zähne. Oberhalb dieser Zahnreihe ist noch eine Reihe feiner Leistchen bemerkbar. Die Schwanzkrallen sind fein gezähnt und haben an der Basis noch einen Nebenkamm, welcher aus fünf kurzen Zähnen besteht. Die Schwanzborsten sind kurz, zweigliedrig, das zweite Glied behaart.

Länge: 0·68—0·83 $^{m.\ m.}$; Höhe: 0·45—0·58 $^{m.\ m.}$; Kopfhöhe: 0·16 $^{m.\ m.}$.

Beim Männchen ist die Geissel der Tastantennen am freien Ende löffelförmig erweitert.

In Teichen und Tümpeln mit klarem Wasser sehr gemein.

Ich traf sie bei Prag, Poděbrad, Přelouč, Wittingau, Frauenberg, Turnau etc.

38. Ceriodaphnia pulchella, O. G. Sars. — Der schöne Wasserfloh. — Perloočka krásná.

1862. Ceriodaphnia pulchella, Sars: Om de i Christiania Omegn. iagttag. Cladoc. p. 276.
1868. Ceriodaphnia pulchella, P. E. Müller: Danmarks Cladoc. pag. 128, Tab. I., Fig. 13—14.
1874. Ceriodaphnia pulchella, Kurz: Dodek. neuer Cladoc. p. 21.

Fig. 18.

Ceriodaphnia pulchella, Sars.
— Tastantenne.

Der Körper ist klein, zwischen Kopf und Thorax tief eingeschnürt, durchsichtig, olivengrün mit schwach violett gefärbten Rändern. Der Kopf ist hoch, etwas nach vorn gestreckt, oberhalb des Auges kaum ausgebuchtet, am Rücken abgeflacht. Die Stirn ist sehr gross, vorne abgerundet, unten gerade und bildet hinten mit dem Kopfausschnitte einen rechten Winkel. Der hoch gewölbte Fornix ist ebenso wie bei C. reticulata dreieckig und in der Regel mit einem nach rückwärts gekrümmten Zahne bewehrt. Bei der Rückenansicht erscheint der Kopf breit, vorne abgestutzt.

Das ziemlich grosse, dem vorderen Stirnrande genäherte Auge enthält zahlreiche Krystalllinsen. Der schwarze Pigmentfleck ist gross, viereckig. Die Seitenborste sitzt nahe dem freien Ende der langen Tastantennen.

Die Schale, kaum breiter als der Kopf, hat eine länglich ovale Gestalt. Ihr Unterrand ist stark convex und ohne Bewehrung. Der stets zugespitzte Stachel steht im Niveau des Thoracalausschnittes. Die Schalenoberfläche ist gross und deutlich reticulirt.

Die kurzen Darmcoeca biegen sich nach unten. Der Abdominalfortsatz ist lang, zugespitzt. Das schmale Postabdomen, gegen das Ende allmählig verjüngt, ist vorne abgerundet und an der Unterkante etwa mit 10 gebogenen Zähnen bewaffnet. Die schlanken Postabdominalkrallen sind nur fein gestrichelt. Die langen Schwanzborsten sind am zweiten Gliede behaart.

Im Brutraume der Weibchen traf ich höchstens fünf Sommereier. Das Ephippium ist braungelb gefärbt.

Länge: 0·65 ᵐ· ᵐ·; Höhe: 0·46 ᵐ· ᵐ·; Kopfhöhe: 0·15 ᵐ· ᵐ·.

Das Männchen hat die Geissel der Tastantennen an der Spitze nur gekrümmt. In Teichen und Tümpeln häufig.

Fundorte: Žehrov bei Turnau; Elbebucht „Skupice" bei Poděbrad; Počernitzer und Keyer Teich bei Prag; Jakobi- und Zehuner-Teich bei Dymokur; Svět-, Rosenberger-, Syn-, Pešák-, Bastýř- und Hladov-Teich bei Wittingau.

In einer Pfütze bei Kolčavka unweit von Prag traf ich einige Exemplare von 0·85 ᵐ· ᵐ· Länge. Der Fornix war abgerundet, unbedornt, der Schalenstachel kürzer und stumpfer. Der rechte Stirnwinkel unterscheidet leicht diese Art von allen anderen.

39. Ceriodaphnia laticaudata, P. E. Müller. — Der breitschwänzige Wasserfloh. — Perloočka širokorepá.

1862. Ceriodaphnia quadrangula, O. G. Sars: Om de i Christiania Omegn. forek. Cladoc. pag. 274.
1868. Ceriodaphnia laticaudata, P. E. Müller: Danmarks Cladocer. pag. 130, Tab. I. Fig. 19.
1870. Ceriodaphnia laticaudata, Lund: Bidrag til Cladoc. Morph. og System. p. 160, Tab. VI., Fig. 11.

Der Körper ist kugelig, zwischen Kopf und Thorax sehr tief eingedrückt, wenig durchsichtig und braunroth gefärbt. Der Kopf ist sehr klein, tief niedergedrückt, oberhalb des Auges mässig und breit ausgeschweift, am Rücken gewölbt. Die Stirn ist eng, überall gleichmässig abgerundet; der Stirnwinkel unbedeutend. Der Fornix ist niedriger als bei C. reticulata und oberhalb der Ruderantennenbasis abgerundet. Von oben betrachtet sieht der Kopf sehr niedrig aus, mit parallelen Längsfurchen jederseits des erhabenen Kopfscheitels.

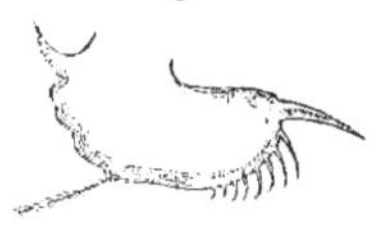

Fig. 19.

Ceriodaphnia laticaudata, P. E. Müller.
— Postabdomen.

Das kleine und mit wenig, kaum vorragenden Krystalllinsen versehene Auge liegt fast in der Mitte der Stirn. Der schwarze Pigmentfleck ist punktförmig. Die Tastantennen sind lang, die untere Stirnkante überragend mit 8—10 langen Endriechstäbchen. Die Seitenborste sitzt nahe der Basis derselben. Die schlanken Ruderantennen sind deutlich beschuppt.

Die Schale, ebenso lang wie hoch, hat eine abgerundet viereckige Gestalt. Der schwach gebogene Oberrand bildet hinten mit dem unteren, sehr bauchigen Schalenrande einen breiten, kurzen und spitzigen Stachel, dessen Lage etwa dem tiefen Thoracalausschnitt entspricht. Der letztere ist unbewehrt. Die Oberfläche der Schale und des Kopfes ist regelmässig sechseckig und sehr deutlich gefeldert.

Die kurzen Darmcoeca biegen sich nach unten. Der Abdominalfortsatz ist gross, langgestreckt, zugespitzt und hinter der Basis noch von einem fleischigen Höcker begleitet. Das Postabdomen ist sehr gross, breit, vorne, wo der After liegt, schräg abgestutzt, und an den Rändern der Afterspalte mit 7—8 gleich grossen und schlanken Zähnen bewaffnet. Die seitliche Zahnleiste fehlt. Die Postabdominalkrallen sind ziemlich gerade und nur fein gestrichelt.

Länge: 0·8 ᵐ· ᵐ·; Höhe: 0·66 ᵐ· ᵐ·; Kopfhöhe: 0·01 ᵐ· ᵐ·.

Das Männchen blieb mir unbekannt.

4*

Iu klareu Gewässern häufig.

Fundorte: Mühlhof, Karpfeu- und Bastýř-Teich bei Wittingau, Elbebucht Skupice bei Poděbrad, Museumsbasin iu Prag.

C. quadrangula, O. F. Müller mit dieser Art iu Habitus und Colorit übereinstimmend, weicht von unserer Art durch ein schlankeres Postabdomen ab. Die Seitenborste sitzt am Ende der langen Tastantcnneu.

40. Ceriodaphnia rotunda, Straus. — Der kugelige Wasserfloh. — Perloočka kulatá.

1819. Daphnia rotuuda, Straus: Mem. sur les Daphu. Tom. V., Tab. XXIX., Fig 27 und 28; Tom. VI., p. 161.
1862. Ceriodaphnia rotunda, Sars: Om de i Christian. Omegn. iagtt. Cladoc. p. 275.
1868. Ceriodaphnia rotunda, P. E. Muller: Danmarks Cladocera. p. 131, Tab. I. Fig. 20—23.
1874. Ceriodaphnia rotunda, Kurz: Dodek. neuer Cladoc. p. 21.

Der Körper ist mittelgross, kugelig, zwischen Kopf und Thorax tief eingeschnürt, wenig durchsichtig und röthlich gefärbt. Der Kopf ist ebenso wie bei C. laticaudata sehr stark niedergedrückt, klein, oberhalb des Auges kaum ausgeschuitten, am Rücken schwach gewölbt. Die Stirn, vor dem Auge hervorragend gewölbt, ist nicht abgerundet wie bei voriger Art, sondern geht nach unteu in einen Winkel aus, welcher an der Spitze kurze Dornen trägt. Der Wiukel zwischen der Stirn und dem Kopfausschnitt ist kaum vorhanden. Der Fornix ist jederseits iu eine dreieckige Platte crweitert, deren Spitze oberhalb der Ruderantennen mit 2—3 Zacken ausgerüstet ist. Bei der Rückenansicht des Thierchens ist der Kopfscheitel höher als bei C. laticaudata. Das kleine Auge dem oberen, stark convexen Stirurande gepresst, besitzt zahlreiche Krystalliuseu. Der schwarze Pigmentfleck ist ziemlich gross.

Die Tastantennen, die untere Stirnspitze nicht erreichend, tragen 8—10 Riechstäbchen, welche dieselben doppelt au Länge übertreffen. Die Seitenborste sitzt etwa in der Mitte der Aussenseite auf einem niedrigen Höcker.

Die Schale, breiter als der Kopf, hat eine abgerundet viereckige Gestalt. Der Oberrand ist schwach gebogen; der Unterrand sehr bauchig, kurz bedornt. Der Stachel ist mehr iu die Länge gezogen, dick, an der Spitze abgeruudet und mit kurzen Dornen bewaffnet. Die Schaleuoberfläche ist überall gross und deutlich reticulirt. Diese Reticulatiou besteht aus grossen, regelmässig sechseckigen Feldchen, welche mit erhabenen und dicken Leistchen begräuzt sind.

Der Abdominalfortsatz ist lang, dick. Das Postabdomeu ist sehr breit, vorne schräg abgestutzt und von derselben Bewehrung wie bei C. laticaudata.

Länge: 0·78 ^m. m.; Höhe: 0·58 ^m. m.; Kopfhöhe: 0·11 ^m. m.

Am Grunde sumpfiger Gewässer selten.

H. Přibík fischte diese interessante Art in einer Torfgrube mit trübem Wasser bei Mnišek. H. Kurz fand sie au mehreren Stellen bei Deutschbrod, Prag und Maleschau, jedoch nirgends häufig.

In Form und Farbe reiht sich dieses Thierchen zu der vorigen Art.

8. Gattung Moina, Baird.

Daphnia, autorum.

Der Körper ist vierkantig, hiuten gerade abgestutzt uud zwischen Kopf und Thorax mit einem deutlichen Eindruck versehen. Der annähernd vierkantige Kopf ist nach vorn gestreckt, mit mehr oder weniger hervorragender Stirn und ohne Schuabelbildung. Der Kopfschild ist sehr weich, umhüllt gänzlich den Kopf und bildet jederseits oberhalb der Basis der Ruderantennen einen sehr schwachen Fornix.

Das grosse, bewegliche und mit vielen Krystalllinsen versehene Auge liegt vorn in der Kopfhöhle, dem Stirnrande genähert. Der schwarze Pigmentfleck fehlt. Die Tastantennen entspringen etwa von der Mitte der unteren convexen Kopfkante und stehen von einander entfernt. Sie sind lang, in der Mitte leicht angeschwollen und hier an der Aussenseite mit 1—3 kurzen, zugespitzten Tasthaaren versehen. Am freien Ende derselben sitzt ein Büschel von kurzen Riechstäbchen. Die Ruderantennen bestehen aus einer sehr starken, mächtigen und am Grunde geringelten Basis, welche lang behaart und mit Stacheln bewehrt ist, und aus zwei Aesten, von denen der kurzere viergliedrige vier, der längere dreigliedrige fünf dicht behaarte Ruderborsten trägt.

Die Schale ist vierkantig mit abgerundeten Winkeln. Bei der Rückenansicht erscheint die Schale hinten, wo der gemeinschaftliche Schalenrücken aufhört, halbkreisförmig ausgeschnitten. Dieser Ausschnitt ist fein gezähnt und an den Winkeln jederseits mit je einem einwärts gekrummten Dorn versehen. Die Schale ist sehr weich, dehnbar und an der Oberfläche undeutlich reticulirt.

Beine sind fünf Paare vorhanden. Am Proabdomen fehlen die dorsalen Fortsätze und der Brutraum wird durch einen queren Schalenauswuchs geschlossen. Das Postabdomen ist sehr gross, breit und gegen das freie Ende verschmälert. Die Afterspalte liegt in der Mitte der Unterkante und hat hervorragende, unbedornte Ränder. Das conisch zugespitzte Endstück des Postabdomens, gegen den hinteren Theil desselben deutlich abgesetzt, trägt jederseits gleich hinter den Schwanzkrallen einen Doppeldorn und eine Reihe von kurzen, behaarten Zähnen. Die Schwanzkrallen besitzen ober und unter der Basis eine secundäre Bewehrung. Die Schwanzborsten sind ungewöhnlich lang, zweigliedrig und befiedert.

Beim Männchen sind die Tastantennen verlängert, in der Mitte knieförmig gebogen und am freien Ende mit gekrümmten Hacken versehen. Das erste Fusspaar ist ebenso wie bei der Gattung Daphnia mit einem gebogenen Hacken und einer langen Geissel ausgestattet. Die Hodenausführungsgänge münden ventral zwischen Proabdomen und Postabdomen.

Die Arten leben in der Regel in trüben Gewässern.

Zur Fauna Böhmens zähle ich vier Arten, welche sich auf folgende Weise unterscheiden.

Der untere Schalenrand vorne lang behaart. Das Postabdomen mit 9—10 Zähnen. Der obere Basalzahn der Krallen gesägt. Der Nebenkamm vorhanden.
1. brachiata.

Der untere Schalenrand ganz behaart oder bedornt.
* Der obere Basalzahn der Krallen gesägt. Das Postabdomen mit 12—14 Zähnen. 2. rectirostris.
* Der obere Basalzahn einfach.
** Der Nebenkamm fehlt. Das Postabdomen mit 6—8 Zähnen.
3. Fischeri.
** Der Nebenkamm vorhanden. Das Postabdomen mit 5—6 Zähnen.
4. micrura.

41. Moina brachiata, Jurine. — Der grossarmige Wasserfloh. — Perloočka ramenatá.

1820. Monoculus brachiatus, Jurine: Histoir. des Monocl. p. 131, Tab. XII., Fig. 1—2.
1851. Moina brachiata, Baird: Brit. Entom. p. 102, Tab IX; Fig. 1—2.
1853. Daphnia brachiata, Liljeborg: De Crust. p. 37, Tab. II., Fig. 4—5.
1860. Daphnia brachiata, Leydig: Naturg. der Daphn. p. 166, Tab. IV., Fig. 39, Tab. V., Fig. 40—43.

54

1868. Moina brachiata, P. E. Müller: Danmarks Cladoc. p. 133, Tab. II. Fig. 33.
1870. Moina brachiata, Lund: Bidrag til Cladoc. Morph. og System. p. 162, Tab. VII.,
      Fig. 1—4.
1872. Daphnia brachiata, Frič: Krustenth. Böhmens, p. 235, Fig. 38.

Fig. 20.

Moina brachiata,
Jurine. — Postabdomen.

Der Körper ist plump gebaut, wenig durchsichtig, blass grünlich gefärbt. Der breite Kopf neigt sich etwas nach unten, und ist oberhalb des Auges tief und breit ausgeschnitten, am Rücken abgeflacht. Die untere Kopfkante ist mit der Stirn gleichmässig stark gewölbt. Von oben gesehen erscheint der Kopf hoch, an der Basis breiter als an dem abgerundeten Scheitel, mit geraden Seitenrändern.

Aus dem sehr grossen, dem Stirnrande nahe liegenden Auge treten die zahlreichen und dicht gedrängten, rundlichen Krystalllinsen deutlich hervor. Der schwarze Pigmentfleck fehlt. Die Tastantennen entspringen in der Mitte der unteren Kopfkante, sind nach hinten gerichtet, in der Mitte leicht angeschwollen, kurz behaart und mit einer Seitenborste. Sie erreichen die Länge des Kopfes. Die grossen und mächtigen Ruderantennen, den hinteren Schalenrand nicht erreichend, sind lang behaart.

Die Schale, kaum breiter als der Kopf, hat eine länglich viereckige Form hinten mit abgerundeten Winkeln. Ihre grösste Höhe liegt vor der Schalenmitte. Der obere Schalenrand ist leicht gewölbt, der obere und hintere Winkel stachelartig ausgezogen. Die freie untere Kante, mit der Hinterkante gleichmässig und stark gewölbt, ist vorne an der äusseren Lippe mit kurzen Dornen bewehrt. An der inneren Lippe ist noch der ganze freie Rand bis zum Rückenwinkel fein bedornt. Die Schalenreticulation ist sehr undeutlich ausgeprägt.

Das Postabdomen ist sehr gross. Das conische Endstück desselben ist nebst dem langen und schlanken Doppelzahne noch jederseits mit 9—10 kurzen, behaarten Zähnen versehen. Die Krallen sind stark gebogen und tragen unten an der Basis einen Nebenkamm, der aus 8—9 Zähnen zusammengesetzt ist. Der obere Basalzahn der Schwanzkrallen ist an der oberen Kante gesägt. Die Schwanzborsten sind sehr lang.

Das Weibchen trägt zahlreiche Sommereier im Brutraume.

Länge: 1·3—1·4 m. m.

Das Männchen, stets kleiner als das Weibchen, hat einen nach vorn gestreckten, sehr hohen Kopf. Die Tastantennen stehen in der vorderen Hälfte der geraden Unterkante, den Kopf an Länge übertreffend. Sie sind in der Mitte knieförmig gebogen und am freien Ende nebst den kurzen Riechstäbchen noch mit vier stark gekrümmten und an der Spitze gespaltenen Krallen versehen. In der Mitte der Aussenseite stehen drei kurze Borsten. Das Postabdomen ist schlanker als beim Weibchen.

Länge: 1·1—1·16 m. m.

In Pfützen und Lacken mit trübem Wasser sehr häufig.

Fundorte: Poděbrad, Prag, Winterberg, Horaždovitz, Kosteletz an der Elbe Vestec, Böhmisch Brod usw.

Diese Thierchen sind an der Oberfläche stets verunreinigt.

42. Moina rectirostris, O. Fr. Müller. — Der stumpfnasige Wasserfloh.
Perloočka tuponosá.

1820. Monoculus rectirostris, Jurine: Histoir. des Monocl. p. 101. Tab. XIII, Fig. 3—4.
1850. Moina rectirostris, Baird: Brit. Entom. p. 101, Tab. XI., Fig. 1—2.
1860. Daphnia rectirostris, Leydig: Naturg. der Daphn. p. 174, Tab. X, Fig. 76—77.
1872. Daphnia rectirostris, Frič: Krustenthiere Böhmens, p. 235, Fig. 39.

Der Körper ist schlank, durchsichtig, weisslich, mit röthlichem Darm. Der Kopf ist ebenso wie bei M. brachiata niedrig, nach unten geneigt, oberhalb des Auges tief grubenartig vertieft, am Rücken abgeflächt. Die Stirn ragt deutlich hervor, so dass die untere Kopfkante concav erscheint. Von oben gesehen ist der Kopf eng, gegen den breiten Scheitel verjüngt. Die Seitenränder und der Scheitel sind leicht gewölbt.

Fig. 21.

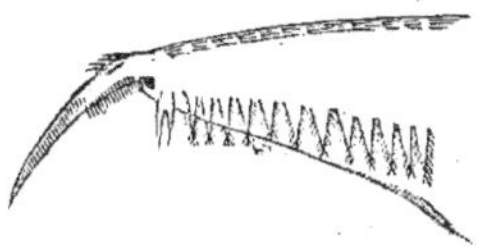

Moina rectirostris, O. Fr. Müller. — Postabdomen.

Das Auge ist sehr gross und hat auch sehr viele Krystalllinsen. Die Tastantennen von der Länge des Kopfes sind schlank, in der Mitte leicht angeschwollen und auf der Oberfläche sehr fein und sparsam behaart. Die Ruderantennen verhalten sich wie bei voriger Art.

Die Schale breiter als der Kopf ist viereckig, ebenso hoch wie lang, mit leicht gebogenen Rändern und breit abgerundeten Winkeln. Der freie untere Schalenrand ist der ganzen Länge nach an der äusseren Lippe mit kurzen, weit abstehenden Dornen besetzt.

Das conische Endstück des Postabdomens ist sehr lang, oben fein gestrichelt, und jederseits mit 12—14 befiederten Zähnen ausgerüstet. Der Doppeldorn ist lang. Die Postabdominalkrallen sind lang, wenig gebogen, an der Unterkante fein gestrichelt und an der Basis mit einem langen Nebenkamm versehen, welcher aus zahlreichen Zähnen zusammengesetzt ist. Der obere Basaldorn ist auch gesägt. Die Schwanzborsten sind von ungewöhnlicher Grösse.

Länge: 1·2—1·35 $^{m. m.}$.

Das Männchen ist kleiner und schlanker als das Weibchen. Der ziemlich hohe Kopf ist gerade nach vorn gestreckt und ohne Einkerbung oberhalb des Auges. Die Tastantennen, gleich hinter dem Auge eingefügt, sind so lang wie die Schale. Der Basaltheil derselben ist dick und bedeutend kürzer als der zweite Theil, welcher am freien Ende mit sechs einfach zugespitzten und gekrümmten Krallen versehen ist. Von den Seitenborsten sah ich nur eine (Leydig bildet 2 ab). Der Hacken des ersten Fusspaares ist stark und dick.

In klaren Gewässern nicht häufig..

Fundorte: Katzengrün bei Königsberg (Novák); Prag; Poděbrad.

Die Kurz-sche M. rectirostris halte ich für M. brachiata. Den Darm bei dieser Art traf ich stets mit kleinen, braun gefärbten Kügelchen vollgepfropft.

43. Moina Fischeri mihi. — Der kurzschwänzige Wasserfloh. — Perloočka krátkorepá.

1851. Daphnia rectirostris, Fischer: Bemerk. über wenig genau gekannte Daphn. p. 105, Tab. III; Fig. 6—7.

Der Körper ist wenig durchsichtig, blass grünlich gefärbt und zwischen Kopf und Thorax tief eingeschnürt. Der Kopf ist eng, hoch, nach vorn gestreckt, oberhalb des Auges unbedeutend eingedrückt, am Rücken leicht gewölbt. Die Stirn ist nicht vorragend, die untere Kopfkante gleichmässig gebogen. Von oben gesehen ist der Kopf eng und hat eine dreieckige Gestalt mit breitem und abgerundetem Scheitel und leicht concaven Seitenrändern. Die Oberfläche des Kopfes ist sehr sparsam, fein und lang behaart.

Fig. 22.

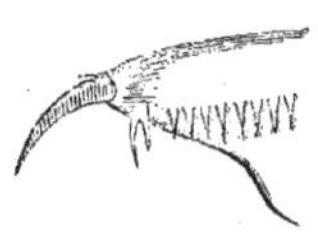

Moina Fischeri mihi. — Postabdomen.

Die Tastantennen kürzer als der Kopf sind cylindrisch, überall gleich dick, nur am freien Ende verschmälert und an der Oberfläche kurz behaart. Die Riechstäbchen sind kurz und dick. Die starken Ruderantennen erreichen nicht den hinteren Schalenrand und sind an der Basis dicht und kurz behaart. Die Aeste sind an der Aussenseite bedornt, an der Innenseite jedoch lang behaart.

Die Schalenklappen besitzen eine vierkantige Form mit abgerundeten Winkeln und sind viel breiter als der Kopf. Der Oberrand ist stark gewölbt, der Unterrand länger, leicht concav und der ganzen Länge nach bis zum hinteren, breit abgerundeten Winkel mit kurzen Borstchen spärlich besetzt. Die hintere convexe Kante ist blos sehr fein bedornt. Der obere und hintere, stachelartig ausgezogene Schalenwinkel hat die Spitze abgerundet. Die Reticulation der Schalenoberfläche tritt sehr undeutlich hervor.

Das Endstück des Postabdomens ist sehr kurz und jederseits mit nur 6—8 kurzen, den Unterrand nicht überragenden Zähnen ausgerüstet. Der Doppeldorn ist auch kurz. Die Postabdominalkrallen sind an der Unterkante fein gezähnt und ohne Nebenkamm. Der dorsale Basaldorn ist einfach, ungesägt. Die Schwanzborsten lang. Das Ephippium hat eine dunkelbraune Farbe.

Länge: 1·25—1·3 $^{m.\,m.}$.

In schmutzigen Gewässern häufig.

Fundorte: Hura bei Horaždovitz, Winterberg, Frauenberg, Westetz bei Böhmisch Brod.

Diese Art ist mit M. brachiatá sehr nahe verwandt und unterscheidet sich von dieser wie von allen anderen Arten durch das kurze Postabdomen. Die Körperoberfläche wird oft mit Schlamm oder parasitischen Infusorien oder Algen verunreinigt.

44. Moina micrura, Kurz. — Der kleine Wasserfloh. — Perloočka malá.

1874. Moina micrura, Kurz: Dodekas neuer Cladoc. p. 7, Tab. I., Fig. 1.

Fig. 23.

Moina micrura, Kurz. — Postabdomen.

Der Körper ist sehr klein, durchsichtig, farblos, zwischen Kopf und Thorax tief eingeschnürt. Der Kopf ist niedrig, nach vorn gestreckt, oberhalb des Auges kaum eingedrückt, am Rücken stark abgeflacht. Die Stirn ist abgerundet und ragt deutlich hervor. Die untere Kopfkante ist hinten ausgebuchtet.

Das Auge, vorne dem Stirnrande genähert, enthält zahlreiche und dicht gedrängte Krystalllinsen, welche aus dem reichen Pigment deutlich hervortreten. Die zwei kurzen Tastantennen, von der Mitte der unteren Kopfkante entspringend, haben eine spindelförmige Gestalt, und tragen in der Mitte nur eine Seitenborste. Ihre Oberfläche ist mit langen Haaren besäet. Die Ruderantennen, den hinteren Schalenrand kaum erreichend, sind blos fein behaart und von derselben Beschaffenheit wie bei vorigen Arten.

Die Schale, bei Jungen kaum breiter als der Kopf, ist viereckig, nach hinten verjüngt. Der Oberrand ist bei den erwachsenen Weibchen, welche Sommereier tragen, viel stärker gewölbt als der Unterrand, der der ganzen Länge nach mit kurzen und weit abstehenden Dornen besetzt und hinter diesen noch fein gezähnt ist. Der stachelartig verlängerte und zugespitzte obere Schalenwinkel steht fast in der Medianlinie des Körpers.

Das Postabdomen ist sehr klein und trägt jederseits des kurzen Endtheiles 5—6 kurze, befiederte Dornen. Der Doppelzahn ist sehr schlank und ziemlich lang. Die Postabdominalkrallen zeichnen sich durch ihre Kürze aus, sind ungezähnt und tragen einen hohen Nebenkamm, der etwa sechs Zähne zählt. Der obere Basaldorn ist einfach. Die Schwanzborsten sind länger als bei allen übrigen Arten dieser Gattung.

Länge: 0·58—0·61 $^{m.\,m.}$.

In der Mitte der Teiche selten.

Ich fand diese Art in der Elbebucht Skupice bei Poděbrad. Kurz traf sie an einer einzigen Stelle in einem Mühlteich bei Maleschau, unweit von Kuttenberg.

IV. Fam. Bosminidae, Sars.

Bosminidae, Norman.

Der Körper ist klein, rundlich, ohne Impression zwischen Kopf und Thorax. Der Kopf, vom Kopfschilde eng umhüllt, bildet unten einen abgerundeten Schnabel. Das Auge hat zahlreiche Krystalllinsen und ist beweglich. Der schwarze Pigmentfleck fehlt. Die Tastantennen sind beim Weibchen unbeweglich, beim Männchen beweglich und aus mehreren Gliedern zusammengestellt. Die Ruderantennen sind zweiästig; der äussere Ast ist vier-, der innere dreigliedrig. Beine sind sechs Paare vorhanden, welche in gleichen Abständen von einander entfernt stehen. Das sechste Paar ist stets verkümmert. Die ersten zwei Fusspaare sind als Greiffüsse, die hinteren als Branchialfüsse eingerichtet. Der Darm ist ohne Schlinge und ohne Blindsäcke. Das Herz ist oval. Diese Familie zählt nur eine Gattung.

9. Gattung Bosmina, Baird.

Eunica, Koch, Liévin.

Der Körper ist klein, rundlich, durchsichtig, ohne Impression zwischen Kopf und Thorax. Der niedrige, nach unten geneigte Kopf verlängert sich unten in einen conischen, an der Spitze breit abgerundeten Schnabel, der an der vorderen Kante jederseits mit einer kurzen, zugespitzten Borste versehen ist. Der Fornix ist sehr schwach entwickelt und verliert sich allmälig erst vor der Schnabelspitze, durch eine bogenförmige Leiste angedeutet. Von oben gesehen erscheint der Kopf ziemlich niedrig, überall gleichmässig abgerundet wie bei der Gatt. Chydorus.

Das bewegliche, mit zahlreichen Krystalllinsen versehene Auge liegt etwa in der Medianlinie des Körpers, dem gewölbten Stirnrande genähert. Der schwarze Pigmentfleck fehlt. Die Tastantennen, beim Weibchen mit dem Schnabel fest verwachsen, beim Männchen beweglich, bestehen aus zwei gesonderten Theilen. Der Basaltheil ist gerade nach unten gerichtet, am Ende der inneren Kante mit einem breiten, dreieckigen Zahne ausgerüstet, unter dem die Riechstäbchen hervorragen. Der Endtheil, gegen das Ende verschmälert, biegt sich mehr oder weniger nach hinten und ist aus mehreren Gliedern zusammengesetzt. Die Ruderantennen sind sehr kurz, zweiästig. Der äussere, viergliedrige Ast trägt 3—4, der innere dreigliedrige fünf Ruderborsten.

Die Schale, den Leib vollständig einschliessend, ist herzförmig, hinten abgestutzt. Ihr Unterrand vorne stets lang behaart, geht hinten in der Regel in einen Stachel aus. Die Schalenoberfläche ist entweder glatt, reticulirt oder gestreift.

Beine sind sechs Paare vorhanden, von denen die zwei ersten als Greiffüsse, die übrigen als Branchialfüsse eingerichtet sind. Das sechste Paar ist stets verkümmert in Form eines einfachen kurzen Fortsatzes. Das Abdomen entbehrt der Fortsätze am Rücken, und der Brutraum wird nur durch das Anschmiegen des oberen Schalenrandes an den Leib bewirkt. Der Darm hat keine Blindsäcke; sein Verlauf ist einfach, ungeschlingelt. Das Postabdomen ist klein, vorne, wo der After mündet, gerade abgestutzt. Die Krallen stehen auf einem cylindrischen Fortsatze des Postabdomens. Die Schwanzborsten sind kurz.

Beim Männchen sind die Tastantennen beweglich. Das erste Fusspaar trägt auch den stark gekrümmten Hacken und die lange Geissel. Die Hodenausführungsgänge münden unter den Krallen in dem Krallenfortsatze.

Diese Gattung zählt vorläufig 19 Arten, von denen nur 5 der Fauna Böhmens angehören.

Die Schale reticulirt oder glatt.

* Die Tastantennen hackenförmig gekrümmt.   1. cornuta.

* Die Tastantennen gebogen.
** Der Krallenfortsatz bedornt.   2. l o n g i r o s t r i s.
** Der Krallenfortsatz unbedornt.
*** Der Endtheil der Tastantennen lang, mindestens aus 10 Gliedern
     zusammengesetzt.   3. l o n g i c o r n i s.
*** Der Endtheil kurz, aus 7 Gliedern zusammengesetzt.
                                                    4. b r e v i c o r n i s.
Die Schale gestreift. Die Tastantennen lang.   5. b o h e m i c a.

45. Bosmina cornuta, Jurine. — Der krummhornige Rüsselkrebs. — Chobotnatka křivorohá.

1820. Monoculus cornutus, Jurine: Hist. de Monoc. p. 142, Tab. XIV., Fig. 8—10.
1862. Bosmina cornuta, Sars: Om de i Christiania iagtt. Cladoc. p. 280.
1866. Bosmina cornuta, Schoedler: Cladoc. des frischen Haffs p. 49.
1868. Bosmina cornuta, P. E. Müller: Danmarks Cladoc. p. 147, Tab. II., Fig. 12; Tab. IH., Fig. 10.
1874. Bosmina cornuta, Kurz: Dodek. neuer Cladoc. p. 23.

Der Körper ist klein, kugelig, durchsichtig, farblos. Der hohe Kopf ist unter der Stirn, welche etwas hervorragt, leicht ausgebuchtet; der Schnabel lang. Die Stirnborste steht etwa in der Mitte zwischen dem Auge und der Schnabelspitze.

Das Auge ist gross und hat zahlreiche, wenig aus dem Pigment hervorragende Krystalllinsen. Es liegt dem Stirnrande gepresst und von der Schnabelspitze wie vom vorderen Schalenrand in gleichem Abstand entfernt. Der ziemlich lange Endtheil der Tastantennen ist besonders bei erwachsenen Weibchen rückwärts hackenförmig gekrümmt und aus 10—11 kurzen Gliedern zusammengesetzt. Die Riechstäbchen sind nicht geknöpft. Die Ruderantennen, die Schnabelspitze erreichend, haben an der Basis nur eine Leydigische Tastborste. Der dreigliedrige Ast derselben ist mit 5, der viergliedrige mit nur drei Ruderborsten und mit einem Dorn an den Endgliedern der Aeste versehen. Die Schale ist sehr hoch; ihre grösste Höhe liegt vor der Mitte der Schalenlänge. Die Rückenkante, mit der Kopfkante gleichmässig gewölbt, geht hinten unter einem stumpfen Winkel in den geraden Hinterrand über. Der Stachel ist kurz, abwärts gekehrt; der Unterrand bauchig und vorne mit sehr langen Haaren spärlich besetzt. Die Schalenreticulation tritt deutlich hervor und besteht aus sechseckigen Feldchen.

Den hinteren Rückentheil des Abdomens zieren einige Querreihen von feinen Haarchen. Das Postabdomen ist kurz, breit, vorne abgestutzt und tief ausgerandet. Der untere Winkel trägt zwei kleine Dornen. Die Schwanzkrallen sind blos fein gezähnt. Die Schwanzborsten sind sehr kurz.

Länge: 0·4—0·54 $^{m.\ m.}$; Höhe: 0·3—0·44 $^{m.\ m.}$.

Das Ephippium ist von horngelber Farbe.

In klaren Gewässern überall häufig.

Ich traf sie in grosser Menge in der Schlägelgrube des Rosenberger Teiches. Sie kommt auch in allen Wittingauer Teichen vereinzelt vor; dann bei Prag, Key, Počernitz, Poděbrad, Přelouč, Žiželitz, Dymokur, Turnau, Nimburg, Franzensbad, Frauenberg u. s. w.

46. Bosmina longirostris, O. Fr. Müller. — Der langdornige Rüsselkrebs. — Chobotnatka dlouhotrná.

1785. Lynceus longirostris, O. Fr. Müller: Entom. p. 76, Tab. X., Fig. 7—8.
1818. Eunica longirostris, Liévin: Branch. der Danziger Gegend. p. 37, Tab. VII., Fig. 8—11.

1860. Bosmina longirostris, Leydig: Naturg. der Daphn. p. 205, Tab. VIII., Fig. 60.
1861. Bosmina longirostris, Sars: Om de i Christian. Omegn. iagtt. Clad. p. 153.
1866. Bosmina longirostris, Schoedler: Clad. des frischen Haffs p. 45.
1867. Bosmina longirostris, Norman und Brady: Mon. of the brit. Entom. p. 6. Tab. XXII., Fig. 4.
1868. Bosmina longirostris, P. E. Müller: Danmarks Cladoc. pag. 146, Tab. III., Fig. 8—9.
1870. Bosmina longirostris, Lund: Bidrag til Cladoc. Morph. og System. pag. 164, Tab. IX., Fig. 11—15.
1872. Bosmina longirostris, Frič: Krustenth. Böhmens. p. 22., Fig. 43.
1874. Bosmina longirostris, Kurz: Dodekas neuer Cladoc. p. 23.

Der Körper ist länglich eiförmig, durchsichtig, farblos. Die grösste Höhe liegt in der Mitte des Körpers. Der Kopf ist hoch, der Schnabel kurz. Die Stirn stark gewölbt, vorragend. Die Stirnborste entspringt nahe der Schnabelspitze, vom Auge weit entfernt.

Das grosse, dem Stirnrande genäherte Auge liegt von dem vorderen Schalenrande weiter entfernt als von der Schnabelspitze. Der Stamm der Tastantennen ist lang, der Endtheil 11—12gliedrig, ebenfalls lang und nach hinten gebogen. Die Ruderantennen sind länger als bei B. cornuta und überragen den Schnabel. Der äussere viergliedrige Ast ist mit vier, der innere dreigliedrige mit fünf Ruderborsten ausgerüstet.

Der obere Schalenrand ist mit dem Kopfrande gleichmässig stark gewölbt, der Hinterrand sehr kurz, gerade, der Unterrand bauchig und vorne lang behaart. Der gerade Schalenstachel ist sehr kurz und nach hinten gekehrt. Die Reticulation an der Schalenoberfläche verhält sich ebenso wie bei der vorigen Art und ist deutlich ausgeprägt. Das Abdomen ist am Rücken kaum behaart.

Das kurze Postabdomen ist an der vorderen abgestutzten Kante nicht ausgerandet und am unteren Eck unbedornt. Der Krallenfortsatz ist stärker und die Krallen feiner gezähnt. Die Schwanzborsten sind kurz.

Länge: 0·31—0·35 m. m.; Höhe: 0·22—0·25 m. m.

In klaren Gewässern häufig.

Ich fand sie in den Teichen bei Frauenberg, Wittingau, Lomnitz, Prag, Dymokur und Turnau, jedoch nie in so grosser Menge wie B. cornuta.

47. Bosmina longicornis, Schoedler. — Der langhornige Rüsselkrebs. — Chobotnatka dlouhorohá.

1866. Bosmina longicornis, Schoedler: Clad. des frischen Haffs. p. 42, Tab. H., Fig. 10—11.

Der Körper ist klein, durchsichtig, farblos. Der Kopf ist niedrig, vorne gleichmässig abgerundet, ohne vorragender Stirn. Die Stirnborste steht in der Mitte zwischen dem Auge und der Schnabelspitze. Der Schnabel ist mässig lang und abgerundet.

Aus dem Auge treten die Krystalllinsen weniger deutlich hervor. Dasselbe liegt dem Stirnrande blos genähert, von der Schnabelspitze und vom vorderen Schalenrande in gleichem Abstand entfernt. Die Tastantennen von mässiger Länge haben einen sehr kurzen Stamm. Der Endtheil derselben ist 10—11gliedrig, lang, fast gerade und nach hinten geneigt. Die geknöpften Riechstäbchen ragen ebenso wie bei den vorigen Arten unter dem dreieckigen Zipfel hervor. Die Ruderantennen sind bedeutend länger als der Schnabel. Der viergliedrige Ast trägt vier, der dreigliedrige 5 Ruderborsten.

Die Schale ist sehr hoch, vor der Mitte am höchsten und structurlos. Der Oberrand ist sehr hoch gewölbt, der Hinterrand kurz, gerade. Der freie, weniger gewölbte Unterrand ist vorne lang und spärlich behaart. Der Schalenstachel ist lang, an der Unterkante gezähnt und schräg abwärts gerichtet.

Die vordere abgestutzte Kante des Postabdomens ist gerade, der Krallenfortsatz lang unbedornt. Die fein gestrichelten Schwauzkrallen tragen an der Basis einige grössere Nebendornen.

Länge: 0·36 ᵐ· ᵐ·, Höhe: 0·29 ᵐ· ᵐ·.

In klaren Gewässern selten.

Hr. Novák fand diese niedliche Art zahlreich vertreten in einer Pfütze bei Krottensee.

Sie ist mit B. longirostris sehr nahe verwandt, von der sie sich leicht durch den Bau der Tastantennen und durch die Bewehrung der Schwauzkrallen unterscheiden lässt.

48. Bosmina brevicornis, n. sp. — Der kurzhornige Rüsselkrebs. — Chobotnatka krátkorohá.

1874. Bosmina brevirostris, Hellich: Cladocerenfauna Böhmens. p. 15.

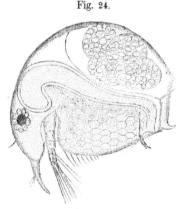

Fig. 24.

Bosmina brevicornis n. sp.

Der Körper ist gross, durchsichtig und blass grünlich gefärbt. Der Kopf ist sehr niedrig, breit, vorne gleichmässig abgerundet, ohne hervorragender Stirn. Die Stirnborste sitzt dem Auge näher als der Schnabelspitze. Der Schnabel ist kurz und eng. Das Auge, welches sehr grosse und deutlich aus dem Pigment hervortretende Krystalllinsen hat, liegt dem Stirnrande gepresst und von der Schnabelspitze und dem vorderen Schalenrande gleich entfernt. Die Tastantennen sind sehr kurz, leicht gebogen und nach hinten gekehrt. Der Endtheil derselben, mit dem Basaltheile von gleicher Länge weist nur sieben verschmolzene Glieder aus. Die Ruderantennen sind kurz und überragen wenig die Schnabelspitze. Der 4gliedrige Ast derselben trägt drei, der 3gliedrige fünf Ruderborsten. Die Schale ist höher als lang und an der Oberfläche deutlich gross, sechseckig reticulirt. Der Oberrand ist mit dem Kopfrande gleichmässig und stark gewölbt, der Hinterrand kurz, gerade. Vorn am unteren leicht gebogenen Unterrande sitzen acht lange Borsten, welche nach hinten an Grösse abnehmen. Der Stachel ist sehr kurz und aufwärts gekrümmt.

Das Postabdomen ist gross, unbedornt, an der vorderen Kante leicht ausgerandet. Die Schwanzkrallen sind nur fein gestrichelt.

Länge: 0·55 ᵐ· ᵐ·; Höhe: 0·44 ᵐ· ᵐ·.

In klaren Gewässern selten.

Diese riesige Art traf H. Novák in einer Pfütze bei Krottensee in Gesellschaft mit B. longicornis.

Ich habe diese Art mit der Müllerischen Art B. brevirostris für identisch gehalten, jedoch bei näherer Vergleichung kam ich zu der Ueberzeugung, dass diese zwei ganz verschiedene Arten sind. Bei B. brevirostris P. E. Müller ragt die Stirn bedeutend hervor. Der Schalenstachel ist länger und gezähnt. Die Schwanzkrallen tragen an der Basis sieben Nebendornen, während bei unserer Art die Krallen nur fein gestrichelt sind. Mit B. brevirostris Müller ist aller Wahrscheinlichkeit nach auch B. obtusirostris Sars identisch. Die Grösse ist bei allen drei Arten ziemlich dieselbe.

49. **Bosmina bohemica, n. sp. — Der böhmische Rüsselkrebs. —**
Chobotnatka česká.

1872. Bosmina longispina, Frič: Krustenthiere Böhmens. p. 223.

Der Körper ist gross, schlank, äusserst durchsichtig, farblos. Der Kopf ist hoch, vorne gleichmässig abgerundet, ohne vorragender Stirn. Die Stirnborste steht der Schnabelspitze weit näher als dem Auge. Der Schnabel ist kurz, breit, abgerundet.

Das Auge, von dem Stirnrande entfernt und mit deutlich aus dem Pigment hervortretenden Krystalllinsen umgeben, liegt von der Schnabelspitze und dem vorderen Schalenrande in gleichem Abstand entfernt. Die Tastantennen sind sehr lang, stark nach hinten gebogen. Der Endtheil derselben ist 16—17gliedrig und reicht mit seiner Spitze hinter die Mitte der Schalenlänge. Der dreieckige Dorn, unter dem die Riechstäbchen entspringen, ist gross und scharf zugespitzt. Die Ruderantennen sind ebenfalls sehr lang, das Ende des Tastantennenstammes erreichend. Der viergliedrige Ast besitzt vier, der dreigliedrige fünf Ruderborsten.

Die Schale ist ebenso hoch wie lang. Ihre grösste Höhe befindet sich vor der Mitte der Schalenlänge. Der Unterrand ist wie der Oberrand leicht gebogen, vorne behaart und vor dem Stachel ausgerandet. Dieser ist lang, schräg abwärts gerichtet und am äusseren Rande gezähnt. Der Kopf sowie die Schalenoberfläche sind besonders am Rücken der Länge nach deutlich gestreift und hinten unregelmässig gegittert.

Das Postabdomen ist gross, vorne abgestutzt und tief ausgerandet. Der untere Postabdominalwinkel ist behaart, der Krallenfortsatz lang, unbedornt. Die Schwanzkrallen tragen an der Basis sechs kurze Dornen. Die Schwanzborsten sind kurz.

Länge: 0·6 $^{m.\,m.}$; Höhe: 0·38 $^{m.\,m.}$.

In der Mitte der Seen selten.

Ich fand diese zierliche Art in der Mitte des schwarzen Sees bei Eisenstein in Gesellschaft mit Holopedium gibberum.

Bosm. longispina, Leydig weicht von unserer Art, mit der sie übrigens sehr nahe verwandt ist, wesentlich ab. Der Endtheil der Tastantennen bei jener — die Correctheit der Leydigischen Zeichnung vorausgesetzt — ist nur neungliedrig und kurzer. Die Ruderantennen sind mit sieben Borsten ausgerüstet, während unsere Art deren acht ausweist. Auch der Schalenstachel ist beträchtlich länger, als bei dieser Art der Fall ist.

V. Fam. Lyncodaphnidae, Sars.

Macrothricidae, Norman and Brady.

Lyncodaphninae, Kurz.

Der Körper ist plump gebaut mit oder ohne Impression zwischen Kopf und Thorax. Der nach vorn gestreckte, vom Kopfschilde eng umschlossene Kopf bildet einen vor- und abwärts gerichteten Schnabel.

Das Auge liegt in der Kopfhöhle dem Stirnrande genähert und besitzt wenig Krystalllinsen; der schwarze Pigmentfleck stets vorhanden, sitzt in der Schnabelspitze. Die langen Tastantennen sind an der Schnabelspitze eingelenkt und haben endständige Riechstäbchen. Die Ruderantennen sind robust, mit verschiedenen Dornen und Stacheln bewehrt und meist zum Kriechen eingerichtet. Der äussere, viergliedrige Ast ist mit 4—5, der innere, dreigliedrige mit fünf Ruderborsten versehen. Die Oberlippe trägt in der Regel einen abwärts gerichteten Fortsatz.

Beine sind 4—6 Paare vorhanden, welche in gleichen Abständen von einander entfernt stehen, von denen die zwei ersten in Greiffüsse, die übrigen in Branchialfüsse umgewandelt sind; das letzte Fusspaar ist stets verkümmert. Der Verlauf des Darmes ist einfach oder geschlingelt.

Das Postabdomen ist gross, zurückgeschlagen und an der Unterkante gezähnt oder mit Stacheln und Dornen bewehrt.

Das Herz hat eine ovale Form.

Diese Familie weist bis jetzt sieben Gattungen, von denen nur fünf in Böhmen vertreten sind.

Die Ruderantennen mit zehn Ruderborsten. Vier Paar Beine. 1. L a t h o n u r a.
Die Ruderantennen mit neun oder acht Ruderborsten.
   * Fünf Paar Beine.
   ** Der viergliedrige Ast mit vier Ruderborsten.
   **° Der Darm einfach.   2. M a c r o t h r i x.
   *** Der Darm geschlingelt und vorn mit zwei kurzen Blindsäcken.
                                             3. S t r e b l o c e r u s.
   ** Der viergliedrige Ast mit nur drei Ruderborsten.   D r e p a n o t h r i x.*)
   * Sechs Paar Beine. Der viergliedrige Ast mit drei Ruderborsten.
   ** Die Oberlippe mit Anhang.
   *** Der Lippenanhang cylindrisch.   4. A c a t h o l e b e r i s.
   *** Der Lippenanhang lamellös.   5. I l y o c r y p t u s.
   ** Die Oberlippe ohne Anhang. Die Schale geht hinten in einen Stachel aus.
                                         O p h r y o x u s.**)

10. Gattung **Lathonura.** Liljeborg.

P a s i t h e a, Koch, Lievin, Leydig.

L a t h o n u r a, Liljeborg, Sars, Schoedler, P. E. Müller, Lund.

Der Körper ist länglich eiförmig, hinten erweitert, zwischen Kopf und Thorax leicht eingedrückt. Der Kopf ist niedrig, breit, unten einen stumpfen, kaum vorragenden Schnabel bildend. Der Fornix ist sehr schwach entwickelt. Die Fornixlinie beschreibt einen grossen Bogen und endet in der Schnabelspitze. Die Schalensutur ist sehr kurz und steigt senkrecht hinauf.

Das Auge ist gross, der schwarze Pigmentfleck klein. Die Tastantennen, von der Schnabelspitze entspringend, sind cylindrisch, lang und mit Seitenborsten versehen. Die Ruderantennen sind kurz und auf beiden Aesten mit fünf gleich grossen Borsten ausgerüstet. Die Oberlippe, gegen den Kopf durch einen tiefen Einschnitt abgesetzt, breitet sich unten in eine dreieckige, zugespitzte Platte aus.

Die Schale hat eine länglich eiförmige Gestalt. Am hinteren, etwas erweiterten Ende geht die Schale in eine kurze Spitze aus. Der Unterrand ist fast gerade und mit kurzen, plattgedrückten, lanzetförmigen Borsten dicht besetzt. Die Schalenoberfläche ist structurlos.

Vier Paar Beine. Der Darm ist einfach, nicht geschlingelt und ohne Blindsäcke. Der After liegt gleich unter den Schwanzkrallen. Das Postabdomen ist klein, unten leicht gebogen und geht nach hinten in einen grossen conischen Fortsatz aus, auf dem die Schwanzborsten sitzen. Diese sind sehr lang, eingliedrig. Die Schwanzkrallen sind gross, einfach und hackenförmig nach hinten gebogen.

Das Männchen ist unbekannt.

Bis jetzt sind nur zwei Arten bekannt.

---

  *) D r e p h a n o t h r i x dentata, Euren: 0·5 ᵐ· ᵐ·. Norwegen, Dänemark und England.
 **) O p h r y o x u s g r a c i l i s, Sars. 1·5 ᵐ· ᵐ·. Norwegen.

50. Lathonura rectirostris, O. Fr. Müller. — Der schöne Lappenkrebs. — Plátkovec krásný.

1775. Daphnia rectirostris, O. F. Müller: Entom. p. 92. Tab. XII, Fig. 1—3.
1835. Pasithea rectirostris, Koch: Deutschl. Crustac. H. 35, Tab. XXIV.
1848. Pasithea rectirostris, Liévin: Branchiop. der Danziger Geg. p. 42, Tab. XI., Fig. 1—3.
1848. Daphnia mystacina, Fischer: Ueber in der Umg. von St. Petersburg vorkom.
     Crust. p. 174, Tab. IV., Fig. 1—8.
1853. Lathonura rectirostris, Liljeborg: Der Crust. in Scania ocurrent. p. 57., Tab. IV.,
     Fig. 8—11; Tab. V., Fig. 2; Tab. XXIII., Fig. 12—13.
1859. Lathonura spinosa, Schoedler: Branch. p. 27, Fig. 10.
1860. Pasithea rectirostris Leydig: Naturg. der Daphn. p. 200.
1867. Lathonura rectirostris, Norman and Brady: Monogr. of the brit. Entom. p. 14,
     Tab. XXIII., Fig. 8—12.
1868. Lathonura rectirostris, P. E. Müller: Danmarks Cladoc. p. 139.
1870. Lathonura rectirostris, Lund: Bidrag til Cladoc. Morph. og System. p. 155, Tab.
     IX., Fig 1—4.

Der Körper ist länglich eiförmig, hinten breit, durchsichtig und blass horngelb gefärbt. Der Kopf ebenso breit wie die Schale und von dieser durch eine seichte Einkerbung getrennt, ist hoch, vorne stark gewölbt, mit kaum vorragender Stirn. Der Schnabel ist sehr kurz, stumpf und steht etwa in der Mitte der unteren Kopfkante, von dem Lippenanhang weit überragt.

Das grosse Auge zählt viele Krystalllinsen und liegt vorn in der Kopfhöhle, dem Stirnrande genähert. Der schwarze Fleck ist sehr klein, in der Schnabelspitze postirt. Die Tastantennen sind lang, cylindrisch und an der Oberfläche in Querreihen kurz bedornt. Sie. besitzen zwei Seitenborsten, welche von einander entfernt stehen. Die Riechstäbchen sind kurz, einfach. Die Ruderantennen tragen an der geringelten Basis einen starken Dorn. Ein ähnlicher jedoch kleinerer Dorn sitzt auch am Ende des ersten und letzten Gliedes des dreigliedrigen und des letzten des viergliedrigen Astes. Alle Ruderborsten sind behaart und von gleicher Länge. Der Lippenanhang von der unteren Kopfkante tief eingeschnürt, stellt eine breite dreieckige Platte mit scharfem Hinterwinkel dar.

Der untere Schalenrand ist fast gerade, vorne zum Theil mit starren, breiten und lancetförmigen Borsten dicht besetzt und hinten fein gezähnt. An der Oberfläche ist die Schale glatt, structurlos.

Das Postabdomen, am Rücken von dem Abdomen durch einen tiefen Ausschnitt gesondert, ist kurz, unten sägeartig gezähnt. Die Schwanzkrallen sind stark, kurz, hackenförmig nach hinten gekrümmt. Hinten verlängert sich das Postabdomen in einen conischen Höcker, von dem die sehr langen, geschlingelten und spärlich behaarten Schwanzborsten entspringen.

Länge: 0·85 m. m.

In klaren stillen Gewässern selten.

Ich traf diese Art nur in einem Exemplare in der schon öfters citirten Pfütze bei Turnau.

11. Gattung **Macrothrix**, Baird.

Der Körper ist länglich oval, zwischen Kopf und Thorax eingedrückt. Der Kopf ist niedrig, breit und hat eine annähernd dreieckige Gestalt, deren Spitze — der Schnabel — nach vorn oder nach unten zielt. Die obere Kopfkante ist stets mehr oder weniger gewölbt. Der Fornix ist schwach. Die Fornixlinie geht wie bei der vorigen Gattung bogenförmig bis zur Schnabelspitze. Auch die Schalensutur steigt senkrecht hinauf.

Das grosse, mit wenig Krystalllinsen versehene Auge, dem Stirnrande genähert, liegt nahe der Schnabelspitze, in welcher der kleine schwarze Pigmentfleck ·seinen Sitz hat. Die Tastantennen, an der Schnabelspitze beweglich eingelenkt, sind lang, nach hinten gebogen, seitlich comprimirt, blos mit Endriechstäbchen. Die Ruderantennen sind gross. Der äussere, 4gliedrige Ast ist mit vier, der innere 3gliedrige mit fünf Ruderborsten versehen, von denen jene, welche am ersten Gliede des 3gliedrigen Astes sitzt, die längste ist. Alle Ruderborsten sind 2gliedrig, am ersten Gliede theilweise bedornt. Die Oberlippe von der unteren Kopfkante durch eine Einschnürung getrennt, breitet sich auch in einen dreieckigen, seitlich comprimirten Anhang aus.

Die Schalenklappen sind beinahe dreieckig, hinten zugespitzt mit stark convexem Ober- und Unterrand. Der letztere ist immer behaart.

Beine sind 5 Paare vorhanden. Der Darm ist ungeschlingelt und ohne Blindsäcke. Der After liegt vorne am Postabdomen. Das Proabdomen trägt keine Dorsalfortsätze und ist vor dem Schwanze tief ausgeschnitten. Dieser ist gross, breit, unten bewaffnet. Die Krallen sind schlank, kaum gebogen, die Schwanzborsten ziemlich kurz, zweigliedrig.

Bis jetzt sind nur drei Arten bekannt, welche alle in Böhmen vorkommen.

Obere Schalenkante gesägt	1. laticornis.
Obere Schalenkante ungesägt.	
† Tastantennen lang behaart	2. hirsuticornis.
† Tastantennen kurz bedornt	3. rosea.

51. Macrothrix laticornis, Jurine. — Der ovale Lappenkrebs. — Plátkovec ovalní.

1820. Monoculus laticornis, Jurine: Histoir. des Monocl. p. 151, Tab. XV., Fig. 6—7.
1850. Macrothrix laticornis, Baird: Brit. Entom. p. 103, Tab. XV., Fig. 2.
1851. Daphnia curvirostris, Fischer: Ueber die in der Umg. von St. Petersburg vorkom. Crust. p. 184, Tab. VII., Fig. 7—10.
1853. Macrothrix laticornis, Liljeborg: De Crust. in Scania occur. p. 50, Tab III., Fig. 8—9.
1859. Macrothrix laticornis, Schoedler: Branch. p. 27.
1860. Macrothrix laticornis, Leydig: Naturg.· der Daphn. p. 193.
1867. Macrothrix laticornis, Norman and Brady: Mongr. of the brit. Entomostr. p. 9, Tab. XXIII., Fig. 4—5.
1868. Macrothrix laticornis, P. E. Müller: Danmarks Cladoc. p. 137, Tab. III., Fig. 5.
1870. Macrothrix laticornis, Lund: Bidrag til Cladoc..Morph. og System. p. 156. Tab. IX., Fig. 5—10.
1872. Macrothrix laticornis, Frič: Krustenth. Böhmens. p. 222. Fig. 42.
1874. Macrothrix laticornis, Kurz: Dodekas neuer Cladoc. p. 25.

Der Körper ist klein, durchsichtig, blass grünlich gefärbt. Der Kopf, oben mit dem oberen Schalenrande gleichmässig abgerundet und ohne Impression, ist ziemlich hoch, enger als die Schale und geht vorne in einen langen, an der Spitze abgestutzten Schnabel aus. Die obere Kopfkante ist wenig gewölbt, die untere concav.

Das Auge ist etwas von der nicht vorragenden Stirn entfernt. Der schwarze, kleine Pigmentfleck sitzt in der Schnabelspitze. Die langen, stark seitlich comprimirten Tastantennen erweitern sich allmälig gegen das freie, gerade Ende hin, wo sie am unteren Winkel abgestutzt sind. Die innere, gekerbte Kante derselben trägt kurze Dornen. Am Ende der grossen, am Grunde geringelten Ruderantennen-Basis sitzt ein starker Dorn. Das zweite, dritte und vierte Glied des viergliedrigen Astes und das dritte des dreigliedrigen ist auch je mit einem kleineren Dorn versehen. Die Ruderborsten sind behaart und an einer Seite des ersten Gliedes kurz bedornt. Der dreieckige, unten convexe Lippenanhang wird theilweise von den Schalenklappen bedeckt. Die Schale ist an der Oberfläche höckerig, ebenso hoch wie lang und hat eine dreieckige Gestalt. Die beiden stark gewölbten Schalenränder laufen hinten in eine kurze Spitze aus, welche in der Medianlinie des Körpers liegt. Der Oberrand ist sägeartig gezahnt, der Unterrand vorne gruppenweise mit ungleich langen Stacheln besetzt. In jeder Gruppe ragt ein grosser Stachel hervor. Die Schalenreticulation besteht aus regelmässigen, sechseckigen Polygonen, deren Mitte höckerartig sich erhebt.

Das Postabdomen ist breit, gross, abgerundet viereckig, unten bedornt. Die Dornen sind in Querreihen geordnet. Die Krallen zeichnen sich durch ihre Kürze aus. Die Schwanzborsten sitzen auf einem kleinen Höcker; sie sind äusserst zart und lang.

Grösse: 0·56—0·6 m. m.

In klaren Gewässern ziemlich selten.

Diese Art hält sich gerne am Grunde der Gewässer und wird meist einzeln selbst im Winter angetroffen. In grosser Menge traf Dr. Slavik dieses Thierchen in einer Pfütze längs der Strasse zwischen Ražic und Sudoměřitz in Gesellschaft mit A. Leydigii. Fundorte: Prag, Key, Počernitz, Poděbrad, Přelouč, Turnau, Žiželitz, Wittingau, Frauenberg etc.

52. Macrothrix hirsuticornis, Norman. — Der bewimperte Lappenkrebs.
— Plátkovec obrvený.

1867. Macrothrix hirsuticornis, Norman and Brady: A monogr. of the brit. Entom. pag. 10, Tab. XXIII., Fig. 6—7.

Der Körper ist klein, durchsichtig, farblos. Der Kopf von der Schale durch eine tiefe und breite Einkerbung geschieden, ist oben und vorne stark gewölbt, unten hinter dem Schnabel tief ausgeschnitten. Die Stirn ragt deutlich hervor.

Fig. 25.

Macrothrix hirsuticornis, Norman.
— Tastantenne.

Das Auge ist gross und enthält zahlreiche, grosse und aus dem schwarzen Pigment deutlich hervortretende Krystalllinsen. Es liegt dem Stirnrande gepresst und vor dem schwarzen Pigmentfleck, welcher weit grösser ist als bei M. laticornis. Die Tastantennen sind lang, keulenförmig, nach hinten gebogen und am Ende abgerundet. An den Rändern sind sie tief gekerbt und kranzartig mit langen Haaren besetzt. Die Riechstäbchen sind lang. Die beiden Ruderäste sind an den Aussenseiten mit einer Längsreihe von langen Haaren versehen. Das zweite und vierte Glied des viergliedrigen Astes und das letzte des dreigliedrigen trägt nebst den Ruderborsten noch einen Dorn. Von den drei Endborsten ist die äussere stets kürzer als die übrigen und am Ende des ersten Gliedes mit einem winzigen Zahne wie bei der Gattung Alona bewaffnet. Der Lippenanhang ist än der Spitze etwas abgerundet.

Die Schale ist glatt, kürzer als hoch und bildet hinten einen stumpfen, abgerundeten Winkel, welcher oberhalb der Medianlinie des Körpers liegt. Die obere Kante ist nicht gezähnt, die untere bis zum Hinterwinkel mit einfachen langen Haaren besetzt und zwischen diesen kurz bedornt.

Das Postabdomen ist auf dieselbe Weise geformt und bewehrt wie bei M. laticornis, nur sind die vorderen Dornen an der Unterkante grösser. Die Krallen sind länger und schlanker. Die Schwanzborsten entspringen unmittelbar vom Postabdomen und sind sehr lang, robust.

Länge: 0·55 m. m.; Höhe: 0·35 m. m.

In Teichen selten.

Ich traf dieses interessante Thierchen nur einmal im Kaňov-Teiche bei Wittingau.

53. Macrothrix rosea, Jurine. — Der röthliche Lappenkrebs. — Plátkovec růžový.

1820. Monoculus roseus, Jurine: Hist. des Monocl. p. 151, Tab. XV., Fig. 4—5.
1850. Macrothrix roseus, Baird: Brit. Entom. p. 104.
1853. Macrothrix rosea, Lilljeborg: De Crust. in Scania occurren. p. 47, Tab. IV., Fig. 1—2; Tab. V., Fig. 1.
1860. Macrothrix roseus, Leydig: Naturg. der Daphn. 192.
1867. Macrothrix rosea, Norman and Brady: Mon. of the brit. Entom. p. 11, Tab. XXIII., Fig. 1—3.
1868. Macrothrix rosea, P. E. Müller: Danmarks Cladoc. p. 136, Tab. III., Fig. 1—3.
1874. Macrothrix tenuicornis, Kurz: Dodek. neuer Cladoc. p. 26, Tab. III., Fig. 1.

Fig. 26.

Macrothrix rosea, Jurine. — Tastantenne.

Der Körper ist gross, röthlich oder blassgelb gefärbt. Der Kopf von der Schale nicht gesondert, ist oben bis zur Stirn, welche deutlich hervorragt, stark gewölbt, unter dieser leicht concav und hinter dem Schnabel tief ausgebuchtet. Der Schnabel ist ziemlich lang und fein zugespitzt. Das grosse Auge enthält wenig Krystalllinsen und liegt nahe dem Stirnrande etwa in derselben Linie mit dem schwarzen Pigmentfleck. Die Tastantennen sind fast cylindrisch, lang, nach hinten gebogen, an der Basis der inneren Kante mit einem kleinen Höcker versehen. Ihre Oberfläche ist ringförmig gekerbt und mit kurzen Dornenkränzchen geziert. Das freie Ende ist nach innen schräg abgestutzt. Die Riechstäbchen sind ungleich lang. Der Lippenanhang, von dem unteren Kopfrande durch einen tiefen Einschnitt getrennt, ist sehr gross, und bildet hinten einen scharfen Winkel.

Die Schale ist höher als lang, an der Oberfläche glatt und 6eckig gefeldert. Der obere Schalenrand ist unbezahnt, der untere fein gesägt und vorne auf dieselbe Weise behaart wie bei M. laticornis. Der hintere Schalenwinkel ist stachelartig ausgezogen und zugespitzt.

Das ziemlich grosse Postabdomen erweitert sich hinten in einen grossen, abgerundeten Höcker, dem die langen, behaarten Schwanzborsten aufsitzen. Die untere Postabdominalkante ist vorne schwach ausgerandet und mit kurzen Stacheln, welche in Querreihen geordnet nach hinten etwas an Grösse zunehmen, bewehrt. Die Schwanzkrallen sind klein und einfach.

Länge: 0·9 m. m.; Höhe: 0·6 m. m.

In Teichen sehr selten.

Ich fand diese Art nur in wenigen Exemplaren in einem Tümpel bei Turnau und im Hladov-Teiche bei Lomnitz. Kurz traf sie in einem Teiche bei Sopoty östlich von Chotěboř.

12. Gattung **Streblocerus**, Sars.

Daphnia, Fischer.

Der Körper ist klein, rundlich, zwischen Kopf und Thorax mit einer seichten Einkerbung versehen. Der Kopf, von der Seite betrachtet, hat eine annähernd dreieckige Gestalt und ist breit, niedrig. Vorne geht derselbe in einen kurzen, vor- und abwärts gerichteten Schnabel aus, von dem die Tastantennen herabhängen. Der Fornix wölbt sich hoch über der Ruderantennenbasis und verliert sich mittelst einer bogenförmigen, erhabenen Linie erst in der Schnabelspitze.

Das Auge ist klein, liegt etwa in der Medianlinie des Körpers und enthält zahlreiche Krystalllinsen. Der schwarze Pigmentfleck sitzt in der Schnabelspitze. Die Tastantennen sind wenig plattgedrückt und spiralförmig nach aussen und hinten gebogen. Die Riechstäbchen ragen aus dem freien Ende derselben hervor. Die Ruderantennen sind stark, robust. Der am Grunde deutlich geringelte und breite Stamm theilt sich in zwei Aeste, von denen der äussere 3gliedrige fünf, der innere 4gliedrige 4 zweigliedrige behaarte Borsten ausweist. Die dem ersten Gliede des 3gliedrigen Astes aufsitzende Ruderborste ist die längste. Die Oberlippe breitet sich nach unten in eine dreieckige Lamelle, welche von den Schalenklappen unbedeckt bleibt.

Die Schale bildet hinten einen kurzen, zugespitzten Stachel. Der freie Unterrand ist bedornt. Die Schalenoberfläche ist sechseckig gefeldert.

Fünf Paar Beine. Der Darm erweitert sich vorne in zwei kurze Blindsäcke und bildet vor dem After, der unten in der Mitte des Postabdomens mündet, eine grosse Schlinge. Das Postabdomen ist gross, seitlich stark comprimirt und ohne Höcker. Sein Unterrand ist in der Mitte ausgebuchtet und gezähnt. Die Schwanzkrallen sind klein; die Schwanzborsten kurz, zweigliedrig.

Beim Männchen ist das erste Fusspaar blos mit einem Hacken versehen.

54. Streblocerus serricaudatus, Fischer. — Der gesägte Lappenkrebs. — Plátkovec zoubkovaný.

1849. Daphnia laticornis-serricaudata, Fischer: Abhandl. über eine neue Daph. p. 45, Tab. IV., Fig. 2—8.
1862. Streblocerus minutus, Sars: Om de i Christian. iagttag. Cladoc. Andet Bidr. pag. 284.

Fig. 27.

Fig. 28.

Streblocerus serricaudatus, Fisch. — Weibchen. a_i Tastantenne. a_2 Ruderantenne. la Lippenanhang.

Fig. 29.

Die untere Kopfseite von demselben Thiere. r Schnabel. la Lippenanhang. a_1 Tastantenne. as Riechstäbchen.

Postabdomen von demselben Thiere.

Der Körper ist klein, punktförmig, wenig durchsichtig und grauweiss gefärbt. Der Kopf von der Schale durch eine seichte Ausbuchtung gesondert, ist oben und vorne gleichmässig stark gewölbt, ohne hervorragende Stirn. Der Schnabel ist stumpf. Die untere sehr kurze Kopfkante geht ohne jede Abgränzung in den Lippenkamm über. Von oben gesehen sieht der Kopf enger als die Schale aus und ist an dem Scheitel breit abgerundet.

Das kleine Auge ist pigmentarm und hat zahlreiche, an einander gedrängte Krystalllinsen. Der schwarze Pigmentfleck ist sehr klein. Die Tastantennen stellen eine schmale, ziemlich lange, am Grunde buckelartig erweiterte, auswärts spiral förmig eingerollte und zugleich nach hinten gebogene Lamelle dar, welche am äusseren Rande mit kurzen Dornen geziert ist. Diese Dornen nehmen gegen das freie Ende der Tastantennen an Grösse zu und sind in sechs Querreihen gestellt. Von dem abgestutzten Ende entspringen

5*

6—8 lange Riechstäbchen. Der Stamm der Ruderantennen ist am Grunde sehr breit geringelt und verjüngt sich allmälig gegen das Ende. Die erste Ruderborste des dreigliedrigen Astes, welche auf dem ersten Gliede sitzt, übertrifft die übrigen an Grösse und ist ebenso, wie alle Ruderborsten, nur fein behaart.

Die Schale hat eine annähernd rundliche Gestalt und ist etwas höher als lang. Die Oberfläche ist uneben und deutlich reticulirt. Die Reticulation besteht aus kleinen, regelmässigen, 6eckigen Feldchen. Der obere Schalenrand ist stark convex, der untere bauchig, eckig, der ganzen Länge nach ausgezackt und mit starren, unbeweglichen, kurzen Stacheln bewehrt. Der Schalenstachel ist kurz, fein zugespitzt und steht etwas oberhalb der Medianlinie des Körpers.

Das Abdomen entbehrt der Fortsätze, welche zum Verschluss des Brutraumes dienen. Das Postabdomen ist gross, breit, gegen das Ende plötzlich verjüngt. Der Unterrand ist vor der Mitte, wo die Afterspalte liegt, tief eingeschnürt; hinter dieser Einschnürung bis zu den Schwanzborsten hoch bogenförmig gekrümmt und tief sägeartig ausgeschnitten. Vor der Einschnürung stehen nur 4—5 einfache Dornen. Die Krallen sind kurz, robust und fein gezähnt.

Länge: 0·34—0·4 $^{m. m.}$; Höhe: 0·31—34 $^{m. m.}$.

In sumpfigen Gewässern selten.

Sie lebt in torfigen Gruben bei Wittingau, Eisenstein; auch ist sie aus Russland und Norwegen bekannt.

13. Gattung **Acantholeberis**, Lilljeborg.

Daphnia O. Fr. Müller, Acanthocercus, Schoedler, Liévin, Leydig.
Acantholeberis, Lilljeborg, Schoedler, Norman, P. E. Müller, Lund.

Der Körper ist gross, von länglich ovaler Gestalt. Der Kopf von dreieckiger Gestalt ist gerade nach vorn gestreckt, mit dem stumpfen Schnabel etwas abwärts zielend. Der Fornix ist sehr schwach entwickelt.

Das Auge ist reich an Pigment und Krystalllinsen und liegt, von der Stirnkante entfernt, hinter dem schwarzen Pigmentfleck. Die lamellösen, gegen das Ende erweiterten Tastantennen tragen am abgestutzten Ende conische Riechstäbchen. Die Ruderantennen sind gross, stark, robust und bestehen aus einem Stamm und zwei Aesten. Der Stamm ist gross, conisch, an der Basis geringelt und an der Aussenseite mit kurzen Doppeldornen, welche in einer Längsreihe stehen, bewehrt. An der inneren Seite, nahe dem Ende derselben, steht noch ein starker Dorn. Der kürzere, dreigliedrige Ast trägt fünf, der längere, viergliedrige drei Ruderborsten. Die erste Borste des dreigliedrigen Astes übertrifft die übrigen an Grösse und Länge und ist an der äusseren Kante bedornt. Die Oberlippe ist unten mit einem langen, conischen, spitzigen und behaarten Zipfel versehen.

Die Schale, vom Kopf undeutlich gesondert, hat eine länglich viereckige, hinter breit abgestutzte Form. Der ganze freie Schalenrand ist lang behaart.

Sechs Paar Beine; das sechste rudimentär. Der Darm trägt keine Blindsäcke und bildet erst im Postabdomen eine grosse Schlinge. Die Afterspalte befindet sich gleich hinter den Schwanzkrallen. Das Postabdomen ist sehr gross, unten bedornt, die Schwanzkrallen klein, robust. Die Schwanzborsten entspringen unmittelbar von dem Postabdomen und zeichnen sich durch ihre Länge aus.

Die Hodenausführungsgänge beim Männchen münden vorne am Postabdomen zwischen den Krallen und der Afterspalte.

55. Acantholeberis curvirostris, O. Fr. Müller. — Der grosse Lappenkrebs.
— Plátkovec veliký.

1785. Daphnia curvirostris, O. Fr. Müller: Entom. p. 93, Tab. XIII., Fig. 1—2. .
1846. Acanthocercus rigidus, Schoedler: Ueber Acanth. rigidus. p. 301, Tab. XI. und XII.
1848. Acanthocercus rigidus, Liévin: Branch. der Danzig. Gegend. p. 33, Tab. VIII., Fig. 1—6.
1853. Acantholeberis curvirostris, Lilljeborg: De Crustac. in Scania occurr. p. 52, Tab. IV., Fig. 3—7; Tab. XIII., Fig. 10—11.
1859. Acantholeberis rigida, Schoedler: Branchiop. der Umg. v. Berlin. p. 27.
1860. Acantholeberis rigidus, Leydig: Naturg. d. Daphnid. p. 196.
1863. Acantholeberis curvirostris, Norman: On Acanth. p. 409, Tab. XI; Fig. 1—5,
1867. Acantholeberis curvirostris, Norman and Brady: Mongr. of the brit. Entom. p. 16.
1868. Acantholeberis curvirostris, P. E. Müller: Danmarks Cladoc. p. 152. Tab. III., Fig. 7.
1870. Acantholeberis curvirostris, Lund: Bidr. til Cladoc. Morph. og System. p. 163. Tab. VII., Fig. 5—12; Tab. VIII., Fig. 1.

Der Körper ist gross, länglich eiförmig, hinten abgestutzt und am Rücken erst in der Körpermitte seicht eingedrückt. Die Farbe ist blassgelb oder röthlich. Der Kopf ist gerade nach vorn gestreckt, dreieckig und um die Hälfte enger als die Schale. Der Oberrand ist mässig gewölbt, der Unterrand concav. Der Schnabel ist kurz, stumpf und vor- und abwärts gerichtet.

Das Auge liegt hinter dem kleinen, schwarzen Pigmentfleck und von der nicht vorspringenden Stirn entfernt. Es hat einen grossen Pigmentkörper und zahlreiche, dichtgedrängte Krystalllinsen. Die Tastantennen sind an der äusseren Kante mit kleinen Stacheln bewehrt und tragen am Ende 6—7 geknöpfte Riechstäbchen, welche an der Basis breit, gegen das Ende conisch zulaufen. Die beiden Endglieder der Ruderäste und das zweite Glied des 4gliedrigen Astes ist noch je mit einem langen Dorn ausgerüstet. Der behaart und reicht meist von der Schale gänzlich bedeckt.

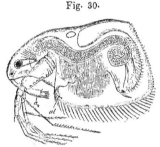

Fig. 30.

Acantholeberis curvirostris, O. Fr. M. — Weibchen. a_2 Antenne. al Lippenanhang.
(Die Borsten der Ruderäste sind hier falsch vertheilt.)

Lippenanhang ist lang, zugespitzt,

Die Schale ist viereckig, hinten schräg abgestutzt, mit abgerundeten Winkeln. Der freie Unterrand ist länger als der gerade Oberrand und mit langen, starren Borsten versehen, welche sich zum Theil bis auf den Hinterrand erstrecken. Die längsten Borsten befinden sich am Hinterrand. Die Schalenoberfläche ist glatt.

Das Postabdomen ist sehr gross, breit. Die Unterkante, am Rücken vom Proabdomen durch eine Einschnürung getrennt, beschreibt einen grossen Bogen; sie ist auch an der ganzen Ausdehnung ausgezackt und gruppenweise bedornt. Jede Gruppe besteht aus 3—4 Dornen, welche in Querreihen stehen. Die Schwanzkrallen sind kurz, stark, unten gezähnt und tragen an der Basis zwei kurze Nebendornen. Die Schwanzborsten sitzen auf einem kleinen Höcker und sind sehr lang, zweigliedrig, spärlich lang behaart. Länge: 1·4 m. m..

In sumpfigen Gewässern nicht selten.

Fundorte: Elbefall; Filzsee bei Ferchenhaid und bei Maader.

Bei sämmtlichen, von mir beobachteten Individuen war der hintere Schalenrand stets borstenfrei und mit kurzen, vor dem Ende eingeschnürten Auswüchsen besetzt, bei welchen ich nie ein Borstenbruchstück wahrgenommen habe.

14. Gattung **Ilyocryptus,** Sars.

Acanthocercus, Liévin, Leydig, Schoedler; Acantholeberis, Norman, Schoedler; Ilyocryptus, Sars, P. E. Müller, Lund, Kurz.

Der Körper ist klein, breit, oval, durchsichtig. Der Kopf von der Schale tief eingeschnürt, hat eine dreieckige, vorn zugespitzte Gestalt. Die untere gerade Kopfkante bildet hinten einen stumpfen Schnabel, der wie bei D a p h n i a dem vorderen Schalenrande nahe liegt. Der schwach entwickelte Fornix endet in der spitzigen Stirn.

Das Auge liegt vorne in der zugespitzten Stirn und ist klein, mit wenig Krystalllinsen versehen. Der schwarze Pigmentfleck sitzt hinter dem Auge in der Schnabelspitze. Die Tastantennen. aus der Schnabeispitze entspringend, sind ziemlich kurz, cylindrisch und haben 8—9 Endriechstäbchen, von denen zwei die übrigen an Länge übertreffen. Die Ruderantennen sind robust, kurz und bestehen aus einem sehr grossen, deutlich geringelten Stamm und zwei kurzen Aesten. Der dreigliedrige Ast ist mit fünf, der viergliedrige mit drei ungleich langen Borsten ausgerustet. Der Lippenanhang ist klein, abgestutzt.

Die Schale ist hoch, hinten erweitert und abgestutzt. Der freie Schalenrand ist vorne mit einfachen, behaarten, hinten mit verästelten Stacheln bewehrt.

Sechs Paar Beine; das sechste stets rudimentär. Der Darm hat einen einfachen Verlauf und erweitert sich vorne in einen kurzen conischen, in die Kopfhöhle hineinragenden Blindsack. Ventral vor dem After, der in der Mitte des Postabdomens liegt, befindet sich noch ein kurzer Blindsack.

Das Postabdomen ist sehr gross, breit, an der Unterkante stark gebogen und mit Stacheln bewehrt. Die sehr langen Schwanzkrallen sitzen auf einem cylindrischen Fortsatz. Die Schwanzborsten von einem gemeinschaftlichen kleinen Höcker entspringend, sind ebenfalls sehr lang, behaart, wellenförmig gebogen.

Das Männchen ist unbekannt.

Die Thierchen kriechen langsam im Bodenschlamm.

Bis jetzt sind zwei Arten bekannt, welche auch in Böhmen vorkommen.

Die Stacheln des hinteren Schalenrandes mehrfach verästelt. Das Postabdomen in der Mitte ausgebuchtet.   1. s o r d i d u s.
Die Stacheln kurz, nur einmal verästelt. Das Postabdomen ohne Einschnitt.
2. a c u t i f r o n s.

56. Ilyocryptus sordidus, Liévin. — Der faule Lappenkrebs. — Plátkovec líný.

1849. Acanthocercus sordidus, Liévin: Branch. der Danz. Gegend. p. 34, Tab. VIII., Fig. 7—12.
1854. Acanthocercus sordidus, Fischer: Neue oder nicht genau gekannte Arten von Daphn. p. 433.
1860. Acanthocercus sordidus, Leydig: Naturg. d. Daphn. p. 199.
1862. Ilyocryptus sordidus, Sars: Om de i Christ. Omegn. iagtt. Clad. 1 Bidrag. p. 154. Idem. 2det Bidrag. p. 282.
1863. Acantholeberis sordidus, Norman: On Acanthol. p. 409, Tab. XI., Fig. 6—9.
1867. Ilyocryptus sordidus, Norman and Brady: Brit. Entom. p. 17.
1868. Ilyocryptus sordidus, P. E. Müller: Daum. Clad. p. 154, Tab. II. Fig. 14—18. Tab. VIII., Fig. 6.
1870. Ilyocryptus sordidus, Lund: Bidr. til Clad. Morph. og System. p. 162, Tab. VIII., Fig. 1—6.
1874. Ilyocryptus sordidus, Kurz: Dodek. neuer Cladoc. p. 28.

Der Körper ist klein, zwischen Kopf und Thorax wenig eingeschnürt, durchsichtig und blass röthlich gefärbt. Der Kopf ist klein, niedrig; die Stirn rechtwinkelig, der Schnabel stumpf abgestutzt. Der Fornix wölbt sich hoch über den Ruderantennen und läuft erhaben nach vorn bis zur Stirn. Von oben gesehen ist der Kopf vorne abgerundet. Das kleine Auge enthält nicht viele, aus dem Pigment kaum hervorragende Krystalllinsen und liegt von der Stirn entfernt. Der schwarze Pigmentfleck steht der Schnabelspitze näher als dem Auge. Die Tastantennen sind lang, spindelförmig. Die Ruderantennen zeichnen sich durch ihre Kürze und robuste Gestalt aus. Der Stamm derselben ist gross, conisch, am Grunde geringelt, die Ruderaeste und die Borsten sehr kurz. Die dem zweiten Gliede des dreigliedrigen Astes aufsitzende Borste ist die längste. Am Ende des Stammes sitzen noch drei gefiederte Dornen und an den Endgliedern der beiden Aeste je ein langer Stachel.

Die Schalenklappen sind kurz, nach hinten merklich erweitert und schräg abgestutzt mit abgerundeten Winkeln; sie tragen an den freien Rändern besonders hinten zwei- bis viermal verästelte Stachel, die nach vorn an Grösse abnehmen und einfach werden. Die Schale wird bei der Häutung nicht abgeworfen, sondern nur durch den Nachwuchs des freien Schalenrandes vergrössert, so dass die Schale scheinbar aus mehreren Schalen, welche sich dachartig bedecken, zusammengesetzt erscheint. Der Brutraum wird durch einen grossen Abdominalfortsatz geschlossen.

Das Postabdomen ist gross, breit, an der stark convexen Unterkante in der Mitte, wo der After mündet, tief ausgeschnitten. Unten der ganzen Länge nach mit kurzen Stacheln bewehrt, hinter dem Ausschnitte läuft jederseits noch eine Nebenreihe von längeren Stacheln. Die gleichmässig gebogenen Schwanzkrallen besitzen an der Basis zwei schlanke Nebendornen. Die langen Schwanzborsten sind zweigliedrig, behaart.

Länge: 0·78 m. m.

Am Grunde der Gewässer ziemlich selten und nie in grosser Schaar.

Fundorte: Wittingan, Poděbrad, Prag.

57. Ilyocryptus acutifrons, Sars. — Der scharfstirnige Lappenkrebs. — Plátkovec ostročelý.

1862. Ilyocryptus acutifrons, Sars: Om de i Christian. Omegn. iagtt. Cladoc. p. 282.

Der Körper ist klein, durchsichtig, blass röthlich gefärbt. Der Kopf ist grösser als bei der vorigen Art. Die Stirn geht in einen scharfen Winkel aus. Von oben gesehen ist der Kopf vorne gerade abgestutzt. Der schwarze Pigmentfleck liegt neben dem Auge und ist von der Schnabelspitze entfernt. Die Tastantennen sind kürzer und stärker, an der Oberfläche ebenso wie bei I. sordidus schuppenartig bedornt. An den Ruderantennen sind die

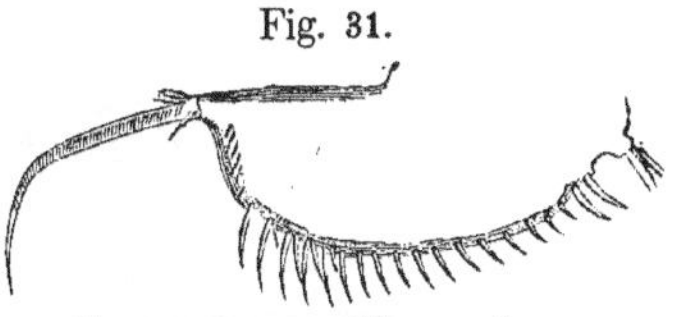

Fig. 31.

Ilyocryptus acutifrons, Sars.
— Postabdomen.

Stacheln des Stammes länger und schlanker, die der Aeste kürzer.

Die Schale, welche bei der Häutung stets abgeworfen wird, ist ebenfalls sehr hoch, hinten erweitert und gerade abgestutzt mit abgerundeten Winkeln. Am Unterrande stehen jedoch kürzere und nur einmal verästelte Stacheln. Der zum Brutraumverschluss dienende Abdominalfortsatz ist kurz, an der Spitze abgerundet.

Das Postabdomen ist kürzer, enger und an der Dorsalkante vom Proabdomen durch einen tiefen Ausschnitt gesondert. Die untere Kante ist stark und gleichmässig gebogen, in der Mitte nicht ausgeschnitten und mit langen Stacheln, welche von vorn nach hinten an Grösse abnehmen, bewaffnet. Die zwei letzten Stacheln übertreffen wieder die vorangehenden an Grösse und Länge. Vorne am Postabdomen, gleich hinter den Schwanzkrallen läuft noch eine kurze Dornenreihe. Die Schwanzkrallen sind sehr lang, in der Mitte knieförmig abwärts gebogen, fein gestrichelt und nur mit einem kurzen Nebendorn an der Basis. Oben auf der Basis derselben sitzt noch eine Gruppe von kurzen Dornen. Die Schwanzborsten sind sehr lang, zweigliedrig, am zweiten Gliede behaart, wellenförmig gekrümmt; sie sitzen auf einem gemeinschaftlichen niedrigen Höcker.

Länge: 0·6 $^{m. m.}$.

Am Grunde der Gewässer selten.

Ich fand diese Art im Rosenberger Teiche und im Goldbache bei Wittingau, im Keyerteiche bei Prag und dann bei Turnau in denselben Verhältnissen wie I. s o r d i d u s.

VI. Fam. Lynceidae, Baird.

Der stark niedergedrückte Kopf verlängert sich nach unten in einen zugespitzten Schnabel, welcher jederseits von den stark entwickelten Fornices, die sich bis zur Schnabelspitze erstrecken, überdacht wird.

Das Auge ist klein und enthält wenig Krystalllinsen. Der schwarze Pigmentfleck ist stets vorhanden und erreicht oft die Grösse des Auges. Er liegt zwischen dem letzteren und der Schnabelspitze nahe der Basis der Tastantennen. Diese sind beweglich, eingliedrig, hinter dem Schnabel eingelenkt, vom Fornix theilweise oder gänzlich bedeckt und tragen Seitenborsten und endständige Riechstäbchen. Die kurzen Ruderantennen spalten sich in zwei Aeste, welche stets dreigliedrig und mit 7—8 Ruderborsten ausgestattet sind. Die Oberlippe breitet sich stets unten in einen kammartigen, seitlich comprimirten Anhang aus.

Die Schale, vom Kopfschilde durch eine ziemlich kurze Sutur geschieden, hüllt den Leib gänzlich ein und ist am Unterrande stets bewimpert. Die Schalenoberfläche zeigt eine vorherrschend reticulirte Structur, welche mehr oder weniger deutlich ausgeprägt ist, so dass die Schale bald gegittert, bald glatt, oder gestreift erscheint.

Beine sind 5—6 Paare vorhanden, welche von einander in gleichen Abständen entfernt stehen. Die ersten zwei Paare sind in Greiffüsse, die hinteren in Branchialfüsse wie bei den Lyncodaphniden umgewandelt. Der geschlingelte Darm erweitert sich hinten vor dem Postabdomen in einen unpaaren Blindsack und endet entweder an der unteren oder vorderen Postabdominalkante. Der Verschluss des Brutraumes wird meistens nur von einigen Querreihen von langen Haaren bewerkstelligt.

Das unten bewehrte Postabdomen von verschiedener Gestalt wird zurückgeschlagen getragen. Die Schwanzkrallen haben unten an der Basis 1—2 kurze Nebendornen. Die Schwanzborsten sind kurz, zweigliedrig und entspringen unmittelbar vom Postabdomen.

Fig 32.

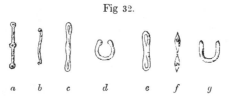

a   b   c   d   e   f   g

Cuticulargebilde des Kopfschildes. a von Alonopsis elongata, b von Alona costata, c von A. affinis, d von Chydorus punctatus, e von Alona falcata, f von Pleuroxus nanus und g von Alona testudinaria.

Bei vielen Lynceiden bemerkt man in der Rückenlinie des Kopfschildes oberhalb des Herzens ein zierliches, verschiedenartig gebautes und erhabenes Cuticulargebilde, welches P. E. M ü l l e r als Insertionsstelle der grossen Ruderantennenmuskeln erklärt hat. Das Cuticulargebilde hat meistens eine stabförmige oder hufeisenförmige, selten ringförmige Gestalt.

Diese Familie umfasst eine natürliche Gruppe von Arten, welche sich schon auf den ersten Blick durch ihre cyprisartigen Bewegungen kennzeichnen. Sie zerfällt in zwei Unterfamilien: a) Eurycercinae und b) Lynceinae.

a) Eurycercinae, Kurz.

Der Kopf ist am Rücken von der Schale durch eine tiefe Kerbe getrennt. Sechs Paar Beine. Der Darm trägt vorne zwei, hinten einen unpaaren Blindsack. Der After mündet an der Spitze des Postabdomens. Die Hodenausführungsgänge enden ventral vor dem Postabdomen.

15. Gattung Eurycercus, Baird.

Der Kopf ist klein, hoch, von der Schale durch eine tiefe Einkerbung geschieden. Die Fornices sind klein, so dass sie die hintere Kopfseite nicht bedecken. Das grosse Auge besitzt zahlreiche Krystalllinsen. Der schwarze Fleck ist klein, unbedeutend. Die Tastantennen von conischer Gestalt tragen eine zugespitzte Seitenborste. Die Riechstäbchen sind gleich lang. Der Stamm der Ruderantennen erweitert sich aussen in eine dreieckige Platte, welche zwei Leydigiscke Tastfäden trägt. Der Lippenanhang ist gross, vierkantig. Am Rücken der Schale hinter der Kerbe liegt ein einfaches Haftorgan.

Sechs Paar Beine. Der Darm ist unvollkommen geschlingelt und hat vorne zwei kurze Blindsäcke und einen unpaaren vor seinem Uebergang in das Postabdomen. Der Brutraum wird durch einen dorsalen Fortsatz des Abdomens geschlossen.

Das Postabdomen, vom Abdomen durch eine Chitinleiste geschieden, stellt eine grosse, breite, unten gezähnte Lamelle dar, welche an der vorderen Kante, wo der After liegt, tief ausgeschnitten ist. Die Schwanzkrallen sind unten an der Basis mit zwei Nebendornen ausgerüstet.

Bei Männchen, welche übrigens den jungen Weibchen ziemlich gleichen, haben die Tastantennen nebst der fein zugespitzten Seitenborste noch mehrere Seitenriechstäbchen. Das erste Fusspaar ist ebenso wie bei allen Lynceiden mit einem Hacken bewehrt, welcher schwach gekrümmt ist. Die Hodenausführungsgänge münden ventral vor dem Postabdomen.

Die Gattung bildet den Uebergang der Lynceiden zu den wahren Daphniden und zählt blos eine Art, welche alle bekannten Lynceiden an Grösse weit übertrifft.

58. Eurycercus lamellatus, O. F. Müller. — Der gemeine Linsenkrebs. — Čočkovec plochý.

1785. Lynceus lamellatus, O. F. Müller: Entom. p. 73, Tab. IX., Fig. 4—6.
1835. Lynceus lamellatus, Koch: Deutschl. Crust. p. 36, Fig. 9.
1848. Lynceus lamellatus, Liévin: Branch. d. Danz. Geg. p. 39, Tab. IX., Fig. 1—9.
1848. Lynceus laticaudatus, Fischer: Ueb. die in der Umg. v. St. Petersburg vorkom. Crust. 187, Tab. VII., Fig. 4—7.
1850. Eurycercus lamellatus, Baird: Brit. Entom. p. 124, Tab. XV., Fig. 1.
1853. Eurycercus lamellatus, Lilljeborg: De Crust. in Scania occur. p. 71, Tab. V., Fig. 7—12; Tab. VI., Fig. 1—7.
1860. Lynceus lamellatus, Leydig: Naturg. d. Daphn. p. 209, Tab. VII, Fig. 52—56; Tab. X., Fig. 72.
1863. Eurycercus lamellatus, Schoedler: Neue Beiträg. p. 9, Taf. I., Fig. 28.
1866. Eurycercus lamellatus, Schoedler: Clad. d. frischen Haffs. p. 10, Tab. I., Fig. 6.
1867. Eurycerous lamellatus, Norman and Brady: Mong. of the brit. Entom. p. 50, Tab. XX., Fig. 8.

1868. Eurycercus lamellatus, P. E. Müller: Daum. Clad. p. 162.
1872. Lynceus lamellatus, Frič: Krustenth. Böhm. p. 239. Fig. 45.
1874. Eurycercus lamellatus, Kurz: Dodek. neuer Clad. p. 30.

Der Körper ist sehr gross, viereckig abgerundet, zwischen Kopf und Thorax tief eingeschnürt und hat eine schmutzig gelbe Farbe mit grünlichem Schimmer.

Der kleine, plumpe, etwas nach vorn gestreckte Kopf endet unten in einen kurzen, kaum zugeschärften Schnabel. Der Fornix ist sehr schwach entwickelt, die hintere Kopfseite nicht bedeckend, so dass die Tastantennen frei dastehen.

Aus dem Auge ragen zahlreiche und grosse Krystalllinsen hervor. Der schwarze Pigmentfleck ist klein von viereckiger Gestalt. Die Tastantennen sind lang, dick, conisch und am freien Ende mit einem Krauze kurzer Dornen geziert, aus dem die kurzen Riechstäbchen heraustreten. Die spitzige Seitenborste liegt in der Mitte der Aussenseite. Der Stamm der grossen Ruderantennen hat am freien Ende einen starken Dorn. Der äussere Ast derselben ist mit fünf, der innere mit drei kurzen, zweigliedrigen und dicht behaarten Ruderborsten ausgerüstet. Das erste Glied des inneren Astes trägt noch einen Enddorn. Der Lippenanhang ist gross, viereckig, mit scharfem Hinterwinkel.

Die Schale ist vierkantig mit abgerundeten Winkeln. Ihre grösste Höhe liegt in der Mitte. Der Oberrand ist stark gewölbt, der Unterrand hinter der Mitte ausgeschweift und der ganzen Länge nach mit kurzen, dicken und dicht behaarten Wimpern besetzt, welche sich rückwärts verkürzen. Der Hinterrand ist gerade und kurz bedornt. Die Schalenoberfläche ist glatt und nur gegen die Schalenränder deutlich reticulirt.

Der Brutraum wird hinten mittels eines knopfförmigen Fortsatzes des Abdomens geschlossen. Das Postabdomen ist gross, länglich viereckig, stark seitlich comprimirt. Die vordere Kante ist tief ausgeschnitten und unterhalb der Krallen jederseits der Analfurche bedornt. Die untere, schwach convexe Kante trägt 50—60 kurze Zähne, welche dicht gedrängt nebeneinander stehen. Die Schwanzkrallen sind fast gerade, fein gezähnt, mit zwei Nebendornen an der Basis. Die Schwanzborsten sind kurz, zweigliedrig, behaart.

Das Weibchen trägt im Brutraume 20—30 Sommereier.

Länge: 3·22 ᵐ·ᵐ·; Höhe: 2·63 ᵐ·ᵐ·.

In klaren Gewässern überall sehr häufig.

Vorkommen: Prag, Poděbrad, Turnau, Dymokur, Přelouč, Brandeis, Elbe Kosteletz, Chrudim, Nimburg, Deutschbrod, Lomnitz, Wittingau, Budweis, Krummau, Hohenfurt, Pisek, Eisenstein, Horažďovitz, Eger, Königsberg u. s. w.

b) Lynceinae, P. E. Müller.

Der Kopf ist am Rücken von der Schale undeutlich oder nicht getrennt. Fünf Paar Beine. Der Darm vorne ohne Blindsäcke. Der After liegt dorsal am Postabdomen, dessen Unterkante sich hinter demselben zu einem Höcker erhebt. Die Weibchen tragen höchstens zwei Sommereier im Brutraume, welcher blos durch das Anliegen des hinteren Proabdominaltheiles an die Schale geschlossen wird. Die Hodenausführungsgänge enden entweder zwischen den Schwanzkrallen oder oberhalb derselben.

Der Körper länglich oval.
 † Der Kopf gekielt; das Auge von der vorderen Kopfkante entfernt.
  †† Das Postabdomen länger als die Hälfte der Schalenlänge, nach vorne allmälig verschmälert, an der Unterkante bedornt.
    1. Camptocercus.
  †† Das Postabdomen kürzer als die Hälfte der Schalenlänge, überall gleich breit, unten blos seitlich bewehrt.   2. Acroperus.
 † Der Kopf ungekielt. Das Auge der Kopfkante nahe liegend.
  †† Der Kopf hochgestreckt. Der Lippenanhang abgerundet viereckig. Die Schale hinten abgerundet.
    ††† Die Schwanzkrallen mit 3 Nebendornen.   3. Alonopsis.

††† Die Schwanzkrällen nur mit einem Nebendorn.   4. A l o n a.
†† Der Kopf niedrig, selten gestreckt. Der Lippenanhang dreieckig,
sichelförmig. Die Schale hinten gerade abgestutzt. Die Schwanzkrallen
mit 2 Nebendornen.   5. P l e u r o x u s.
Der Körper klein, kugelförmig; der Kopf niedergedrückt, der Lippenanhang
dreieckig.
† Das Auge und der schwarze Fleck vorhanden. Das Postabdomen vorne
abgerundet.   6. C h y d o r u s.
† Nur der schwarze Pigmentfleck vorhanden. Das Postabdomen vorne
schräg abgestutzt.   7. M o n o s p i l u s.

16. Gattung **Camptocercus**, Baird.

Der Körper ist gross, länglich oval und stark seitlich comprimirt. Der Kopf ist
unbeweglich, nach vorne gestreckt und hoch gekielt. Das Auge besitzt wenig Krystalllinsen und liegt ebenso wie der schwarze Pigmentfleck von dem Scheitelrande entfernt,
etwa in der Medianlinie des Kopfes. Die Tastantennen erreichen beim Weibchen nicht
die Schnabelspitze und haben nur eine Seitenborste. Von den Riechstäbchen sind stets
zwei länger als die übrigen. Die Ruderantennen sind mit sieben Borsten ausgestattet.
Der Lippenanhang ist gross, viereckig mit breit abgerundeten Winkeln.
Die Schale, breiter als der Kopf, hat eine länglich viereckige, hinten schräg
abgestutzte Form. Der untere und hintere Schalenwinkel ist stets abgerundet und gezähnt.
Der Darm bildet zwei grosse, vollständige Schlingen. Der unpaare Blindsack
desselben ist sehr lang. Das Postabdomen ist lang gestreckt, schmal, gegen das freie
Ende allmälig verjüngt. Seine Unterkante ist vor dem Afterhöcker, welcher nahe der
Basis liegt, mit gesägten Zähnen bewaffnet. Die Schwanzkrallen besitzen zwei Neben-
dornen, von denen der in der Mitte der Krallen sitzende Dorn kleiner ist als der Basal-
dorn. Die Schwanzborsten sind sehr kurz.
Die Hodenausführungsgänge münden oberhalb der Schwanzkrallen.
Die Gattung umfasst 4 Arten, welche zu den grössten Lynceinen gerechnet
werden. Bei uns kommen 2 Arten vor.

Der Fornix ist an der Schnabelspitze nicht gespalten. Der untere Schalenrand
ist hinter der Mitte ausgerandet.   1. r e c t i r o s t r i s.
Der Fornix ist an der Schnabelspitze gespalten. Der untere Schalenrand ist
vorne gerade, hinten schräg abgestutzt.   2. L i l l j e b o r g i i.

59. Camptocercus rectirostris, Schoedler. — Der scharfnasige Linsen-
krebs. — Čočkovec ostrozobý.

1848. Lynceus macrourus, Fischer: Branch. pag. 168, Tab. VIII., Fig. 8; Tab. IX.,
Fig. 1—2.
1863. Camptocercus rectirostris, Schoeder: Neue Beiträge pag. 37, Tab. II., Fig. 43;
Tab. IH., Fig. 49—50.
1868. Camptocercus rectirostris, P. E. Müller: Daum. Clad. pag. 165, Tab. II., Fig. 19;
Tab. III., Fig. 13.
1872. Lynceus macrourus, Frič: K r u s t e n t h. B ö h m. p. 241, Fig. 48.
1874. Camptocercus rectirostris, Kurz: Dodek. neuer Clad. p. 34.

Fig. 33.

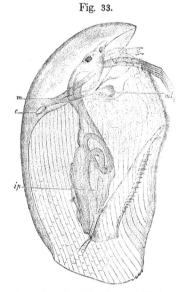

Fig. 34.

Tastantenne von demselben
Thier.

Camptocercus rectirostris, Schoedler. — Weibchen. *ml* Mandibeln. *m* Mandibular- und Antennenmuskeln. *c* Herz.
ip Darmcoecum.

Der Körper ist gross, nach hinten verjüngt, von blass horngelber Farbe. Der
vorne mässig abgerundete Kopf zielt mit .der scharfen Schnabelspitze mehr vorwärts.
Der freie Rand des breiten Fornix ist gerade. Der schwarze Pigmentfleck, kleiner als
das mit grossen Krystalllinsen versehene Auge steht diesem näher als der Schnabelspitze.
Die Tastantennen sind cylindrisch, leicht gebogen und vom Fornix bedeckt. Die Seitenborste sitzt nahe dem freien Ende, dasselbe nicht überragend. Die schlanken Ruderantennen tragen am äusseren Aste drei ungleich lange Borsten und je einen kleinen
Dorn am ersten und letzten Gliede. Der innere Ast ist mit vier Borsten versehen, von
denen die vierte, welche am zweiten Gliede sitzt, die kürzeste ist. Der Lippenanhang
ist gross, abgerundet.

Die Schale ist länglich eiförmig, hinten abgestutzt. Ihre grösste Höhe befindet
sich vor der Mitte der Schalenlänge. Der Oberrand ist mit dem Kopfrand gleichmässig
schwach gewölbt, hinten vor dem Oberwinkel leicht ausgerandet. Der Hinterrand fällt
schräg nach hinten und unten und ist am abgerundeten Unterwinkel 3—4 mal sägeartig
ausgeschnitten. Der untere, hinten ebenfalls leicht ausgerandete Schalenrand läuft in
horizontaler Richtung bis zur Mitte der Körperlänge, wo er einen stumpf abgerundeten,
niedrigen Höcker bildet; er ist der ganzen Länge nach mit kurzen, dicken, dichtstehenden
Wimpern behaart, welche nach hinten an Grösse abnehmen. Die Schalensculptur besteht
aus vielen, dem Oberrand paralell laufenden Längsstreifen, von denen sich die unteren
abwärts biegen und den unteren Schalenrand unter einem schiefen Winkel erreichen.
Zuweilen sind die Streifen mit kurzen Linien verbunden, so dass dadurch die Schalenklappen regelmässig gegittert erscheinen.

Das Postabdomen ist verhältnissmässig kurz, breit, allmälig gegen das freie
Ende verschmälert und trägt an der leicht convexen Unterkante 15—16 gesägte Zähne,
welche nach hinten kleiner werden. Oberhalb dieser Zahnreihe, jederseits des Postabdomens
läuft noch eine Reihe feiner Leistchen, welche in Gruppen stehen. Der Afterhöcker ist
stumpf, vorragend. Die langen, geraden Krallen sind unten, von der Basis angefangen,
bis zur Mitte mit starken, an Grösse zunehmenden Dornen bewaffnet. Die Basaldornen
derselben sind lang, fein gezähnt. Die Schwanzborsten sind äusserst kurz.

Das Weibchen trägt im Brutraume zwei Eier.

Länge: 1·2—1·28 ᵐ· ᵐ·; Höhe: 0·65—0·75 ᵐ· ᵐ·; Kopfhöhe: 0·25—0·33 ᵐ· ᵐ·.

Beim Männchen sind die Schwanzkrallen beweglich, zähnlos.

In Tümpeln und Teichen ziemlich selten.

Fundorte: Skupice bei Poděbrad; Přelouč; Karpfen- und Tisi-teich bei Wittingau; Konvent-Teich (Dr. Frič); Deutschbrod (Pr. Kurz).

60. Camptocercus Lilljeborgii, Schoedler. — Der stumpfnasige Linsen-krebs. — Čočkovec tuponosý.

1853. Lynceus macrourus, Lilljeborg: De Crust. in Scania occur. p. 90, Tab. VII., Fig. 4.
1863. Camptocercus Lilljeborgii, Schoedler: Neue Beitr. p. 36, Tab. III., Fig. 46—48.
1867. Lynceus macrourus. Norman and Brady: Brit. Entom. p. 22, Tab. XX., Fig. 6; Tab. XXI., Fig. 2.
1868. Camptocercus Lilljeborgii, P. E. Müller: Danm. Clad. p. 166, Tab. III., Fig. 14.
1874. Camptocercus latirostris, Kurz: Dodek. neuer Clad. p. 35, Tab. II., Fig. 9—10.

Fig. 35.

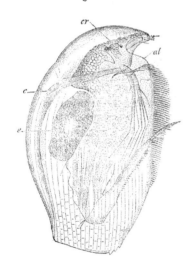

Fig. 36.

Tastantenne von dem-
selben Thier.

Camptocercus Lilljeborgii, Schoedler. — Weibchen. cr Gehirn.
al Lippenanhang. c Herz. e Embryo.

Der Körper ist gross, länglich oval, hinten fast gerade abgestutzt, blass horngelb gefärbt. Oben zwischen Kopf und Thorax befindet sich stets ein seichter Eindruck. Der Kopf ist etwas niedergedrückt mit nach unten gerichtetem Schnabel, welcher vom Fornix, dessen freier Rand Sförmig gebogen ist, breit überragt wird. Der Fornix ist noch an der Schnabelspitze abgestutzt oder in der Richtung des Kopfkammes gespalten, so dass die hintere Kopfhöhle, welche allen Lynceiden eigenthümlich ist, auch unten offen bleibt.

Der schwarze Fleck ist bedeutend kleiner als das Auge und liegt diesem näher als der Schnabelspitze. Die Tastantennen sind cylindrisch, an der Basis eingeschnürt. Die Seitenborste sitzt ebenfalls nahe dem freien Ende und ist durch ihre Länge bemerkenswert, so dass sie das Ende der kurzen Riechstäbchen fast erreicht. Die Ruderantennen und der Lippenanhang sind von derselben Beschaffenheit wie bei C. rectirostris.

Die Schale ist länglich viereckig, hinten verschmälert. Ihre grösste Höhe befindet sich etwa in der Mitte der Länge. Der Oberrand ist hoch gewölbt; der gerade, kurze Hinterrand steigt in fast senkrechter Richtung herab und geht unter dem stumpfen Unterwinkel in den Unterrand über. Der Winkel ist nicht sägeartig ausgeschnitten, sondern mit 3—4 hervorspringenden, rückwärts gekehrten Zähnen bewaffnet. Der untere Schalenrand ist gerade, hinten schräg aufwärts abgestutzt und vorne mit langen dichtstehenden Wimpern, welche sich nach hinten verkürzen, besetzt. Hinter den Zähnen dem Hinterrande parallel ist noch eine feine Leistchenreihe wahrnehmbar. Die Schalenoberfläche ist in horizontaler Richtung dicht gestreift.

Das Postabdomen, bedeutend schlanker und länger als bei voriger Art, trägt unten 24—28 ungleich lange und gesägte Żähne. Die Afterkrallen weichen in der Bewehrung von der vorigen Art derart, dass sie noch bis zur Spitze fein gezähnt erscheinen. Die Schwanzborsten sind kurz.

Das Weibchen trägt zwei Eier.

Länge: $1\cdot0$—$1\cdot11$ ^m. m.; Höhe: $0\cdot55$—$0\cdot65$ ^m. m.; Kopfhöhe: $0\cdot31$—$0\cdot33$ ^m. m.

Beim Männchen ist das Postabdomen unten unbedornt.

In Tümpeln und Teichen ziemlich selten.

Fundorte: Tümpel bei Turnau, Přelouč; Teich bei Sopoty (Kurz.)

C. latirostris, Kurz ist identisch mit dieser Art. Die Unterschiede, welche Pr. Kurz zwischen jenem und C. Lilljeborgii hervorhebt, beruhen meist an der Unkorrektheit der Schoedlerischen Zeichnung.

17. Gattung **Acroperus,** Baird.

Der Körper ist mittelgross, länglich oval, hinten abgestutzt und seitlich stark comprimirt. Der Kopf ist unbeweglich, etwas nach vorn gestreckt und bedeutend höher gekielt als bei der vorigen Gattung. Der freie Rand des breiten Fornix ist stets Sförmig gebogen.

Das Auge, welches wenig Krystalllinsen enthält, und der schwarze Pigmentfleck liegen hinter der Medianlinie des Kopfes. Die Tastantennen sind lang, cylindrisch, die Schnabelspitze beim Weibchen nicht erreichend und tragen auf der Aussenseite neben der zugespitzten Borste noch ein Riechstäbchen. Aus den Endriechstäbchen ragt nur eines über die übrigen hervor. Die Ruderantennen haben acht Ruderborsten. Die achte ist stets rudimentär, stachelartig. Der Lippenanhang ist abgerundet viereckig.

Die Schale ist länglich viereckig, hinten verschmälert und an der Oberfläche stets der Länge nach gestreift. Die leistenartig hervorspringenden Streifen erreichen den Unterrand in schräger Richtung. Der untere und hintere Schalenwinkel ist breit abgerundet, gezähnt.

Der Darm macht eine und eine halbe Windung und erweitert sich vor dem Postabdomen in einen ebenso langen Blindsack wie bei Camptocercus. Das Postabdomen, kürzer als die Hälfte der Schalenlänge, ist gleichmässig breit, vorne ausgeschnitten und blos an den Seiten längs der Unterkante bewehrt. Der Afterhöcker ist sehr deutlich entwickelt und liegt etwa im zweiten Drittel der Schwanzlänge. Die Schwanzkrallen tragen zwei fast gleich grosse Nebendornen, von denen der eine in der Mitte, der andere auf der Basis sitzt.

Die Hodenausführungsgänge enden vor den Krallen.

Die Gattung zählt drei Arten, von denen zwei der böhmischen Fauna angehören.

Der dorsale Schalenrand ist gewölbt, der untere hinten ausgeschweift. Die grösste Schalenhöhe liegt in der Mitte der Schalenlänge.

1. leucocephalus.

Der dorsale und ventrale Schalenrand sind gerade; die grösste Schalenhöhe liegt vor der Mitte.

2. angustatus.

61. Acroperus leucocephalus, Koch. — Der weissköpfige Linsenkrebs.
— Čočkovec bělohlavý.

1841. Lynceus leucocephalus, Koch: Deutsch. Crust. H. 36, Tab. 10.
1843. Acroperus Harpae, Baird: Brit. Entom. p. 91, Tab. III., Fig. 7.
1853. Lynceus striatus Lilljeborg: De crust. p. 88, Tab. VII., Fig. 5.
1854. Lynceus leucocephalus, Fischer: Ergänz. p. 11, Tab. III., Fig. 6—9.
1860. Lynceus leucocephalus, Leydig: Naturg. d. Daph. p. 218, Tab. IX., Fig. 64—65.
1863. Acroperus leucocephalus, Schoedler: Neue Beitr. p. 30, Tab. I., Fig. 11—16.
1867. Lynceus Harpae, Norman and Brady: Brit. Entom. p. 20, Tab. XXL, Fig. 1.
1868. Acroperus leucocephalus, P. E. Müller: Daum. Clad. p. 167, Tab. III., Fig. 15, 17;
       Tab. IV., Fig. 26.
1872. Lynceus leucocephalus, Frič: Krustenth. Böhm. p. 241, Fig. 47.
1874. Acroperus leucocephalus, Kurz: Dodek. neuer Cladoc. p. 38.

Der Körper ist länglich oval, am Rücken zwischen
Kopf und Thorax leicht eingedrückt, hinten schräg abgestutzt
und von horngelber Farbe. Der Kopf ist hoch, vorne stark
gewölbt, mit einem sehr hohen Scheitelkamm. Der Schnabel
ist kurz, zugespitzt. Die Tastantennen sind cylindrisch, gebogen, die Schnabelspitze nicht erreichend. Unter den Riechstäbchen ist eines doppelt so lang als die übrigen. Die
Seitenborste sitzt nahe dem freien Ende und ist sehr kurz.
Die Ruderantennen sind lang, schlank, die Glieder der Aeste
lang gestreckt, die Endborsten von ungleicher Länge. Die
vierte Ruderborste des inneren Astes ist sehr kurz. Der
Lippenanhang hat eine viereckige Gestalt mit abgerundeten
unteren Winkeln.

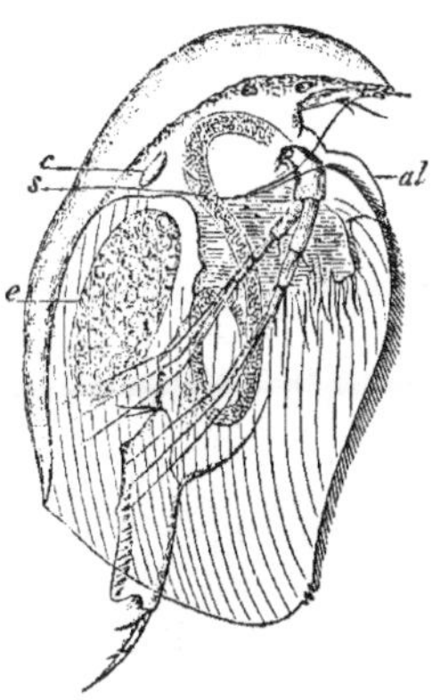

Fig. 37.

Acroperus leucocephalus,
Koch. — Weibchen. al Lip-
penanhang. c Herz. e Embryo.
s Schalensutur.

Die Schale ist länglich viereckig, hinten plötzlich
verschmälert. Ihre grösste Höhe liegt vor der Mitte. Der
Oberrand ist stark gewölbt; der Hinterrand fällt schräg
herab und verschmilzt mit dem hinter der Mitte stark aus-
gebuchteten Unterrande unter einem abgerundeten Winkel
welcher mit einigen winzigen Zähnen ausgestattet ist. Die
Zahl der Zähne ist gewöhnlich an den beiden Winkeln
ungleich und man trifft den einen Winkel mit zwei, den
anderen mit drei Zähnen bewaffnet. Unten ist die Schale
dicht und kurz bewimpert, an der Oberfläche der Länge nach dicht gestreift. Die Streifen
sind gebogen und zuweilen hinten mit kurzen Queranastomosen verbunden.

Der Darm bildet zwei vollständige Schlingen. Das Postabdomen ist lang, schmal,
gleich breit, vorne tief ausgeschnitten, an den Rändern der Analfurche unbedornt;
dagegen ist das Postabdomen jederseits mit 11—13 Gruppen von Leistchen versehen,
welche das Aussehen eines längs gestrichelten Zahnes haben. Der scharfe Afterhöcker liegt
im letzten Viertel der Schwanzlänge. In dem vorderen Ausschnitte gleich unter den
Krallen steht noch ein Büschel von langen Haaren. Die Schwanzkrallen sitzen auf
einem kurzen Fortsatz; sie sind lang, schlank, wenig gebogen, mit zwei Nebendornen
versehen, von denen der kürzere in der Mitte steht. Die Strecke zwischen beiden Dornen
ist fein gezähnt.

Das Weibchen trägt im Brutraume blos zwei Eier.
Länge: 0·75—0·85 $^{m. m.}$; Höhe: 0·41—0·44 $^{m. m.}$; Kopfhöhe: 0·21—0·23 $^{m. m.}$.
In Tümpeln, Teichen und Seen mit klarem Wasser gemein.

Fundorte: Poděbrad, Přelouč, Nimburg, Prag, Turnau, Brandeis, Elbekosteletz,
Chrudim, Hlínsko, Deutschrod, Wittingau, Lomnitz, Frauenberg, Hohenfurt, Pisek,
Eisenstein, Eger, Franzensbad u. s. w.

In den Böhmerwaldseen bei Eisenstein traf ich dieses Thier in grosser Zahl, welches jedoch von unserer Art abweicht. Der vorne weniger gewölbte Kopf hat einen niedrigeren Kiel. Die Schale ist höher und unten stärker ausgeschweift.

62. Acroperus angustatus. Sars. — Der schmale Linsenkrebs. — Čočkovec úzký.

1863. Acroperus angustatus, Sars: Zoolog. Reise p. 25.
1868. Acroperus angustatus, P. E. Müller: Daum. Clad. pag. 169, Tab. III., Fig. 18; Tab. IV., Fig. 27.
1874. Acroperus angustatus, Kurz: Dodek. neuer Cladoc. pag. 38.

Fig. 38.

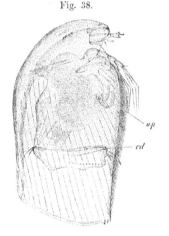

Acroperus angustatus, Sars. — Männchen.
up Fussklauen. *vd* Hodenausführungsgang.

Diese Art ist grösser, schlanker, niedriger und dunkler gefärbt als A. leucocephalus. Der vorn breite Körper verschmälert sich allmälig nach hinten. Der Kopfkiel ist sehr hoch, so dass der Kopf weit höher und gewölbter erscheint. Das Auge ist zweimal so gross als der schwarze Pigmentfleck. Die Ruderäste sind kurz und erreichen beim Weibchen nicht den unteren Schalenrand, während sie bei A. leucocephalus diesen weit überragen.

Die Schale ist länglich viereckig mit kaum abgerundeten Hinterwinkeln. Der Oberrand ist gerade und geht rückwärts unter einem stumpfen Winkel in den Hinterrand über, welcher eine mehr senkrechte Richtung einschlägt. Der Unterrand ist ebenfalls gerade und nicht ausgerandet. Die Schalenstructur besteht aus geraden, schrägen Längsstreifen, welche nicht so dichtgedrängt wie bei voriger Art stehen.

Länge: 0·75 $^{m. m.}$; Schalenhöhe: 0·31 $^{m. m.}$; Kopfhöhe: 0·23 $^{m. m.}$.

Der Kopf des Männchens, welches stets kleiner ist als das Weibchen, hat einen niedrigen Kamm und einen kurzen, abgerundeten Schnabel, so dass die Tastantennen denselben überragen. Der Hacken des ersten Fusspaares ist gross, stark, nach vorne gekrümmt. Die vordere Postabdominalkante ist kaum ausgeschnitten, die Schwanzkrallen mehr nach unten gerückt.

In klaren Gewässern häufig.

Vorkommen: bei Turnau, Poděbrad, Wittingau, Frauenberg, Deutschbrod (Pr. Kurz).

18. Gattung Alonopsis, Sars.

Der Körper ist mittelgross, dick, länglich oval, ohne Einkerbung zwischen Kopf und Thorax. Der kleine, gestreckte Kopf bildet keinen Kiel und ist von oben gesehen an dem Scheitel fast abgerundet. Der Schnabel ist kurz, scharf, vom Fornix weit überdacht. Die Schalensutur steigt von dem Zusammenstosse der Schale und des Kopfschildes senkrecht hinauf.

Das Auge und der Pigmentfleck liegen nahe der Scheitelkante. Die Tastantennen sind dick, seitlich comprimirt und tragen nahe dem freien Ende nebst einer fein zugespitzten, kurzen Borste noch ein langes Riechstäbchen. Die Riechstäbchen sind kurz und werden von einem doppelt überragt. Die Ruderantennen haben acht Borsten. Der Lippenanhang ist gross, viereckig, unten an den Winkeln fast gleichmässig abgerundet.

Die Schale besitzt eine länglich vierkantige, hinten abgerundete Gestalt, deren grösste Höhe etwa in der Mitte liegt. Der Unterrand ist behaart und hinten mit nur einem Dorne bewaffnet. Die Schalenoberfläche ist von oben nach hinten und unten schräg gestreift.

Der Darm bildet eine und eine halbe Windung und erweitert sich hinten in einen langen Blindsack. Das Postabdomen, die Hälfte der Schalenlänge erreichend, ist wie bei Acroperus fast gleich breit, vorne ausgeschnitten und unten an den Rändern der Analfurche bedornt. Der stumpfe Afterhöcker liegt im letzten Viertel der Schwanzlänge. Die Schwanzkrallen sind mit drei Nebendornen, von denen die zwei kleineren in der Mitte stehen, ausgerüstet. Die Schwanzborsten sind kurz.

Die Mündung der Hodenausführungsgänge befindet sich vor den Schwanzkrallen.

Alonopsis latissima, Kurz, zähle ich zu Alona.

Die Gattung bildet den Uebergang zwischen Acroperus und Alona, und weist bis jetzt nur eine Art, welche in Gebirgsseen lebt.

63. Alonopsis elongata, Sars. — Der gestrichelte Linsenkrebs: — Čočkovec žihaný.

1848. Lynceus macrourus, Liévin: Branch. p. 41, Tab. X., Fig. 1.
1851. Lynceus macrourus, Zenker: Bemerk. über die Daphn. p. 119, Fig. 2.
1860. Lynceus macrourus, Leydig: Naturg. der Daphn. p. 219, Tab. IX., Fig. 66—-67.
1862. Alona elongata, Sars: Om de i Christ. Omegn iagtt. Clad. 1. Bidrag. p. 161.
1862. Alonopsis elongata, Sars: Idem. 2det Bidrag. p. 289.
1863. Acroperus intermedius, Schoedler: Neue Beiträge. p. 33.
1866. Acroperus intermedius, Schoedler: Clad. d. frischen Haffs. p. 9.
1867. Lynceus elongatus, Norman and Brady: Mon. of the brit. Entom. p. 23, Tab. XVIII., Fig. 1; Tab. XXI., Fig. 2.
1868. Alonopsis elongata, P. E. Müller: Daum. Clad. p. 170, Tab. IV., Fig. 28.
1872. Lynceus lacustris, Frič: Krustenth. Böhmens. p. 242, Fig. 49.

Fig. 39.

Fig, 40.

Tastantenne von demselben Thier.
ga Ganglion. *h* Laterales Riechstäbchen.

Alonopsis elongata, Sars. — Weibchen. *al* Lippenanhang. *cu* Cuticularornament. *e* Embryo.

Der Körper ist länglich oval, hinten abgestutzt und abgerundet, wenig durchsichtig und dunkel braungelb gefärbt. Der kleine Kopf ist gestreckt, vorne mässig abgerundet und läuft in einen kurzen, ziemlich stumpfen Schnabel aus, der etwas nach vorn gerichtet ist. Der Fornix ist schwach entwickelt und am freien Rande wellenförmig gebogen, die Tastantennen nur theilweise bedeckend.

Der Pigmentfleck, um die Hälfte kleiner als das ziemlich kleine Auge, liegt in der Mitte zwischen diesem und der Schnabelspitze. Die Tastantennen überragen weit die Schnabelspitze; sie sind seitlich comprimirt, sehr breit und an der Basis tief eingeschnürt. Die Ruderantennen sind mit sieben fast gleich langen Ruderborsten versehen. Die ersten Glieder der Aeste tragen je einen Enddorn. Der grosse Lippenanhang von viereckiger Gestalt ist an beiden Winkeln ziemlich gleich abgerundet.

Die grösste Schalenhöhe liegt in der Mitte; sie ist vierkantig mit abgerundeten Ecken. Der Ober- und Hinterrand ist mässig gewölbt; der Unterrand hinter der Mitte leicht ausgerandet, kurz behaart und endet hinten in einen winzigen Dorn. Zwischen den Wimpern laufen noch feine Zähne, welche hinter dem Dorne bis zur Mitte des Hinterrandes sich fortsetzen. Die Schalenoberfläche ist in schräger Richtung von oben nach unten und hinten leistenartig dicht gestreift; nebstdem ist die ganze Schale sowie auch der Kopfschild mit der Dorsalkante parallel fein und äusserst dicht gestrichelt.

Das Postabdomen ist lang, gleich breit mit parallelen Kanten und mit abgerundetem Unterwinkel. In 'dem Ausschnitt der Vorderkante befindet sich ebenso wie bei A c r o p e r u s. ein Haarbüschel. An den Rändern der Afterfurche stehen 11—13 gleich grosse und einfache Zähne und oberhalb derselben jederseits des Postabdomen die Leistchengruppen. An den Schwanzkrallen ist die Strecke zwischen dem Basaldorn und den mittleren zwei Dornen fein gestrichelt. Die Schwanzborsten sind zweigliedrig, kurz.

Länge: 0.8 m. m.; Höhe: 0.46 m. m.; Kopfhöhe: 0.135 m. m.

Ich traf diese Art zahlreich in allen Böhmerwaldseen bei Eisenstein. Die Schalenklappen waren sehr hart, spröde und leicht zerbrechlich.

19. Gattung **Alona**, Baird.

A l o n a, Baird: Graptoleberis, Harporhynchus, Alonella, Sars; Leydigia, Kurz; Lynceus, Schoedler.

Der Körper ist wenig plattgedrückt, oval oder vierkantig, von $1—0.3$ m. m. Grösse. Der Kopf ist hoch gestreckt, unbeweglich, vom Fornix, dessen freier Rand stets Sförmig gebogen ist, breit überdacht.

Das Auge und der Pigmentfleck liegen nahe der Scheitelkante. Die cylindrischen Tastantennen tragen vor der Mitte eine kurze zugespitzte Seitenborste und am Ende die Riechstäbchen, welche in der Regel von gleicher Länge sind. Der Innenast der Ruderantennen ist mit fünf, der äussere mit drei Ruderborsten versehen. Die fünfte Borste des inneren Astes bleibt stets verkümmert. Die drei Endborsten sind ungleich lang und zuweilen an einer Seite bedornt und am Ende des ersten Gliedes mit ' einem winzigen Zahne ausgerüstet. Der Lippenanhang ist viereckig.

Die Schale hat eine länglich vierkantige Gestalt, deren Hinterrand stets gebogen ist. Der untere und hintere Winkel ist abgerundet und selten bedornt. Die Schalenstructur besteht vorherrschend aus Längsfurchen, welche stets einen horizontalen Verlauf einnehmen.

Der Darm ist gewunden und trägt vor dem After, welcher unten am Postabdomen mündet, einen unpaaren Blindsack. Das Postabdomen nimmt verschiedene Gestalten an und ist unten stets bedornt. Der Afterhöcker liegt hinter der Mitte der Schwanzlänge; er ist niedrig, unbedeutend. Die Schwanzkrallen haben nur einen Basaldorn.

Die Weibchen tragen nur zwei Eier. Das Ephippium wird durch die verdickte und dunkelgefärbte Schale gebildet und enthält ein Ei.

Beim Männchen sind die Hacken am ersten Fusspaare gross, aufwärts gekrümmt. Das Postabdomen verschmälert sich gegen das freie Ende und bleibt unten in der Regel unbedornt. Die Hodenausführungsgänge münden meist in einen kurzen Penis entweder oberhalb der Schwanzkrallen oder zwischen denselben.

Die Arten leben am Ufer der Gewässer entweder frei herumschwimmend oder im Schlamme wühlend. Sie werden nie in so grosser Zahl angetroffen wie die Chydorusarten.

Die Gattung zählt zahlreiche und ziemlich schwer unterschiedbare Arten, welche in natürliche Gruppen zerfallen, die zuerst Sars zu selbständigen Gattungen emporgehoben hat; es sind: Alona, Harporhynchus, Graptoleberis, Alonella. Kurz trennte neuerdings von Alona noch eine neue Gattung Leydigia. Die Gattung Alonella vermittelt den Uebergang der G. Alona zu Pleuroxus, und zählt meist solche Arten, welche zu Pleuroxus angehören, ausgenommen Al. rostrata, für welche Schoedler den alten und ursprünglichen Namen Lynceus beibehalten hat. Diese Gattungen unterscheiden sich hauptsächlich nur durch die Form des Postabdomens und die Arten derselben haben so viele gemeinschaftliche Charakterzüge, dass man mit Recht die Gattung Alona behalten kann, welche demnach in 5 Untergattungen zerfällt: Leydigia, Alona, Harporhynchus, Graptoleberis, Lynceus.

Die Fauna Böhmens zählt 14 Arten, welche sich folgendermassen von einander unterscheiden:

Der untere und hintere Schalenwinkel unbedornt.

† Das Postabdomen vorne erweitert und abgerundet.

†† Die untere Postabdominalkante ist gruppenweise (3 Dornen in jeder Gruppe) bedornt.

††† Die Dornen stehen parallel neben einander. Der Schnabel ist scharf.

* Die Krallen mit Basaldorn.   1. Leydigii.

* Der Basaldorn fehlt.   2. acanthocercoides.

††† Die Dornen divergiren. Der Schnabel ist abgestutzt.

         10. intermedia.

†† Die untere Kante ist einfach bedornt.

††† Das Postabdomen mit secundärer Bewehrung.

* Die Schalenoberfläche gestreift oder undeutlich reticulirt. Die Schwanzzähne gesägt.

** Die Schalenoberfläche noch fein gestrichelt.   3. affinis.

** Die Schalenoberfläche sonst glatt.   4. quadrangularis.

* Die Schalenoberfläche nur fein gestrichelt.   5. elegans.

††† Das Postabdomen ohne secundäre Bewehrung.   11. lineata.

† Das Postabdomen vorne verschmälert, nicht abgerundet.

†† Das Postabdomen kürzer als die halbe Schalenlänge. Die Zähne von gleicher Grösse.

††† 10—12 Zähne.   8. costata.

††† 6—8 Zähne.   9. guttata.

†† Das Postabdomen länger als die halbe Schalenlänge. Die Zähne sind vorne gross.

††† Die Schwanzkrallen in der Mitte ohne Dorn. Der Schnabel stumpf.

         6. tenuicaudis.

††† Die Schwanzkrallen in der Mitte mit einem Dorn. Der Schnabel scharf.

         7. latissima.

Der untere und hintere Schalenwinkel bedornt.

† Der Winkel abgerundet mit 1—4 kleinen Zähnen. Die Schalenoberfläche gestreift.

†† Das Postabdomen mit einfacher Zahnreihe. Der Schnabel scharf. (5. Ug. Lynceus.)   14. rostrata.

†† Das Postabdomen vorne mit zwei starken Zähnen. Der Schnabel sehr lang, nach hinten gebogen. (3. Ug. Harpor hynchus.) 12. rostrata.

† Der Winkel nicht abgerundet, mit 2—3 starken rückwärts gekrümmten Zähnen. Die Schalenoberfläche reticulirt. Das Postabdomen conisch. (4. Ug. Graptoleberis.)   13. testudinaria.

Die von Kurz angeführten Arten A. acanthocercoides und elegans blieben mir unbekannt. Seine A. parvula und tuberculata sind identisch mit A. guttata, A. coronata mit A. lineata.

64. Alona Leydígii, Schoedler. — Der röthliche Linsenkrebs. — Čočkovec růžový.

1860. Lynceus quadrangularis, Leydig: Naturg. d. Daph. p. 221, Tab. VIII., Fig. 59.
1862. Alona Leydigii, Schoedler: Lync. und Polyph. p. 11.
1868. Alona Leydigii, P. E. Müller: Daum. Clad. p. 174.
1872. Lynceus quadrangularis, Frič: Krustenth. Böhm. p. 243, Fig. 51.
1874. Leydigia quadrangularis, Kurz: Dodek. p. 58, Tab. II., Fig. 2.

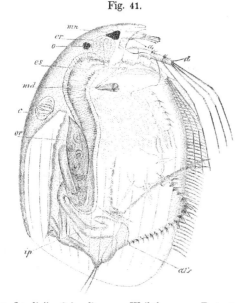

Fig. 41.

Alona Leydigii, Schoedler. — Weibchen. a_1 Tastantenne. a_1 Ruderantenne. md Mandibeln. cr Gehirn. o Auge. nn Pigmentfleck. c Herz. es Oesophagus. ip Darmcoecum. an After. ov Ovarium.

Der Körper ist länglich vierkantig, seitlich stark comprimirt, blass röthlich gefärbt. Der unbewegliche Kopf ist klein, gestreckt; der Schnabel kurz, an der Spitze etwas abgestutzt. Der Fornix ist ziemlich schwach entwickelt.

Das Auge, der Scheitelkante nahe liegend, hat wenig Krystalllinsen. Der dreieckige Pigmentfleck, mit der Spitze gegen das Auge gekehrt, ist zweimal so gross als dieses und liegt etwa in der Mitte zwischen diesem und der Schnabelspitze. Die cylindrischen Tastantennen erreichen die Schnabelspitze. Die Seitenborste derselben sitzt in der Mitte der Aussenseite. Die Riechstäbchen sind von gleicher Länge. Der Stamm der Ruderantennen ist behaart. Der eine Ast ist mit vier, der andere mit drei gleich langen und 2gliedrigen Ruderborsten ausgestattet. Das erste und zweite Glied des inneren Astes trägt

noch 5 kurze Dornen. Der Lippenanhang ist gross, viereckig und kurz behaart.

Die Schale ist viereckig, ebenso hoch wie breit, an der Oberfläche glatt und der Länge nach sehr undeutlich und spärlich gefurcht. Der Hinterrand fällt in schräger Richtung nach hinten herab und geht unter einem breit abgerundeten Winkel in den stark convexen Unterrand über, welcher mit langen, abstehenden Wimpern besetzt ist. Hinter diesem Haarbesatz, welcher plötzlich aufhört, ist der Schalenrand noch fein gezähnt. Der Darm macht zwei Schlingen und endet hinter der Mitte des Postabdomens. Dieses hat eine beilförmige Gestalt und ist an der Basis eng, am Ende stark erweitert und abgerundet. Die Unterkante ist vorne stark convex, hinten concav und von den Schwanzkrallen angefangen bis zum niedrigen Afterhöcker, welcher nahe der Basis des Postabdomens liegt, mit langen, in Gruppen gereihten Dornen, welche von vorn nach hinten an Grösse abnehmen, bewaffnet. In jeder Gruppe stehen drei lange Dornen in Querreihe. Die langen einfachen Schwanzkrallen tragen einen kurzen Basaldorn. Die Schwanzborsten sind verhältnissmässig lang, gerade.

Länge: 0·92 $^{m. m.}$; Höhe: 0·66 $^{m. m.}$; Kopfhöhe: 0·23 $^{m. m.}$.

Beim Männchen überragen die Tastantennen den Schnabel. Die Hacken am ersten Fusspaare sind stark, zugespitzt. Die Hodenausführungsgänge verlängern sich zu einem ziemlich langen Penis, welcher zwischen den Schwanzkrallen liegt.

Am Grunde der klaren Gewässer nicht selten.

Fundorte: Wittingau, Prag, Skalitz; Deutschrod und Maleschau (Kurz).

65. Alona acanthocercoides, Fischer. — Der behaarte Linsenkrebs. — Čočkovec obrvený.

1854. Lynceus acanthocercoides, Fischer: Lync. p. 431, Tab. III., Fig. 21—25.
1860. Lynceus acanthocercoides, Leydig: Naturg. d. Daphn. p. 231.
1862. Eurycercus acanthocercoides, Schoedler: Lync. und Polyph. p. 11.
1867. Lynceus acanthocercoides, Norman and Brady: Mong. of the brit. Entom. p. 31, Tab. XIX., Fig. 5; Tab. XXL, Fig. 7.
1868. Alona acanthocercoides, P. E. Müller: Danmarks Cladocera p. 174, Tab. IV., Fig. 5.
1874. Leydigia acanthocercoides, Kurz: Dodek. p. 59.

Kurz fand diese Art bei uns viel seltener als die vorige und zwar in ihrer Gesellschaft. Mir blieb sie unbekannt.

Nach P. E. Müller ist sie viel grösser als A. Leydigii. Die Schale ist deutlich gestreift. Der Lippenanhang ist dicht und lang behaart. An den Schwanzkrallen fehlt der Basaldorn.

Länge: 0·9—1·1 $^{m. m.}$.

66. Alona affinis, Leydig. — Der rothgelbe Linsenkrebs. — Čočkovec červenožlutý.

1860. Lynceus affinis, Leydig: Naturg. d. Daphn. p. 223, Tab. IX., Fig. 68—69.
1862. Alona affinis, Schoedler: Lync. und Polyph. p. 19.
1863. Alona affinis, Sars: Zool. Reise p. 217.
1867. Lynceus quadrangularis, Norman and Brady: Mong. of the brit. Entom. p. 26, Tab. XXI., Fig. 5.
1868. Alona oblonga, P. E. Müller: Daum. Cladoc. p. 175, Tab. III., Fig. 22—23; Tab. IV., Fig. 1—2.
1872. Lynceus affinis, Frič: Krustenth. Böhm. p. 242, Fig. 50.
1874. Alona oblonga, Kurz: Dodek. p. 56.

Fig. 42.

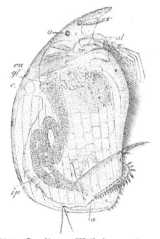

Fig. 43.

Alona affinis, Leydig. — Weibchen. *o* Auge. *al* Lippenanhang. *ip* Darmcoecum. *a* After. *c* Herz. *gl* Schalendrüse. *ca* Cuticularornament.

Alona affinis, Leydig. — Männchen. *al* Lippenanhang. *ug* Fusshacken. *vd* Mündung der Vasa deferentia.

Der Körper ist mittelgross, länglich oval, hinten verschmälert von rothgelber Farbe. Der grosse Kopf ist nach vorn gestreckt und verlängert sich in einen ziemlich langen, am Ende abgerundeten Schnabel, dessen Spitze mehr nach vorn gerichtet, das Niveau des unteren Schalenrandes nicht erreicht.

Das mit wenig Krystalllinsen ausgestattete Auge liegt dicht hinter der vorderen Kopfkante. Der rundliche Pigmentfleck von der Grösse des letzteren steht diesem näher als der Schnabelspitze. Die cylindrischen Tastantennen, die Schnabelspitze nicht erreichend, haben kurze Riechstäbchen, welche von einem überragt werden. Die Seitenborste befindet sich nahe dem freien Ende. Der Ruderantennenstamm ist theilweise behaart, die Glieder der Aoste am Ende mit einem Wimperkranze geziert. Der innere Ast trägt fünf, der äussere drei Ruderborsten. Alle Ruderborsten sind zweigliedrig und haben am Ende des ersten Gliedes einen winzigen Dorn. Die kürzeste Borste von den drei Endborsten ist noch am ersten Gliede seitlich bedornt. Das erste Glied des äusseren Astes sowie die Endglieder der beiden Aeste besitzen noch einen kurzen Dorn. Der Lippenanhang ist gross, viereckig, nur vorne abgerundet und hinten mit zwei kleinen Dornen bewaffnet.

Die Schale hat eine länglich vierkantige, hinten etwas verschmälerte Gestalt, deren grösste Höhe vor der Mitte steht. Der Oberrand mit der Kopfkante gleichmässig gewölbt, geht hinten unter einem abgerundeten Winkel in den senkrecht laufenden und schwach convexen Hinterrand über. Der untere Schalenwinkel ist ebenfalls breit abgerundet. Der Unterrand ist hinter der Mitte leicht ausgerandet und lang behaart. Die Haare sind gefiedert und gehen hinten in eine dichte Dornenreihe über, die am freien Rand ausgesägt erscheint. Neben dem Hinterrande bis zum Oberwinkel befindet sich noch eine feine Leistchenreihe. Die Schalenoberfläche ist grossmaschig und undeutlich reticulirt mit vorherrschenden Längslinien. Die Zwischenräume sind noch fein, dicht gestrichelt, was nur bei stärkerer Vergrösserung zum Vorschein tritt.

Der Darm ist zweimal geschlingelt, der Blindsack kurz. Der After liegt hinter der Mitte des Postabdomens. Dasselbe ist ziemlich kurz, breit, am Ende etwas erweitert, abgerundet und unterhalb der Krallen tief ausgeschnitten. Die gerade Unterkante trägt 15—17 ungleich grosse, hinten gesägte Zähne. Ober denselben befindet sich noch eine secundäre Leistenreihe. Der Afterhöcker ist niedrig, scharf. Die Schwanzkrallen sind mässig gebogen, gezähnt und tragen einen langen, ebenfalls gezähnten Basaldorn. Die Schwanzborsten sind kurz, behaart.

Länge: 0·9—0·98 ^{m. m.}; Höhe: 0·41—0·51 ^{m. m.}; Kopfhöhe: 0·25—0·26 ^{m. m.}.

Beim Männchen, welches stets kleiner ist als das Weibchen, ist der Dorsalrand weniger gewölbt, der Schnabel stumpfer und breiter. Die Fusshacken sind gross, kaum gebogen. Das gegen das freie Ende verschmälerte Postabdomen hat blos die secundäre Bezahnung. Die Hodenausführungsgänge münden vor den Krallen.

Länge: 0·78 ^{m. m.}; Höhe: 0·36 ^{m. m.}; Kopfhöhe: 0·25 ^{m. m.}.

In klaren Gewässern überall häufig.

Fundorte: Prag, Poděbrad, Brandeis, Přelouč, Turnau, Eger, Franzensbad, Chrudim, Wittingau, Budweis, Pisek, Eisenstein etc.

Die Deutlichkeit der Structur an der Schälenoberfläche ist sehr schwankend, so dass die Schalen bald glatt, bald gestreift oder reticulirt erscheinen. Von der nächst-folgenden A. quadrangularis, mit welcher sie sehr nahe verwandt ist, unterscheidet sie sich namentlich durch die feine Strichelung der Schale, welche aber bis jetzt unberücksichtigt geblieben ist, obgleich sie namentlich gegen die Mitte der Schalen stets ziemlich deutlich hervortritt. A. oblonga P. E. Müller halte ich für identisch mit meiner Art. Als nächstverwandte, wenn auch nicht als Varietät, ist A. sanquinea, P. E. Müller zu betrachten.

67. Alona quadrangularis, O. Fr. Müller. — Der vierkantige Linsenkrebs. — Čočkovec čtverhraný.

1776.? Lynceus quadrangularis, O. F. Müller: Entom. p. 75, Tab. IX., Fig. 1—3.
1862. Alona sulcata, Schoedler: Lync. und Polyph. p. 21, Tab. I., Fig. 24—25.
1868. Alona quadrangularis, P. E. Müller: Dam. Clad. p. 176, Tab. III., Fig. 20—21.
1874. Alona quadrangularis, Kurz: Dodekas p. 80.

Fig. 44.

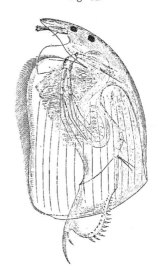

Der Körper ist mittelgross, länglich vierkantig, hinten erweitert und horngelb gefärbt. Der Kopf ist ebenfalls gross, gestreckt, mit dem kurzen stumpfen Schnabel nach vorn zielend. Der Pigmentfleck grösser als das Auge liegt diesem näher als der Schnabelspitze. Die cylindrischen Tastantennen, weit kürzer als der Schnabel, werden vom Fornix gänzlich bedeckt. Unter den Riechstäbchen sind zwei länger als die übrigen. Die Seitenborste steht nahe dem Ende. Die Ruderantennen sind von derselben Beschaffenheit wie bei A. affinis. Der Stamm derselben ist aber unbehaart. Der Lippenanhang vorne abgerundet, trägt hinten auch zwei kurze Dornen.

Die Schale ist viereckig, hinten erweitert, schräg abgestutzt und fast ebenso hoch wie lang. Der Unterrand ist gerade und mit langen Haaren besetzt, welche nach hinten kleiner werden und in kurze Dornen übergehen, die sich bis zur Mitte des Hinterrandes erstrecken. Ober dem unteren und hinteren Schalenwinkel befindet sich stets ein seichter Ausschnitt. Die Schalenoberfläche ist in horizontaler Richtung deutlich gefurcht. Die Zwischenräume sind breit und glatt.

Alona quadrangularis, O. F. Müller. — Weibchen.

Das Postabdomen, gegen das freie Ende· merklich erweitert, hat dieselbe Gestalt und Bewehrung wie bei A. affinis. Die Schwanzkrallen sind glatt, der Basaldorn gezähnt. Länge: 0·74—0·82 ᵐ·ᵐ·; Höhe: 0·44—0·46 ᵐ·ᵐ·; Kopfhöhe: 0·21—0·26 ᵐ·ᵐ·. Das Männchen ist schlanker und kleiner als das Weibchen. Der Dorsalrand hat einen geraden Verlauf. Der Schnabel ist kurz, stumpf, nach vorne gerichtet; die Seitenborste der Tastantennen zeichnet sich durch ihre Kürze und Stärke aus. Am ersten Gliede der Ruderborsten fehlt der Dorn. Die Fusshacken sind gross, stark, an der Basis und am Ende verdickt. Das Postabdomen ist nur seitlich bewehrt. Die Hodenausführungsgänge münden vor den Krallen.

Länge: 0·61 ᵐ·ᵐ·, Höhe: 0·32 ᵐ·ᵐ·, Kopfhöhe: 0·21 ᵐ·ᵐ·.

In klaren Gewässern selten.

Fundorte: Goldbach bei Wittingau; Bestrevteich bei Frauenberg (Dr. Frič); Struhařov (Vejdovský).

A. quadrangularis, Baird ist identisch mit A. tenuicaudis, Sars, wie dies die Baird-sche Fig: 11 *) des Postabdomens deutlich beweist.

68. Alona elegans, Kurz. — Der zierliche Linsenkrebs. — Čočkovec ozdobný.

1874.   Alona elegans, Kurz: Dodek. p. 45, Tab. II., Fig. 1.

Kurz beschreibt diese Art folgenderweise:

Die Sculptur der Schalenoberfläche besteht aus äusserst dichten, im unteren Theil von der Gelenkstelle der Mandibeln ausstrahlenden und im oberen Theil mit der Rückencontour parallelen, abwechselnd stärkeren und schwächeren Linien. Das Nebenauge liegt etwa in der Mitte zwischen dem ziemlich grossen Auge und dem etwas zugespitzten Rostrum. Die Antennen haben die Länge des Rostrum, in der Mitte sind sie stark verdickt. Die Ruderantennen haben ausser der gewöhnlichen Bewehrung am Mittelgliede des inneren Astes einen Halbkranz von kleinen Dornen und am Basalgliede einen zarten Dorn.

Der Schwanz ist kurz, sehr breit, ober dem After spitzig und am freien Ende abgerundet, ohne Einschnitt. Die zehn Randzähne sind einfach und spitzig, die Schuppenreihe ist vorhanden. Die Endklaue ist stark. Am Rücken befinden sich drei Querreihen von Haaren.

Grösse: 0·4—0·5 ᵐ·ᵐ·.

In einem Waldteich zwischen Maleschau und Zbraslavic nicht häufig.

69. Alona tenuicaudis, Sars. — Der engschwänzige Linsenkrebs. — Čočkovec úzkorepý.

1843.   Lynceus quadrangularis, Baird: Brit. Entom. p. 92, Tab. III., Fig. 9—11.
1858.   Camptocercus alonoides, Schoedler: Branch. p. 27.
1862.   Alona tenuicaudis, Sars: Om de i Christ. Omegn iagtt. Clad. p. 285.
1863.   Alona camptocercoides, Schoedler: Neue Beitr. p. 24, Tab. I., Fig. 8—10.
1867.   Lynceus tenuicaudis, Norman and Brady: Mong. of the brit. Entom. p. 25, Tab. XIX., Fig. 3.
1868.   Alona tenuicaudis, P. E. Müller: Daum. Clad. p. 179, Tab. II., Fig. 20; Tab. III., Fig. 24.
1874.   Alona tenuicaudis, Kurz: Dodek. p. 52.

---

*) Baird: Brit. Entom. in Ann. and Mag. of natur. Hist. 1843. Tab. III.

Der Körper ist klein, länglich oval, schmutzig blassgelb gefärbt. Die grösste Höhe liegt in der Mitte der Körperlänge. Der Kopf ist hoch, wenig gestreckt und erreicht mit der leicht abgestutzten Schnabelspitze, welche abwärts zielt, nicht das Niveau des unteren Schalenrandes. Die Fornices sind sehr eng.

Das Auge hat 4—2 Krystalllinsen, die aus dem schwarzen Pigment wenig hervorspringen. Der Pigmentfleck um die Hälfte kleiner als das Auge liegt beiläufig in der Mitte zwischen diesem und der Schnabelspitze. Die Tastantennen sind kurz, conisch, die Schnabelspitze nicht erreichend. Die Riechstäbchen haben gleiche Länge. Die kurze Seitenborste steht vor der Mitte der Aussenseite. Der innere Ast der Ruderantennen ist mit 4 zweigliedrigen Borsten und einem kurzen Dorne am ersten Gliede ausgestattet. Der Lippenanhang ist breit, viereckig, mit abgerundeten Winkeln.

Fig. 45.

Alona tenuicaudis, Sars. — Weibchen. *al* Lippenanhang.

Die Schale hat eine länglich ovale, hinten stark gewölbte Gestalt, deren Unterand mit langen, befiederten Haaren dicht besetzt ist. Diese verkürzen sich allmälig nach hinten und gehen hinter dem Winkel in eine feine Leistchenreihe über, die sich längs dem Hinterrande bis zum oberen Winkel fortsetzt. Die Schalenoberfläche ist mehr oder weniger deutlich und dicht der Länge nach gestreift.

Der Darm bildet zwei Schlingen. Das Postabdomen, von der Hälfte der Schalenlänge, verschmälert sich gegen das freie Ende hin, ist eng, vorne tief ausgeschnitten und am Winkel abgerundet, unten gerade und mit 17—18 einfachen Zähnen bewehrt, von denen die vorderen alle übrigen an Grösse und Länge weit übertreffen. Der, nahe der Basis hervorspringende Afterhöcker ist sehr niedrig und abgerundet. Die langen Schwanzkrallen sind glatt und an der Basis hinter dem ebenfalls langen Basaldorn mit einem Büschel von kurzen Haaren versehen. Die Schwanzborsten sind kurz.

Länge: 0·53—0·6 $^{m.\,m.}$, Höhe: 0·31—0·36 $^{m.\,m.}$, Kopfhöhe: 0·12—0·16 $^{m.\,m.}$.

Das Männchen blieb mir unbekannt.

Am Grunde der klaren Gewässer selten.

Fundorte: Turnau, Wittingau, Poděbrad; Deutschbrod (Kurz). In einem Teiche bei Wartenberg unweit von Turnau traf ich sie in grosser Zahl.

Al. tenuicaudis varirt in den verschiedenen Ländern sowohl in Grösse als auch in der Bewehrung des Postabdomens. Die grösste Länge giebt Schoedler an: 0·75 $^{m.\,m.}$, die kleinste Kurz, Sars und P. E. Muller: 0·4 $^{m.\,m.}$. Am Postabdomen zählt Sars und Norman 20—18, ich 17—18, P. E. Müller 14 und Schoedler nur 11—13 Zähne.

70. Alona latissima, Kurz. — Der hohe Linsenkrebs. — Čočkovec vysoký.

1874. Alonopsis latissima, Kurz: Dodek. p. 46, Tab. II., Fig. 13—15.
1874. Alona tenuirostris, Hellich: Cladoc. Böhmens. p. 15.

Fig. 46.

Alona latissima, Kurz. — Weibchen.
c Herz. e Embryo.

Der Körper ist klein, breit, eiförmig, hinten verjüngt, von blassgelber Farbe. Der Kopf ist niedrig, wenig gestreckt und verlängert sich im Verhältniss zu den übrigen Alonaarten in einen sehr langen, fein zugespitzten und nach hinten gebogenen Schnabel. Die Fornices sind sehr eng.

Der rundliche, schwarze Pigmentfleck ist um die Hälfte kleiner als das Auge und steht diesem näher als der Schnabelspitze. Die sehr langen, fast die Schnabelspitze erreichenden Tastantennen tragen in der Mitte der Aussenseite eine kurze, zugespitzte Seitenborste. Die Riechstäbchen sind lang, von ungleicher Grösse. Der innere Ast der. Ruderantennen hat fünf .Ruderborsten. Am ersten Gliede des Aussenastes steht noch ein kurzer Dorn. Der Lippenanhang ist viereckig, eng, lang, mit abgerundeten Winkeln.

Die eiförmige Schale, deren grösste Höhe vor der Mitte liegt, verschmälert sich plötzlich gegen den kurzen Hinterrand, der stark gebogen ist. Der Oberrand ist stark gewölbt, der untere, vorne convexe, hinten breit ausgeschnittene Rand besitzt denselben Haarbesatz wie bei A. tenuicaudis. Die Leistchenreihe reicht nur bis zur Mitte des Hinterrandes. Die Schalenoberfläche ist gestreift, die Zwischenräume sehr breit.

Der Darm ist zweimal geschlingelt und erweitert sich hinten vor dem Postabdomen in einen ziemlich langen Blindsack. Das Postabdomen, länger als die Hälfte der Schalenlänge, ist schmal und gegen das freie Ende deutlich verjüngt. Die vordere Kante ist tief winkelartig ausgeschnitten, der Winkel schräg abgestutzt mit je einem langen Dorne am jeden Eck. Die untere Kante ist gerade und mit sieben kurzen, einfachen, weit von einander abstehenden Dornen bewaffnet. Der Afterhöcker ragt stärker hervor als bei A. tenuicaudis. Die Schwanzkrallen sind schlank, wenig gebogen und tragen ausser dem langen Basaldorn noch einen kleinen Stachel in der Mitte. Die Schwanzborsten sind kurz.

Länge: 0·58 ᵐ· ᵐ·, Höhe: 0·43 ᵐ· ᵐ·.

Beim Männchen, welches Kurz beschrieb, ist der Unterrand der Schale fast gerade. Die Antennen sind länger als der Schnabel, im basalen Drittel an der Aussenseite mit einem Tasthaar, tiefer unten mit drei seitlichen und am Ende mit 8—10 terminalen Riechstäbchen besetzt. Die Fusse des ersten Fusspaares haben einen starken Hacken. Der Schwanz hat keine Analzähne und auch die Endklaue entbehrt ausser dem Basaldorn jeder secundären Bewehrung. Ober den Endklauen liegt der Porus genitalis.

Länge: 0·4 ᵐ· ᵐ·, Höhe: 0·3 ᵐ· ᵐ·.

In klaren Gewässern sehr selten.

Ich fand sie nur in einem Exemplar in einem Tümpel bei Turnau und im „Svět"-Teiche bei Wittingau. Kurz traf sie in einem Waldteiche bei Zbraslavic südlich von Kuttenberg.

71. Alona costata, Sars. — Der gefurchte Linsenkrebs. — Cočkovec rýhovaný.

1848. Lynceus quadrangularis, Liévin: Branch. p. 40, Tab. X., Fig. 6—7.
1858. Alona lineata, Schoedler: Branch. p. 28.
1862. Alona costata, Sars: Om de i Christ. Omegn. iagtt. Cladoc. p. 286.
1863. Alona lineata, Schoedler: Neue Beitr. p. 20, Tab. I., Fig. 23.
1867. Lynceus costatus, Norman and Brady: A Monog. of the brit. Entom. p. 25, Tab. XVIII., Fig. 2., Tab. XXI., Fig 7.
1868. Alona lineata, P. E. Müller: Danm. Clad. p. 178, Tab. IV., Fig. 3—4.

Fig. 47.

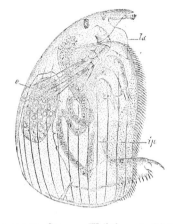

Fig. 48.

Alona costata, Sars. — Postabdomen. *vd* Vasa deferentia.

Alona costata, Sars. — Weibchen. *la* Lippenanhang. *ip* Darmcoecum. *e* Embryo.

Der Körper ist klein, hoch, länglich viereckig, vorne verschmälert und blassgelb gefärbt. Der Kopf ist klein, wenig nach vorn gestreckt. Der Schnabel kurz, an der Spitze, welche bis zum Niveau des unteren Schalenrandes reicht, kaum abgestutzt. Die Fornices sind sehr breit.

Das Auge, mit etwa zehn kleinen Krystalllinsen versehen, liegt nahe der Scheitelkante. Der Pigmentfleck, um die Hälfte kleiner als dieses, steht beinahe in der Mitte zwischen dem Auge und der Schnabelspitze. An den cylindrischen Tastantennen, welche kurzer als der Schnabel sind, befindet sich die kurze Seitenborste nahe dem freien Ende. Unter den Riechstäbchen ragen zwei unbedeutend hervor. Der Stamm der Ruderantennen, welche sieben Borsten tragen (die achte ist verkümmert), ist behaart. Das erste Glied des äusseren Astes hat noch einen kurzen Enddorn. Der Lippenanhang ist klein, viereckig, vorne abgerundet, hinten . bedornt.

Die Schale ist länglich viereckig, hinten höher als vorne. Ihre grösste Höhe liegt in der Mitte. Der Dorsalrand ist mässig gewölbt und geht hinten unter einer grossen Wölbung in den senkrecht herabsteigenden, schwach convexen Hinterrand. Der untere Schalenwinkel ist breit abgerundet, der Unterrand gerade, mit kurzen, starren Wimpern bis hinter den Hinterwinkel besetzt. Längs des Hinterrandes läuft auch bei dieser Art die feine Leistchenreihe. Die Schalenoberfläche ist sehr deutlich gestreift. Die Zwischenräume sind punktirt.

Der Darm ist zweimal gewunden, der unpaare Blindsack ziemlich lang. Das Postabdomen, kürzer als die Hälfte der Schalenlänge, verschmälert sich gegen das freie Ende. Die Vorderkante ist kaum ausgeschnitten, der Winkel scharf. An der geraden Unterkante stehen 9—10 gleich grosse Zähne. Der Afterhöcker, welcher etwa im letzten Drittel ·der Schwanzlänge liegt, tritt deutlich hervor. Die Schwanzkrallen tragen einen kleinen Basaldorn und sind glatt. Die Schwanzborsten sehr kurz.

Das Ephippium ist dunkelbraun gefärbt.

Länge: 0·55—0·65 $^{m.\,m.}$, Höhe: 0·34—0·38 $^{m.\,m.}$, Kopfhöhe: 0·15—0·17 $^{m.\,m.}$.

Das Männchen ist beträchtlich kleiner und schlanker als das Weibchen. Der Dorsalrand ist weniger gebogen, der Schnabel stumpf und nach vorne gerichtet. Die Tastantennen sind ebenso lang wie der Schnabel. Der Fusshacken ist an der Basis verdickt. An den Krallen des conischen Postabdomens fehlt der Basaldorn. Vor diesen steht ein kurzer Penis, wo die Hodenausführungsgänge ausmünden.

Länge: 0·5 $^{m.\,m.}$, Höhe: 0·27 $^{m.\,m.}$, Kopfhöhe: 0·14 $^{m.\,m.}$.

Iu klaren Gewässern sehr häufig.

Fundorte: Prag, Přelouč, Poděbrad, Budweis, Chrudim, Nimburg, Wittingau, Lomnitz, Pisek, Eisenstein, Eger, Franzensbad, Turnau etc.

In Lynceus quadrangularis, Liévin glaube ich diese Art wiederzufinden, denn die übereinstimmende Grösse (0.0178 Par. Linie $= 0.48$ m. m.) und das kurze, am Ende schräg abgestutzte Ende des Postabdomens (Fig. 6, Tab. X.) spricht dafür. Mit Lynceus lineatus Fischer ist dagegen A. rectangula Sars identisch und stimmt mit derselben sowohl in der Grösse ($^1/_6$—$^1/_5$ Linie $= 0.43$—0.37 m. m.) als auch in der Bewehrung des Postabdomens (7—8 Stacheln) überein. Bei Sars trägt das Postabdomen von A. costata 12—14, bei Norman 10—14 Zähne. P. E. Müller sah dasselbe beim Männchen mit Leistchenreihen bewehrt (utrinque seriebus duabus squamarum). Kurz dagegen spricht noch beim Weibchen von einer secundären Bezahnung.

72. Alona guttata, Sars. — Der kleine Linsenkrebs. — Čočkovec malý.

1862.   Alona guttata, Sars: Om de i Christ. Omegu iagtt. Clad. p. 287.
1867.   Lynceus guttatus, Norman and Brady: Mon. of the brit. Entom. p. 29. Tab. XVIII., Fig. 6., Tab. XXI., Fig. 10.
1868.   Alona guttata. P. E. Müller: Eftersk. til Danmarks Clad. p. 356.
1874.   Alona parvula, Kurz: Dodekas p. 44, Tab. II., Fig. 8.
1874.   Alona tuberculata, Kurz: Dodekas p. 45, Tab. II., Fig. 3.
1874.   Alona anglica, Hellich: Cladoc. Böhmens p. 15.

Fig. 49.

Fig. 50.

Alona guttata, Sars. —
Weibchen.

Alona guttata, Sars. —
Männchen. *vd* Porus genitalis.

Der Körper ist sehr klein, kurz, eiförmig, vorne verschmälert und blass horngelb gefärbt. Der kleine niedrige Kopf endet unten in einen kurzen, an der Spitze abgestutzten Schnabel. Die Fornices sind sehr breit.

Der Pigmentfleck, bedeutend kleiner als das Auge, liegt in der Mitte zwischen diesem und der Schnabelspitze. Die kurzen Tastantennen erreichen nicht das Schnabelende. Die Ruderantennen tragen sieben zweigliedrige Borsten. Die achte Borste ist eingliedrig, verkümmert. Der Lippenanhang ist länglich viereckig, mit abgerundeten Winkeln wie bei A. latissima.

Die Schale, ebenso hoch wie lang, hat eine kurz eiförmige, hinten am verschmälerten Ende abgestutzte Gestalt, deren grösste Höhe vor der Mitte liegt. Der Unterrand ist fast gerade, kurz bewimpert, der Hinterrand wenig gebogen und ohne Leistchenreihe. Die Schalenoberfläche erscheint bald glatt, bald der Länge nach gestreift oder schön regelmässig reticulirt mit dicken und erhabenen Begränzungslinien. Nicht selten ist auch die Oberfläche mit grossen, runden Höckerchen, welche in Längsreihen geordnet sind, besetzt.

Das kurze und breite Postabdomen verjüngt sich merklich gegen das freie Ende hin, wo es gerade abgestutzt und am Unterwinkel nicht abgerundet ist. An den Rändern der Analfurche stehen 6—7 gleich grosse Zähne. Die Schwanzkrallen sind glatt, mit einem kleinen Basaldorn.

Länge: 0·35—0·39 $^{m.\ m.}$; Höhe: 0·23—0·26 $^{m.\ m.}$; Kopfhöhe: 0·08—0·09 $^{m.\ m.}$. Beim Männchen ist der Schnabel sehr kurz, so dass er von den Tastantennen überragt wird. Der Hacken des ersten Fusspaares ist klein, an der Basis angeschwollen und stark vorwärts gekrümmt. Das Postabdomen bleibt am Unterrande unbewehrt. Die Hodenausführungsgänge münden vor den Krallen.

In klaren Gewässern ziemlich häufig.

Vorkommen: bei Poděbrad, Wittingau, Budweis, Eisenstein, Eger, Franzensbad, Turnau; Deutschbrod (Kurz).

Kurz beschrieb diese Art mit glatter Schale als A. parvula, mit höckeriger als A. tuberculata. Die reticulirte Varietät, wie sie Sars und Müller angibt, blieb mir unbekannt.

73. Alona intermedia, Sars. — Der breitnasige Linsenkrebs. — Čočkovec širokozobý.

1862. Alona intermedia, Sars: Om de i Christ. Omegn. iagtt. Cladoc. p. 286.
1868. Alona intermedia, P. E. Müller: Daum. Clad. p. 181, Tab. IV., Fig. 1—9; p. 356.

Der Körper ist klein, kurz oval, von blassgelber Farbe. Der Kopf ist hoch gestreckt, der Schnabel kurz, an der Spitze breit abgestutzt und nach unten gerichtet. Der schwarze Pigmentfleck, bedeutend grösser als das Auge, liegt von der Schnabelspitze weiter entfernt als von diesem. Die conischen Tastantennen sind ebenso lang wie der Schnabel, die Riechstäbchen von gleicher Länge. Die Ruderantennen tragen sieben Borsten und noch einen kurzen Enddorn am ersten Gliede des Aussenastes. Der Lippenanhang ist breit viereckig, vorne abgestutzt.

Die grösste Höhe der vierkantiger Schale liegt in der Mitte. Der dorsale Rand ist stark gewölbt und biegt sich hinten unter einem stumpfen Winkel in den schwach gewölbten und schräg herabsteigenden Hinterrand, der ober dem unteren Schalenwinkel stets seicht ausgeschnitten ist (wie bei A. quadrangularis). Der gerade Unterrand ist bis zum Hinterwinkel kurz behaart. Die Leistchenreihe längs des Hinterrandes fehlt. Die Schalenoberfläche ist in horizontaler Richtung deutlich gefurcht und in den Zwischenräumen punktirt.

Das Postabdomen ist breit, kurz, vorne tief ausgeschnitten und am unteren Winkel abgerundet. Die untere convexe Kante ist gruppenweise bedornt. In diesen Gruppen (7—8 an der Zahl) stehen immer drei Dornen dicht nebeneinander, mit Enden divergirend. Der Afterhöcker ist hoch, scharf. Die Schwanzkrallen, an der Basis mit einem kurzen Dorn versehen, sind glatt.

Länge: 0·43 $^{m.\ m.}$, Höhe: 0·28 $^{m.\ m.}$, Kopfhöhe: 0·18 $^{m.\ m.}$.

Das Männchen ist unbekannt.

Diese Art fand Dr. Frič nur einmal in einer Pfütze bei Elschovitz unweit von Winterberg in Gesellschaft mit Moina Fischeri.

74. Alona lineata, Fischer. — Der veränderliche Linsenkrebs. — Čočkovec proměnlivý.

1854. Lynceus lineatus, Fischer: Ueber Daph. und Lync. p. 429, Tab. I., Fig. 15—16·
1862. Alona rectangula, Sars: Om de i Christ. Omegn iagtt. Clad. p. 160.
1862. Alona lineata, Sars: Idem 2det Bidrag. p. 166.
1863. Alona spinifera, Schoedler: Neue Beitr. p. 18, Tab. I., Fig. 17—22.

1874.   Alona coronata, Kurz: Dodek. p. 54, Tab. II., Fig. 4—6.
1874.   Alona pulchra, Hellich: Cladoc. Böhm. p. 15.

Fig. 51.

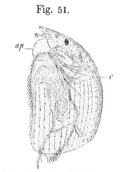

Alona lineata, Fischer.
— Weibchen.

Der Körper ist sehr klein, länglich oval, hinten abgestutzt und von blassgelber Farbe. Der Kopf ist hoch gestreckt, der Schnabel kurz, an der Spitze abgestutzt und mehr nach vorne gerichtet. Die Fornices sind breit.

Der Pigmentfleck, um die Hälfte kleiner als das Auge, liegt diesem näher als der Schnabelspitze. Die kleinen, cylindrischen Tastantennen erreichen bei weitem nicht die Schnabelspitze und haben gleich grosse Riechstäbchen. Der innere Ast der Ruderantennen trägt vier gleich lange, und der äussere drei Ruderborsten. Der Lippenanhang ist sehr gross, mit gleichmässig abgerundeten Winkeln.

Die grösste Höhe der länglich vierkantigen, an den Ecken breit abgerundeten Schale befindet sich in der Mitte der Länge. Ober dem hinteren und unteren Winkel ist die Schale stets ausgeschnitten. Der gerade oder schwach concave Unterrand ist wie bei voriger Art kurz behaart. Die Leistchenreihe des Hinterrandes fehlt auch hier. Die Structur der Schalenoberflächen schwankt ebenso wie bei A. guttata und die Schale sieht bald glatt, bald gestreift oder reticulirt mit erhabenen, dicken Längs- und Querstreifen. Zuweilen findet man die Längsstreifen mit kleinen erhabenen Knötchen unterbrochen.

Das breite und kurze Postabdomen ist vorne abgerundet und unten mit 7—8 schlanken Stacheln bewehrt. Oberhalb dieser Stachelreihe jederseits d'es Postabdomens stehen noch lange Stacheln mit den ersteren alternirend. Der Afterhöcker ist hoch, scharf. Die Schwanzkrallen sind kurz, wenig gebogen, fein gezähnt und mit einem kleinen Basaldorn versehen. Die Schwanzborsten sind ziemlich lang.

Länge: 0·38—0·4 m. m. , Höhe: 0·23 m. m., Kopfhöhe: 0·11 m. m.

In klaren Gewässern häufig.

Fundorte: Poděbrad, Turnau, Wittingau, Eisenstein, Saar (Dr. Frič); Struhařov (Vejdovský); Eger, Franzensbad (Novák); Deutschbrod (Kurz).

75. Alona falcata, Sars. — Der langnasige Linsenkrebs. — Čočkovec dlouhozobý.

1862.   Alona falcata, Sars: Om de i Christ. Omegu iagtt. Clad. p. 162.
1862.   Harporhynchus falcatus, Sars: Idem. 2det Bidrag. p. 289.
1867.   Lynceus falcatus, Norman and Brady: Monog. of the brit. Entom. p. 36, Tab. XVIII., Fig. 1., Tab. XX., Fig. 1.
1868.   Alona falcata, P. E. Müller: Danmarks Cladoc. p. 183, Tab. IV., Fig. 13—14.

Fig. 52.

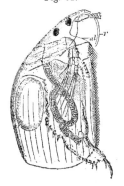

Fig. 53.

Alona falcata, Sars. — Weibchen.
r Schnabel. al Lippenanhang.

Alona falcata, Sars. — Männchen.
ug Fusshacken. vd Porus genitalis.

Der Körper ist klein, länglich vierkantig, vorne schräg abgestutzt und von gelbbrauner Farbe. Der hohe, nach vorne gestreckte Kopf verlängert sich unten in einen sehr langen, rückwärts gekrümmten Schnabel, dessen Ende bis zum vorderen Schalenwinkel reicht. Der rückwärts gekrümmte Schnabeltheil ist ein langer und enger lamellöser und an der Spitze abgerundeter Fortsatz des Kopfschildes. Der Fornix ist breit. Das Auge, um die Hälfte kleiner als der unregelmässig viereckige Pigmentfleck, welcher jenem näher liegt als der Schnabelspitze, besitzt wenig Krystalllinsen. An den langen, cylindrischen Tastantennen, welche nach aussen gerichtet sind, sitzt die Seitenborste in der Mitte. Unter den langen Riechstäbchen ist eine doppelt so gross als die übrigen. Der innere Ast der Ruderantennen trägt vier Borsten und einen kurzen Dorn am ersten Gliede. Das erste Glied des äusseren Astes ist behaart und ebenfalls mit einem Enddorne versehen. Der Lippenanhang ist vierkantig, abgerundet und am hinteren Eck seicht eingedrückt.

Die viereckige Schale ist vorne verschmälert und in der Mitte am höchsten. Der obere mit der Kopfkante gleichmässig stark gebogene Rand geht unter einem stumpfen Winkel in den senkrechten, schwach convexen Hinterrand über. Der untere Schalenwinkel ist breit abgerundet und mit 1—3 kleinen Zacken versehen. Der gerade Unterrand, hinter dem vorderen Schaleneck, welches höckerartig hervorspringt, tief ausgeschnitten, trägt kurze, abstehende Borsten, die am vorderen Schaleneck die grösste Länge erreichen. Die Structur der Schalenoberfläche tritt deutlich hervor und besteht aus geraden Längsfurchen.

Der Darm macht eine und eine halbe Windung und hat hinten einen sehr kurzen Blindsack. Das Proabdomen trägt hinten am Rucken ausser den queren Haarreihen noch lange Stacheln. Das Postabdomen ist gross, viereckig, gleich breit, vorne am Winkel abgestutzt und mit zwei starken Dornen versehen. Die untere gerade Kante ist unbedornt, hinter dem kaum hervorragenden Afterhöcker gekerbt. Jederseits des Postabdomens stehen kleine Dornen in Gruppen geordnet, welche drei bis vier Dornen zählen. Die Schwanzkrallen sind glatt, der Basaldorn kurz. Die Schwanzborsten lang.
Länge: 0·55—0·6 ᵐ·ᵐ·, Höhe: 0·29—0·31 ᵐ·ᵐ·, Kopfhöhe: 0·17—0·2 ᵐ·ᵐ··.

Beim Männchen ist der Dorsalrand wenig gebogen, der Kopf mit dem Schnabel mehr nach vorn gerichtet. An den kurzen und dicken Tastantennen sind die Riechstäbchen von ungleicher Länge. Der Fusshacken ist sehr klein. Am Postabdomen, welches eine conische Gestalt annimmt, tritt der Afterhöcker deutlich hervor und ist scharf. Dasselbe ist nur seitlich bewehrt. Der Basaldorn der Schwanzkrallen fehlt. Die Hodenausführungsgänge münden vor den Krallen.
Länge: 0·4 ᵐ·ᵐ·, Höhe: 0·18 ᵐ·ᵐ·, Kopfhöhe: 0·15 ᵐ·ᵐ·.

Dr. Frič fand dieses Thierchen im Bestrevteiche bei Frauenberg, wo es gemeinschaflich mit A. quadrangularis und rostrata am sandigen Ufer in grosser Zahl lebte. Alona dentata, Müller ist wahrscheinlich dieselbe Art mit abgebrochenem Schnabel. Ich habe viele solche Individuen gesehen.

76. Alona testudinaria, Fischer. — Der gegitterte Linsenkrebs. — Čočkovec mřižovaný.

1848. Lynceus testudinarius, Fischer; Ueber die Crust, etc. p. 191, Tab. IX., Fig 12.
1853. Lynceus reticulatus und testudinarius, Lilljeborg: De Crust. p. 83, Tab. VII., Fig. 6 - 7., pag. 84.
1860. Lynceus reticulatus und testudinarius, Leydig: Naturg. d. Daph. p. 229.
1862. Graptoleberis reticulata, Sars: Om de i Christ. Omegn iagtt. Clad. p. 289.
1863. Alona esocirostris, Schoedler: Neue Beitr. p. 25, Tab. I., Fig. 26—27.
1867. Lynceus testudinarius, Norman and Brady: Mon. of. the brit. Entom. p. 30, Tab. XVIII., Fig. 7., Tab. XXI, Fig. 4.
1868. Alona reticulata, P. E. Müller: Daum. Clad. p. 180.
1872. Lynceus reticulatus, Frič. Krustth. Böhm. p. 244, Fig. 55.
1874. Graptoleberis testudinaria, Kurz: Dodekas p. 54, Tab. II., Fig. 11—12.

Fig. 54.

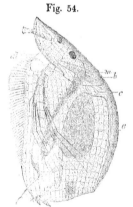

Alona testudinaria, Fischer. — Weibchen. *al* Lippenanhang. *m* Antennenmuskeln. *b* Cuticularornament. *c* Herz.

Der Körper ist mittelgross, dick, fasthalbkreisförmig, vorn und hinten verschmälert, und von schmutzig gelber Farbe. Der hohe Kopf, mit dem kurzen Schnabel nach vorne gestreckt, wird zu beiden Seiten vom sehr breiten Fornix, dessen freier Rand auswärts gebogen ist, bedeckt, so dass der Kopf von oben gesehen eine kreisrunde Contour besitzt. Das Auge, von der Scheitelkante kaum entfernt, ist zweimal so gross als der schwarze Pigmentfleck, welcher dem Auge näher steht als der Schnabelspitze. Die Tastantennen von der Grösse des Schnabels tragen fast gleich lange Riechstäbchen und eine kurze Seitenborste nahe dem freien Ende. Die Ruderantennen sind lang gestreckt, mit sieben langen Borsten ausgestattet. Der Lippenanhang ist unten an den Winkeln gleichmässig abgerundet.

Die Schale ist länger als hoch. Ihre grösste Höhe liegt vor der Mitte. Von oben gesehen verlängert sich oft der Schalenrücken in einen sehr hohen Kiel. Der dorsale Rand mit dem Kopfrande hoch und gleichmässig gebogen, verschmilzt zuweilen hinten mit dem kurzen Hinterrande unter gleicher Wölbung. Der untere Schalenwinkel ist fast rechteckig und mit 2—3 sehr starken und aufwärts gerichteten Zähnen bewehrt. Am ganzen Unterrande, welcher einen geraden Verlauf hat, ist die Schale mit langen, von vorne nach hinten an Grösse abnehmenden und gefiederten Wimpern besetzt. Die Oberfläche des Kopfschildes und der Schale ist grossmaschig und sehr deutlich gefeldert.

Das Postabdomen, von conischer Gestalt, ist klein, kurz, unten an den schwach convexen Rändern der Analfurche mit 7—8 Büscheln von kurzen Haaren besetzt. Der Afterhöcker ist hoch, abgerundet. Die Schwanzkrallen sitzen auf der Spitze des Postabdomens und sind verkümmert, klein, stark gebogen, mit einem winzigen Basaldorn. Die obere Kante derselben ist zweimal ausgezackt.

Länge: 0·66—0·75 m. m., Höhe: 0·38—0·41 m. m., Kopfhöhe: 0·21—0·25 m. m. In klaren Gewässern nicht häufig.

Fundorte: Poděbrad. Turnau, Lipičteich bei Wittingau (Dr. Frič); Königsberg (Novák).

77. Alona rostrata, Koch. — Der ausgerandete Linsenkrebs. — Čočkovec vykrojený.

1841.   Lynceus rostratus, Koch: Deutsch. Crust. p. 36, Tab. XII.
1853.   Lynceus rostratus, Lilljeborg: De Crust. p. 78, Tab. VI., Fig. 9.
1860.   Lynceus rostratus, Leydig: Naturg. der Daph. p. 217.
1862.   Alonella rostrata, Sars: Om de i Christ. Omegn. iagtt. Clad., p. 301.
1863.   Lynceus rostratus, Schoedler: Neue Beitr. p. 48.
1867.   Lynceus rostratus, Norman and Brady: Mong. of the brit. Entom. p. 43, Tab. XIX., Fig. 1., Tab. XXL, Fig. 6.
1868.   Alona rostrata, P. E. Müller: Daum. Clad. p. 182., Tab. IV., Fig. 12.
1874.   Alonella rostrata, Kurz: Dodekas. p. 60, Tab. II., Fig. 7.

Der Körper ist klein, niedrig, länglich elliptisch, nach vorne und hinten merklich verjüngt. Die Farbe ist horngelb. Der Kopf ist hoch, nach vorne gestreckt und in einen langen, spitzigen und nach hinten gebogenen Schnabel ausgezogen. Die Fornices sind sehr stark entwickelt. Der schwarze Pigmentfleck von rundlicher Form ist von der Schnabelspitze zweimal so entfernt wie von dem Auge, welches ihn an Grösse bedeutend übertrifft. Die Tastantennen sind cylindrisch und haben die Grösse der halben Schnabellänge. Sie tragen die Seitenborste vor der Mitte der Aussenseite. Die Riechstäbchen sind kurz und ungleich lang. Die Ruderantennen haben sieben Borsten und einen langen Dorn am ersten Gliede des äusseren Astes. Der Lippenanhang ist sehr verkümmert, unbedeutend.

Fig. 55.

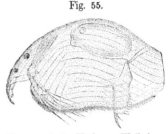

Alona rostrata, Koch. — Weibchen.

Die Schale ist länglich eiförmig, hinten verschmälert und abgestutzt. Ihre grösste Höhe befindet sich in der Mitte. Der Dorsalrand, mit dem Kopfrande gleichmässig und stark gewölbt, ist vor der oberen Schalenecke leicht ausgerandet. Die Hinterkante steigt senkrecht hinab, ist kurz, kaum gebogen, die untere Schalenecke abgerundet, der Unterrand gewölbt, in der Mitte abgeflacht oder ausgeschnitten. Sein Haarbesatz ist kurz und erstreckt sich bis zur hinteren Schalenecke, wo er mit einem kurzen Zahne aufhört. Die Structur der Schalenoberfläche besteht am Rücken aus erhabenen, mit dem Dorsalrande parallel verlaufenden Längsrippen, welche sich unten mit einigen dem Bauchrande parallelen und geraden Längsrippen kreuzen.

Das Postabdomen ist lang, schlank, vorne abgestutzt und am Winkel abgerundet. Es trägt an den convexen Rändern der Analfurche neun einfache und gleich grosse Zähne. Die Schwanzkrallen haben einen Basaldorn. Die Schwanzborsten sind ziemlich lang.

Länge: 0·55—0·65 m. m., Höhe: 0·29—0·34 m. m., Kopfhöhe: 0·16—0·19 m. m..

Beim Männchen sind die Fusshacken sehr gross, die Schwanzkrallen ohne Basaldorn. Die Hodenausführungsgänge münden vor den Krallen in einen kleinen Penis.

In klaren Gewässern häufig.

Fundorte: Prag, Poděbrad, Přelouč, Turnau, Budweis, Wittingau, Eisenstein, Königsberg etc.

20. Gattung **Pleuroxus**, Baird.

Der Körper ist eiförmig oder herzförmig, hinten verjüngt und stets gerade abgestutzt. Der Kopf ist beweglich oder unbeweglich, stark niedergedrückt, selten hoch gestreckt. Im ersten Falle ist der Schnabel kurz, im zweiten dagegen lang, zugespitzt. Der Fornix ist in der Regel schwach entwickelt.

Das Auge und der schwarze Pigmentfleck liegen dicht hinter der Scheitelkante. Die Tastantennen, von conischer Gestalt, tragen eine lange Seitenborste und gleich lange Endriechstäbchen. Die Ruderantennen sind mit 7—8 zweigliedrigen Ruderborsten ausgerüstet. Der Lippenanhang hat eine dreieckige, sichelförmig nach hinten gebogene Gestalt mit sehr breiter Basis.

Die hohe Schale ist unten bewimpert und am unteren und hinteren Winkel stets bewaffnet. Die Schalenoberfläche ist reticulirt, gestreift oder gefurcht.

Der Darm ist geschlingelt und vor dem After, welcher stets hinter der Mitte der unteren Postabdominalkante liegt, mit einem unpaaren Blindsack versehen. Das seitlich stark comprimirte Postabdomen verschmälert sich gegen das freie, abgestutzte Ende. Die Ränder der Afterspalte sind ausgerandet, der Afterhöcker niedrig. Die Schwanzkrallen tragen unten an der Basis zwei ungleich lange Basaldornen, von denen der hintere stets kleiner ist. Die Schwanzborsten sind lang, wellenförmig gebogen, zweigliedrig.

Beim Männchen ist das Postabdomen conisch. Die Hodenausführungsgänge münden entweder vor den Krallen oder zu beiden Seiten derselben.

Diese artenreiche Gattung zerfällt in vier Untergattungen: 1. A l o n e l l a, Sars; 2. P l e u r o x u s, Baird; 3. R h y p o p h i l u s, Schoedler; 4. P e r a c a n t h a, Baird.

Die Fauna Böhmens zählt elf Arten, welche sich von einander folgendermassen unterscheiden.

Der Kopf hoch gestreckt, der Schnabel kurz, stumpf. Der Körper kaum 0·4 ᵐ· ᵐ· gross.
　　　　　　　　　　　　　　　　　　　　　　　　　　1. Ug. A l o n e l l a, Sars.
　† Der hintere Schalenrand unten zahnartig ausgeschnitten. Die Schalenoberfläche schräg von vorn nach hinten und unten gestreift.
　　†† Die Zwischenräume fein gestrichelt.　　　　　　1. e x c i s u s.
　　†† Die Zwischenräume glatt.　　　　　　　　　　2. e x i g u u s.
　† Der hintere Schalenrand gerade. Die Schalenoberfläche schräg von vorn nach hinten und oben gestreift.　　　　　　3. n a n u s.

Der Kopf niedrig, der Schnabel lang, zugespitzt. Der Körper über 0·5 ᵐ· ᵐ· gross.

　† Der hintere Schalenrand unbewaffnet.
　　†† Die Schnabelspitze nach hinten gebogen, die untere und hintere Schalenecke mit kurzen Zähnen bewehrt.　　　(2. Ug. P l e u r o x u s, Baird.)
　　　††† Der Körper länglich elliptisch, hinten breit abgestutzt. Das Postabdomen gegen das freie Ende merklich verschmälert und unten mit einfachen Zähnen bewaffnet.
　　　　* Die untere und hintere Schalenecke nicht abgerundet. Die Schalenoberfläche glatt oder reticulirt.　　　4. h a s t a t u s.
　　　　* Die untere und hintere Schalenecke abgerundet. Die Schalenoberfläche gestreift.　　　　　　　　　5. s t r i a t u s.
　　　††† Der Körper herzförmig, hinten kurz abgestutzt. Das Postabdomen kaum verjüngt und mit Doppelzähnen bewaffnet.
　　　　* Der Scheitel mit einem zarten Cuticularkamm. Die Schalenoberfläche glatt oder reticulirt.　　　　　6. t r i g o n e l l u s.
　　　　* Der Scheitel ohne Kamm. Die Schale vorne mit 8—10 schrägen Streifen.　　　　　　　　　7. a d u n c u s.
　　†† Die Schnabelspitze aufwärts gebogen. Die untere und hintere Schalenecke mit grossen Zähnen bewehrt. (3. Ug. R h y p o p h i l u s, Schoedler.)

††† Die Schale glatt.   8. glaber.
††† Die Schale reticulirt.   9. personatus.
† Der hintere Schalenrand bewehrt. (4. Ug. Peracantha, Baird.)
†† Der Schnabel doppelt so lang wie die Tastantennen.   10. truncatus.
†† Der Schnabel ebenso lang wie die Tastantennen.   11. brevirostris.

78. Pleuroxus excisus, Fischer. — Der gezähnte Linsenkrebs. — Čočkovec ozubený.

1854. Lynceus excisus, Fischer; Daphn. und. Lync. p. 428, Tab. III., Fig. 11—14.
1862. Alonella excisa, Sars: Om de i Christ. Omegn. iagtt. Clad. p. 288.
1863. Pleuroxus excisus, Schoedler: Neue Beitr. p. 49, Tab. II., Fig. 38.
1872. Lynceus exiguus, Frič:, Krustenth. Böhm. p. 247, Fig. 60.
1874. Alonella excisa, Kurz: Dodekas. p. 59.

Der Körper ist sehr klein, länglich eiförmig, hinten verschmälert und kurz abgestutzt. Die Farbe ist blass horngelb. Der Kopf ist unbeweglich, hoch, und hat einen kurzen, spitzigen Schnabel, dessen Spitze nach unten zielt.

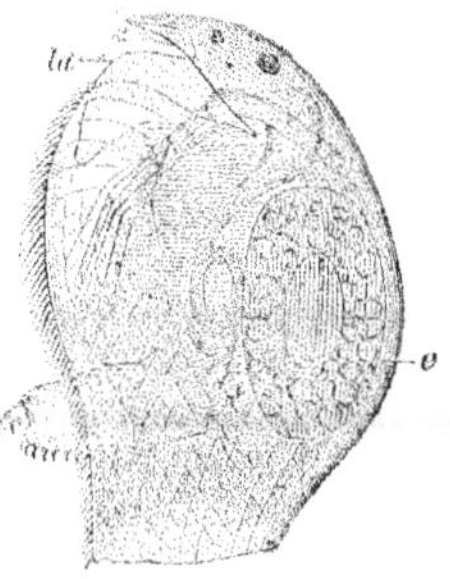

Der schwarze, rundliche Pigmentfleck steht etwas ober der Mitte zwischen der Schnabelspitze und dem Auge. Er ist bedeutend kleiner als das letztere. Die kurzen Tastantennen erreichen kaum die Schnabelspitze und tragen etwa vor der Mitte der Aussenseite eine spitzige Tastborste. Die Riechstäbchen sind von gleicher Länge. Der innere Ast der Ruderantennen ist mit vier Borsten und einem kurzen Dorn am ersten Gliede versehen. Das erste Glied des äusseren Astes hat ebenfalls einen solchen Enddorn. Der Lippenanhang ist gross, dreieckig, sichelförmig nach hinten gebogen, und unten vor der abgerundeten Spitze leicht ausgerandet.

Die grösste Schalenhöhe liegt in der Mitte der Länge.

Fig. 56.

Pleuroxus excisus, Fischer. — Weibchen.

Der Oberrand ist hoch gewölbt, hinten leicht ausgebuchtet, der hintere Rand kurz, gerade und ober der unteren Schalenecke ein- bis zweimal zahnartig ausgeschnitten, der Unterrand vorne convex, hinter der Mitte concav und der ganzen Länge nach mit kurzen, befiederten Wimpern dicht besetzt. Die Schalenoberfläche ist regelmässig rhomboidisch oder länglich sechseckig reticulirt. Die Feldchen sind noch fein gestrichelt.

Das Postabdomen, allmälig gegen das freie, abgestutzte und tief ausgerandete Ende sich verjüngend, ist kurz und gerade gestreckt. Die Bewehrung der geraden Unterkante besteht aus 8—10 starken Zähnen, welche von vorn nach hinten an Grösse abnehmen, und sich in gerader Linie bis zum hohen, abgerundeten Afterhöcker erstrecken. Die glatten Schwanzkrallen sind im Besitz von zwei Basaldornen, von denen der hintere kleiner ist.

Länge: 0·4—0·43 m. m., Höhe: 0.26—0·28 m. m.

In klaren Gewässern häufig.

Fundorte: Wittingau, Budweis, Turnau, Poděbrad, Krottensee, Königsberg; in den Seen des Riesengebirges und des Böhmerwaldes etc.

79. Pleuroxus exiguus, Lilljeborg. — Der gezackte Linsenkrebs. — Čočkovec nepatrný.

1848? Lynceus aculeatus, Fischer: Bräuch. der Umg. von Petersburg, p. 192, Tab. X., Fig. 1—2.

1853. Lynceus exiguus, Lilljeborg: De Crust. p..79, Tab. VII., Fig. 9—10.
1863. Pleuroxus exiguus, Schoedler: Neue Beitr. p. 51.
1867. Lynceus exiguus, Norman and Brady: Monogr. of the brit. Entom. p. 33, Tab.
XVIII., Fig. 3., Tab. XXL, Fig. 3.
1868. Pleuroxus exiguus, P. E. Müller: Daum. Clad. p. 187, Tab. IV., Fig. 16—17.
1874. Alonella exigua, Kurz: Dodekas, p. 58, Tab. III., Fig. 6.

Fig. 57.

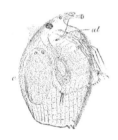

Pleuroxus exiguus, Lilljeborg. — Weibchen.

Der Körper ist sehr klein, länglich oval, hinten breit abgestutzt und von blass gelber oder schmutzig grüner Farbe. Der Kopf ist unbeweglich, hoch, der Schnabel kurz, stumpf, mit der Spitze nach unten gekehrt und das Niveau des unteren Schalenrandes nicht erreichend. Die Fornices sind breit.

Das Auge ist sehr gross und steht dicht hinter der Scheitelkante. Der punktförmige, kleine Fleck liegt in der Mitte zwischen dem Auge und der Schnabelspitze. An den Tastantennen, welche ebenso lang wie der Schnabel sind, entspringt die lange Tastborste von der Mitte der Aussenseite. Die Endriechstäbchen sind lang. Die Ruderantennen haben sieben Borsten. Der Lippenanhang ist dreieckig, an der Spitze breit abgerundet und wenig gebogen.

Die grösste Schalenhöhe befindet sich in der Mitte. Der Oberrand ist stark gewölbt, der Hinterrand lang, gerade und ober der unteren Schalenecke einigemal tief sägeartig aus-geschnitten. Die dadurch entstandenen Zähne sind grösser als bei Pl. excisus. Der schwach convexe Unterrand trägt einen kurzen Haarbesatz. Die Structur der Schalen-oberfläche besteht aus erhabenen, mit der Rückenkante parallel laufenden Längsstreifen, welche mit kurzen Querleisten verbunden sind. Die Zwischenräume sind glatt.

Das Postabdomen, von derselben Form wie bei der vorigen Art, ist vorne tiefer ausgeschnitten und trägt unten an den geraden Rändern der Analfurche 6—8 kleine, dicht gedrängte Zähne. Sie sind in Gruppen geordnet und nehmen nach hinten an Grösse allmälig ab. Die Krallen sind glatt, kurz und mit zwei ungleich grossen Basal-dornen versehen. Die Schwanzborsten sind ziemlich lang.

Länge: 0·34—0·37 m. m., Höhe: 0·22—0·25 m. m.

Beim Männchen (Kurz, p. 58.) sind die Tastantennen länger als der kurze und stumpfe Schnabel. Die Riechstäbchen bestehen aus langen gebogenen Riechcylindern, ober denen das lange Tasthaar und am Hinterrande noch in der unteren Tastantennen-hälfte ein starkes Flagellum steht, dessen dunkel contourirter Basaltheil mehr als doppelt so lang ist, als die blasse Spitze. Der Fusshacken ist zart. Die Mündung der Hoden-ausführungsgänge liegt knapp unter den Krallen.

In klaren Gewässern nicht häufig.

Fundorte: bei Wittingau, Turnau, Krottensee; bei Deutschbrod (Kurz.)

Von Pl. excisus, welchem diese Art am meisten ähnlich sieht, unterscheidet sie sich hauptsächlich durch die fein gestrichelte Schalenoberfläche.

80. Pleuroxus nanus, Baird. — Der kleinste Linsenkrebs. — Cočkovec nejmenší.

1843. Acroperus nanus, Baird: An. and Mag. of nat. Hist. p. 92, Tab. III., Fig. 8.
1850. Acroperus nanus, Baird: Brit. Entom. p. 130, Tab. XVI., Fig. 6.
1853. Lynceus nanus, Lilljeborg: De Crustac. p. 206.
1860. Lynceus nanus, Leydig: Naturg. d. Daph. p. 228.
1862. Pleuroxus transversus, Schoedler. Lync. und Polyph. p. 26.

1862. Alona pygmea, Sars: Om de i Christ. Omegn. iagtt. Clad. p. 162.
1862. Alonella pygmea, Sars: Idem. 2det. Bidrag. p. 288.
1863. Pleuroxus transversus, Schoedler: Neue Beitr. p. 50, Tab. III., Fig. 52—53.
1863. Acroperus nanus, Schoedler: Idem. p. 33.
1867. Lynceus nanus, Norman and Brady: Mon. of the br. Entom. p. 45, Tab.
      XVIII., Fig. 8., Tab. XXL, Fig. 8.
1868. Alona transversa, P. E. Müller: Daum. Clad. p. 181, Tab. IV., Fig. 10—11.
1872. Lynceus nanus, Frič: Krustenth. Böhm. p. 246, Fig. 59.
1874. Alonella pygmea, Kurz: Dodekas. p. 61, Tab. III., Fig. 7.

Der Körper ist sehr klein, plump, hinten verschmälert und breit abgestutzt, von dunkel, schmutzig grüner Farbe. Der niedrige Kopf hat einen ziemlich kurzen, fein zugespitzten und nach hinten stark gekrümmten Schnabel. Der schwarze Pigmentfleck, kleiner als das Auge, liegt von der Schnabelspitze mehr entfernt, als von dem Auge. Die Tastantennen reichen kaum zur Hälfte des Schnabels und sind kurz, conisch. Die Tastborste entspringt nahe dem freien Ende derselben. Die Ruderantennen tragen sieben Borsten. Der Lippenanhang ist klein, dreieckig, unten vor der abgerundeten Spitze, leicht ausgerandet.

Die Schale ist kurz, ebenso hoch wie lang. Ihre grösste Höhe liegt vor der Mitte. Der obere Schalenrand ist stark gewölbt, der Hinterrand lang, gerade. Der untere bauchige und hinter der Mitte ausgeschweifte Rand ist einwärts gebogen und mit kurzen, dicken, befiederten Borsten besetzt. Die untere und hintere Schalenecke geht hinten in einen kurzen Dorn aus. Die Schale und der Köpfschild sind dicht quergestreift. Die erhabenen Leisten laufen von hinten und oben nach unten und vorn, ober der Unterkante sich wieder rückwärts biegend.

Das Postabdomen ist klein, vorne abgestutzt und abgerundet, unten mit 6—8 kleinen Zähnen bewaffnet. Der Afterhöcker ist niedrig. Die Schwanzkrallen haben zwei Basaldornen, von denen der hintere äusserst klein ist, so dass man ihn leicht übersehen kann. Länge: 0·23 ᵐ·ᵐ·, Höhe: 0·19 ᵐ·ᵐ·.

Das Männchen (Kurz, p. 61, Taf. III., Fig. 7.) ist ebenso gross wie das Weibchen. Die Tastantennen tragen nahe dem Ende eine Tastborste und ober derselben ein Flagellum. Die Riechstäbchen sind ungleich lang. Der Fusshacken ist mittelgross. Das Postabdomen besitzt unten einen Besatz von Haarbüscheln.

Am Grunde der Gewässer häufig.

Vorkommen: bei Poděbrad, Přelouč, Prag, Turnau, Wittingau, Budweis, Eisenstein, Deutschbrod etc.

Diese Art ist die kleinste von allen Cladoceren.

81. Pleuroxus hastatus, Sars. — Der braune Linsenkrebs. — Čočkovec hnědý.

1844. Lynceus trigonellus, Zaddach: Synopsis Crust. Pruss. prodr. p. 28.
1862. Pleuroxus laevis, Sars: Om de i Christ. Omegn. iagtt. Clad. p. 164.
1862. Pleuroxus hastatus, Sars: Idem. 2et. Bidrag. p. 300.
1867. Lynceus laevis, Norman and Brady: Monog. of the brit. Entom. p. 38, Tab. XVIII.,
      Fig. 5., Tab. XXL, Fig. 14.
1868. Pleuroxus hastatus, P. E. Müller: Daum. Clad. p. 193, Tab. III., Fig. 25., Tab.
      IV., Fig. 18—19.
1874. Pleuroxus hastatus, Kurz: Dodekas etc. p. 65, Tab. III., Fig. 3—4.

Fig. 58.

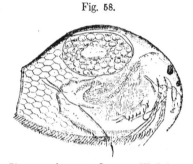

Pleuroxus hastatus, Sars. — Weibchen.

Der Körper ist mittelgross, länglich eiförmig, hinten verjüngt und abgestutzt und dunkel horngelb gefärbt. Der niedrige Kopf verlängert sich unten in einen langen, schmalen, scharfen und nach hinten gebogenen Schnabel, dessen Spitze im Niveau des unteren Schalenrandes liegt.

Der schwarze Fleck ist klein; er steht von der Schnabelspitze viermal so entfernt wie von dem sehr grossen Auge. Die Tastantennen sind sehr kurz, dick und tragen nahe dem freien Ende eine lange Tastborste. Die Riechstäbchen sind lang, ziemlich von gleicher Grösse. Die kurzen Ruderantennen haben sieben Borsten und einen kurzen Enddorn am ersten Gliede des inneren Astes. Der Lippenanhang besitzt eine dreieckige, nach hinten gebogene Gestalt, deren Spitze breit abgerundet ist.

Die grösste Schalenhöhe befindet sich in der Mitte. Der stark gewölbte Oberrand ist hinten ausgerandet; der Hinterrand vertical, fast gerade und längs der Kante mit einer feinen Leistchenreihe geziert. Dieser Rand bildet mit dem convexen Unterrande einen rechten Winkel, welcher in einen Dorn ausgeht. Der Besatz des Unterrandes besteht aus dicht gedrängten, kurzen und befiederten Wimpern. Die vordere und untere Schalenecke ist stark abgerundet und vorragend. Die Schalenoberfläche ist mehr oder weniger deutlich und regelmässig sechseckig gefeldert.

Der Darm macht zwei Windungen. Der unpaare Blindsack ist kurz. Das Postabdomen verengert sich allmälig gegen das Ende; es ist lang, schmal, leicht gebogen, vorne abgestutzt und am Winkel abgerundet. Die untere, vor dem hohen und scharfen Afterhöcker zweimal ausgebuchtete Kante trägt 9—10 einfache, von vorn nach hinten an Grösse abnehmende und abstehende Zähne. Die Schwanzkrallen sind glatt, schlank, mit zwei ungleich grossen Basaldornen; die Schwanzborsten lang, eingliedrig.

Länge: 0·55—0·6 $^{m. m.}$, Höhe: 0·32—35 $^{m, m.}$.

Nach Kurz (p. 66, Tab. III., Fig. 4.) hat das Männchen die Grösse des Weibchens. Der Schnabel ist kürzer und stärker gekrümmt. Die Tastantennen, kürzer als der Schnabel, tragen in der Mitte am Vorderrande eine doppelcontourirte Borste und etwas tiefer nach aussen die Tastborste. Der Fusshacken ist schwach. Das keilförmig zugespitzte Postabdomen besitzt statt der Zahnreihe blos Spuren von Haarbüscheln. Die Mündungen der Hodenausführungsgänge liegen jederseits des Postabdomens hinter den Schwanzkrallen. In klaren Gewässern häufig.

Vorkommen: bei Poděbrad, Prag, Turnau, Wittingau, Budweis, Deutschbrod, Chrudim, Königsberg etc.

Pleuroxus ornatus, Schoedler, welchen Norman und Brady mit dieser Art identificiren, ist blos ein junges Exemplar von Pl. trigonellus.

82. Pleuroxus striatus, Schoedler. — Der gestreifte Linsenkrebs. — Čočkovec rýhovaný.

1863. Pleuroxus striatus, Schoedler: Neue Beitr. 48, Tab. II., Fig. 57.
1874. Alonella striata, Kurz: Dodekas. p. 57.

Der Körper ist mittelgross, lang gestreckt, länglich oval, hinten verjüngt und abgestutzt, von dunkel horngelber Farbe. Der stark niedergebückte Kopf besitzt einen kurzen, scharfen, vom Fornix nicht bedeckten Schnabel, dessen Spitze das Niveau des unteren Schalenrandes nicht erreicht. Der kleine, punktförmige Pigmentfleck liegt bedeutend näher dem ungewöhnlich grossen Auge als der Schnabelspitze. Die Tastantennen sind kürzer als der Schnabel und zeichnen sich durch ihre Länge aus. Sie tragen vor der Mitte der Aussenseite eine kurze Tastborste und einen Endbüschel von gleich grossen und langen Riechstäbchen. Die Ruderantennen besitzen sieben Borsten. Der Lippenanhang ist dreieckig, sichelförmig gebogen mit kaum abgerundeter Spitze.

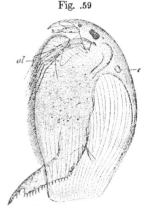

Fig. .59

Pleuroxus striatus, Schoedler. — Weibchen.

Die grösste Höhe der ovalen Schale, welche etwas über die Hälfte der Schalenlänge misst, liegt in der Mitte. Der dorsale, mit der Kopfkante gleichmässig und stark gewölbte Rand geht hinten unter einem stumpfen Winkel in den fast geraden Hinterrand über. Die untere und hintere Schalenecke ist abgerundet, unten mit einem kleinen Zahne bewaffnet. — Der Unterrand ist in der Mitte abgeflacht, hinten ausgeschweift und ganz mit Wimpern dicht besetzt. Die Wimpern sind kurz, dick, lang befiedert. Die Leistchenreihe des Hinterrandes fehlt. Die Structur der Schalenoberfläche besteht aus vielen dem Rücken- und Bauchrande parallel laufenden Längsfurchen, welche dicht nebeneinander stehen und häufig mit einander verschmelzen.

Das Postabdomen, von derselben Form wie bei Pl. hastatus ist ebenfalls sehr lang, jedoch weniger gebogen und vorne tief ausgeschnitten. Die gerade untere Kante ist mit 17—18 ungleichen Zähnen bewaffnet, die sich bis zum niedrigen und abgerundeten Afterhöcker fortsetzen. Die Schwanzkrallen sind fein gezähnt und tragen an der Basis zwei ziemlich lange Basaldornen, von denen der hintere kürzer ist. Die Schwanzborsten sind kurz.

Länge: 0·76—0·79 m. m., Höhe: 0·45—0·47 m. m.

Das Männchen ist unbekannt.

Sehr selten.

Diese schöne und grosse Art fand Dr. Frič im Lipič-Teiche bei Wittingau.

83. Pleuroxus trigonellus, O. Fr. Müller. — Der bauchige Linsenkrebs. — Čočkovec břichatý.

1785. Lynceus trigonellus, O. Fr. Müller: Entom. p. 74, Tab. X., Fig. 5—6.
1843. Pleuroxus trigonellus, Baird: An. and Mag. p. 93, Tab. III., Fig. 13.
1843. Pleuroxus hamatus, Baird: Idem. p. 94, Tab. III., Fig. 14.
1848. Lynceus trigonellus, Liévin: Branch. p. 41, Tab. X., Fig. 4.
1853. Lynceus trigonellus, Lilljeborg: De Crust. p. 80, Tab. IX., Fig. 1.
1860. Lynceus trigonellus, Leydig: Naturg. p. 223.
1863. Pleuroxus ornatus, Schoedler: Neue Beitr. p. 47, Tab. II., Fig. 32.
1863. Pleuroxus trigonellus, Schoedler: Idem. p. 44, Tab. II., Fig. 33—36.
1868. Pleuroxus trigonellus, P. E. Müller: Danmarks Clad. p. 189.
1872. Lynceus trigonellus, Frič: Krustenth. p. 243, Fig. 52.
1874. Pleuroxus trigonellus, Kurz: Dodekas. p. 67, Tab. III., Fig. 2, 5.

Fig. 60.

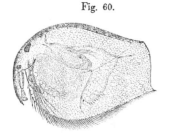

Pleuroxus trigonellus, O. Fr. Müller.
— Junges Exemplar.

Der Körper ist mittelgross, herzförmig, hinten verjüngt und abgestutzt, von blass horngelber Farbe. Der stark niedergedrückte Kopf endet unten in einen ziemlich langen, fein zugespitzten Schnabel, welcher nach hinten gebogen ist und sich der vorderen Schalenkante anschmiegt. Bei der Rückenansicht bemerkt man an dem Scheitel einen senkrecht stehenden und niedrigen Cuticularkamm, der von der Mitte des Schnabels beginnend bis zur Herzgegend sich erstreckt.

Das Auge ist etwas grösser als der schwarze Pigmentfleck, welcher dieselbe Stelle wie bei Pl. hastatus einnimmt. Die Tastantennen sind kurz, conisch, kaum die Hälfte der Schnabellänge erreichend. Die zugespitzte Tastborste steht in der Mitte. Die Ruderantennen haben sieben Borsten und noch einen langen Dorn am ersten Gliede des Innenastes. Der Lippenanhang ist gross, dreieckig, zugespitzt.

Die grösste Schalenhöhe steht vor der Mitte. Der hochgewölbte Dorsalrand ist hinten vor der oberen Schalenecke tief ausgeschweift. Der Hinterrand kurz, gerade, der Unterrand vorne gewölbt, hinten gerade, der ganzen Länge nach gekerbt und mit lang befiederten Wimpern dicht besetzt. Die Schalenoberfläche ist bei erwachsenen Individuen sehr undeutlich sechseckig gefeldert, so dass die Schale in der Regel selbst unter stärkerer Vergrösserung glatt erscheint. Bei jungen Exemplaren tritt die Reticulation dagegen sehr deutlich hervor.

Das Postabdomen ist ziemlich gross, breit und erst am freien Ende verschmälert. Die vordere Kante ist kurz, tief ausgeschnitten, die untere ausser den Rändern der Analspalte, welche ausgerandet sind, gerade und mit 8—9 Doppelzähnen bewaffnet. Der Afterhöcker ist niedrig, unbedeutend. Die glatten Schwanzkrallen haben zwei ungleiche Basaldornen.

Länge: 0·53—0·56 m. m.; Höhe: 0·43—45 m. m..

Das Männchen hat einen stumpferen und kürzeren Schnabel. Die Tastantennen von der Länge des Schnabels haben in der Mitte statt der Tastborste noch ein langes doppelt contourirtes Stäbchen. Der Fusshacken ist klein. Das Postabdomen beilförmig, am Ende halsartig verengt. Die Hodenausführungsgänge münden vor den stark gekrümmten Krallen. In Tümpeln und Teichen sehr häufig.

Fundorte: Poděbrad, Prag, Turnau, Wittingau, Budweis, Pisek, Horażďowitz, Eger, Königsberg, Deutschbrod etc.

84. Pleuroxus aduncus, Jurine. — Der herzförmige Linsenkrebs. — Čočkovec srdčitý.

1820. Monoculus aduncus, Jurine: Histoir. p. 152, Tab. XV., Fig. 8. 9.
1863. Pleuroxus aduncus, Schoedler: Neue Beitr. p. 46, Tab. III., Fig. 59.
1867. Lynceus trigonellus, Norman and Brady: Monogr. p. 40, Tab. XXL, Fig. 11.
1868. Pleuroxus aduncus, P. E. Müller: Daum. Clad. p. 189.
1874. Pleuroxus aduncus, Kurz: Dodekas. p. 67.

Diese Art sieht der vorigen sehr ähnlich. Der Körper ist ebenfalls herzförmig, sehr hoch, dick, hinten verengt und kurz abgestutzt. Der tief niedergedrückte Kopf hat einen kürzeren Schnabel und ist am Scheitel glatt, ohne Cuticularkamm.

Der schwarze Fleck bedeutend kleiner als das Auge, liegt beinahe in der Mitte zwischen dem Auge und der Schnabelspitze. Die Tastantennen sind länger. Die Ruderantennen tragen acht Ruderborsten, von denen jene, welche am ersten Gliede des inneren Astes sitzt, verkümmert und ungegliedert ist. Der Lippenanhang ist unten scharf. Die Schale ist bedeutend höher und an der unteren und hinteren Ecke mit 1—4 kleinen Zähnen bewaffnet. Der gekerbte Unterrand ist mit ein- und rückwärts gerichteten Wimpern besetzt. Die glatte Schalenoberfläche hat vorne und unten 8—10 dem Vorderrande parallel laufende Furchen, welche sich gegen die Mitte verlieren.

Das Postabdomen ist von derselben Form und Bewehrung wie bei Pl. trigonellus.

Länge: 0·52—0·56 ᵐ·ᵐ·; Höhe: 0·45—47 ᵐ·ᵐ·.

Fundorte: Schwarzkosteletz (Vejdovský); Keyer-Teich bei Prag; Lipič-Teich bei Wittingau (Dr. Frič).

85. Pleuroxus glaber, Schoedler. — Der glatte Linsenkrebs. — Čočkovec hladký.

1862. Pleuroxus glaber, Schoedler: Lync. und Polyph. p. 26.
1863. Rhypophilus glaber, Schoedler: Neue Beitr. p. 55, Tab. III., Fig. 54—56.
1874. Pleuroxus glaber, Kurz: Dodekàs. p. 69.

Der Körper ist mittelgross, hoch, kurz eiförmig, hinten verschmälert und abgestutzt, von schmutzig weisslicher Farbe. Der sehr niedergedrückte Kopf geht unten in einen langen, schmalen, vom Fornix nicht bedeckten Schnabel aus, dessen Spitze aufwärts gekrümmt ist. Die Fornices sind so schmal, dass sie die hintere Kopfseite frei, unbedeckt lassen.

Der schwarze Pigmentfleck ist viereckig, um die Hälfte kleiner als das Auge und liegt von der Schnabelspitze doppelt so entfernt wie vom Auge. Die langen Tastantennen von robuster Gestalt sind in der Mitte, wo sie eine lange Tastborste tragen, etwas angeschwollen. Die Riechstäbchen sind kurz, ungleich lang. Der äussere Ast der Ruderantennen hat drei Borsten und einen langen Dorn am ersten Gliede, der innere Ast vier Borsten. Der Lippenanhang ist lang, sichelförmig gekrümmt und an der Spitze abgerundet.

Die Schale ist sehr hoch, glatt, vorne unter dem Zusammenstosse mit dem Kopfschild seicht ausgeschnitten. Ihre grösste Höhe liegt vor der Mitte. Der Oberrand ist stark gewölbt,

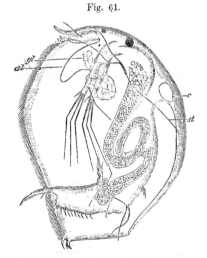

Fig. 61.

Pleuroxus glaber, Schoedler. — Weibchen.
c Herz. st Schalensutur. al Lippenanhang.
gl Schalendrüse.

der kurze gerade Hinterrand steht in der Körpermitte und geht unten in zwei starke und grosse, aufwärts gekrümmte Zähne aus, welche unten zuweilen noch secundäre Zähnchen tragen. Der untere bauchige Rand hat einen kurzen, dichten Wimperbesatz. Die Wimpern sind behaart.

Der Darm macht eine und eine halbe Windung. Der unpaare Blindsack ist sehr kurz. Das Postabdomen ist klein, breit, gegen das Ende wenig verengt, vorne tief ausgeschnitten. Die untere Kante vorne bis zur Hälfte gerade und mit elf hinten gesägten Zähnen bewaffnet, hinten seicht ausgeschnitten. In der Mitte dieses Ausschnittes steht der kleine Afterhöcker, die Tiefe des Ausschnittes nicht einmal überragend. Die fein gestrichelten Schwanzkrallen tragen zwei ungleiche Basaldornen. Die Schwanzborsten sind ziemlich lang.

Länge: 0·65 ^{m. m.}; Höhe: 0·5 ^{m. m.}.

Ich traf dieses Thier nur einmal im Keyer-Teiche bei Prag. Kurz fand es im Teiche von Sopoty und in den zahlreichen Teichen um Maleschau.

86. Pleuroxus personatus, Leydig. — Der krummschnäblige Linsen-krebs. — Čočkovec křivozobý.

1860. Lynceus personatus, Leydig: Naturg. p. 227, Tab. IX.. Fig. 70.
1863. Rhypophilus personatus. Schoedler: Neue Beitr. p. 56.
1867. Lynceus uncinatus, Norman and Brady: Monogr. p. 42, Tab. XVIII., Fig. 9., Tab. XXL, Fig. 13.
1868. Pleuroxus personatus, P. E. Müller: Daum. Clad. p. 191' Tab. III., Fig. 26. Tab. IV., Fig. 21—23.
1872. Lynceus personatus, Frič: Krustenth. p. 246, Fig. 56.

Diese Art ist dem Pl. glaber sehr ähnlich und hat eine dunkelgelbe oder braune Farbe. Der Kopf stark niedergedrückt, der Schnabel sehr lang, schmal, aufwärts gekrümmt.

Der schwarze Pigmentfleck, ebenso gross wie das Auge, liegt diesem näher als der Schnabelspitze. Die langen, conischen Tastantennen tragen die Seitenborste vor der Mitte der Aussenseite. Die Ruderantennen haben sieben Borsten und einen Dorn am ersten Gliede des inneren Astes. Der Lippenanhang ist ebenfalls an der Spitze abgerundet.

Die Schale ist an der Oberfläche deutlich und regelmässig sechseckig reticulirt und trägt am hinteren und unteren Schalenwinkel 3—4 rückwärts gekrümmte grosse Zähne.

Das Postabdomen hat unten 10—11 einfache und lange Zähne. Die Schwanz-krallen sind glatt und ebenfalls mit zwei ungleichen Basaldornen versehen.

Länge: 0·67 ^{m. m.}, Höhe: 0·52 ^{m. m.}.

Das Männchen, welches kleiner ist als das Weibchen, hat in der Mitte der Tastantennen ausser der Seitenborste noch ein kurzes, doppelcontourirtes Stäbchen. Das Postabdomen ist beilförmig, am Ende plötzlich verengt und unten behaart.

Am Grunde der Gewässer selten.

Vorkommen: in den Röhrkästen in Poděbrad und Senftenberg; dann in der Elbebucht Skupice bei Poděbrad und in dem Konvent-Teiche bei Saar.

87. Pleuroxus truncatus, O. Fr. Müller. — Der abgestutzte Linsenkrebs. — Čočkovec tupý.

1785. Lynceus truncatus, O. Fr. Müller: Entom. p. 75, Tab. IX., Fig. 4—8.
1841. Lynceus truncatus, Koch: Crustac. p. 36, Tab. II.
1848. Lynceus truncatus, Liévin: Branch. p. 40, Tab. IX., Fig. 2—3.
1848. Lynceus truncatus, Fischer: Branch. p. 40, Tab. IX., Fig. 7—11.
1850. Peracantha truncata, Baird: Brit. Entom. p. 136, Tab. XVI., Fig. 1.
1853. Lynceus truncatus, Lilljeborg: De Crust. p. 82, Tab. VI., Fig. 10.
1860. Lynceus truncatus, Leydig: Naturg. p. 224.
1863. Peracantha truncata, Schoedler: Neue Beitr. p. 40, Tab. II., Fig. 29—30.
1867. Lynceus truncatus, Norman and Brady: Monogr. p. 36, Tab. XXL, Fig. 9.
1868. Pleuroxus truncatus, P. E. Müller: Daum. Clad. p. 188.
1872. Lynceus truncatus, Frič: Krustenth. p. 244, Fig. 53.
1874. Peracantha truncata, Kurz: Dodekas. p. 62.

Der Körper ist mittelgross, länglich oval, hinten verschmälert und abgestutzt, dick, von horngelber Farbe. Der stark niedergedrückte Kopf besitzt einen sehr langen, scharfen, nach hinten gebogenen Schnabel, welchen der Fornix unbedeckt lässt. Dieser ist sehr schwach entwickelt und eng.

Der schwarze, viereckige Pigmentfleck, um die Hälfte kleiner als das Auge, ist von der Schnabelspitze fast dreimal so entfernt wie vom Auge. Die lange Seitenborste der kurzen und dicken Tastantennen entspringt von der Mitte der Aussenseite. Die Riechstäbchen sind kurz, gleich lang. Die Ruderantennen tragen acht zweigliedrige Ruderborsten und noch einen kurzen Dorn am Ende des ersten Gliedes des Aussenastes. Der Lippenanhang ist klein, kurz, dreieckig, an der Spitze breit abgerundet.

Die grösste Schalenhöhe liegt in der Mitte. Der obere Rand ist stark gewölbt, hinten vor der oberen Schalenecke concav. Der kurze, mässig gebogene Hinterrand trägt 16—18 grosse Zähne. Die unteren Zähne sind gerade und nach hinten gerichtet, die oberen aufwärts gekrümmt. Der Unterrand ist schwächer gewölbt, vorne wie der Hinterrand stark gezahnt, hinten gekerbt und mit kurzen behaarten Wimpern bis zum hinteren Schalenwinkel besetzt. Die Schalenoberfläche ist äusserst zart und gross sechseckig reticulirt und tief gefurcht. Die breiten Furchen laufen von der glatten Mitte gegen die Schalenränder zu.

Der Darm ist zweimal gewunden, mit einem kurzen Blindsacke vor dem After. Das Postabdomen sieht im Ganzen dem des Pl. trigonellus ähnlich, jedoch ist vorne nicht ausgeschnitten. Unten trägt es 13—14 Doppelzähne. Die glatten Schwanzkrallen haben auch zwei ungleiche Basaldornen. Die Schwanzborsten sind lang, zweigliedrig.

Länge': 0·7—0·74 $^{m.\ m.}$, Höhe: 0·43—0·45 $^{m.\ m.}$.

Das Männchen hat einen sehr kurzen Schnabel. Die Tastantennen tragen zwei Seitenborsten und überragen den Schnabel. Die Fusshacken sind sehr gross und stark.

In Tümpeln und Teichen sehr häufig.

Fundorte: Prag, Poděbrad, Nimburg, Kolín, Přelouč, Chrudim, Turnau, Dymokur, Schwarzkosteletz, Hlinsko, Deutschbrod, Wittingau, Lomnitz, Budweis, Hohenfurt, Pisek, Eisenstein, Eger, Königsberg etc.

88. Pleuroxus brevirostris, Schoedler. — Der kurzschnäblige Linsenkrebs. — Čočkovec krátkozobý.

1863. Peracantha brevirostris, Schoedler: Neue Beitr. p. 42, Tab. II., Fig. 31.

Diese Art ist der vorigen Art sowohl in Grösse als auch in Gestalt sehr ähnlich. Der Schnabel ist sehr kurz, stumpf, so dass der schwarze Pigmentfleck, welcher bedeutend kleiner ist als das Auge, von diesem weiter entfernt liegt als von der Schnabelspitze. Die den Schnabel überragenden Tastantennen tragen die sehr lange Seitenborste nahe dem freien Ende.

Der hintere Schalenrand ist mit siebzehn Zacken bewehrt, der Unterrand dicht bewimpert, vorne gezackt und in der Mitte breit ausgerandet.

Die fein gestrichelten Schwanzkrallen haben zwei ungleich lange Basaldornen.

Ich fand im Goldbache bei Wittingau ebenso wie Schoedler nur ein Weibchen, welches im Brutraume zwei Sommereier trug.

21. Gattung Chydorus, Baird.

Der Körper ist sehr dick, kugelig, selten oval. Die Grösse schwankt zwischen 0·8 $^{m.\ m.}$ bis 0·35 $^{m.\ m.}$. Der stark niedergedrückte und bewegliche Kopf verlängert sich beim Weibchen in einen langen, scharfen Schnabel, welcher vom breiten Fornix überdacht ist und dem vorderen Schalenrande sich anschmiegt. Von oben betrachtet ist der Kopf stets abgerundet.

Das Auge und der schwarze Fleck liegen dicht hinter der Scheitelkante. Die Tastantennen sind kurz, dick, mit einer oder zwei Seitenborsten. Die Ruderantennen tragen sieben Borsten. Der Lippenanhang wie bei Pleuroxus.

Die Schale ist ebenso hoch oder höher als lang, hinten abgerundet oder abgestutzt, mit stets abgerundeten Winkeln. Der Unterrand ist einwärts gebogen und an der
inneren Lippe behaart. Die Schalenstructur tritt mehr oder weniger deutlich hervor
und besteht aus sechseckigen Feldchen. Die lange Schalensutur steigt von dem Zusammenstosse der Schalenklappen mit dem Kopfschild schief nach hinten hinauf.

Der Darm ist geschlingelt. Das Postabdomen vorne abgerundet, trägt unten
einfache Zähne und ist ohne seitliche Bewehrung. Der Afterhöcker ist sehr hervorragend und scharf. Die Schwanzkrallen haben einen bis zwei Basaldornen.

Beim Männchen ist der Schnabel kurz, stumpf. An den Tastantennen sitzt neben
der Tastborste noch ein doppelcontourirtes Stäbchen. Die Fusshacken sind gross, gekrümmt.
Das Postabdomen zeigt unten einen tiefen Ausschnitt. Die Hodenausführungsgänge münden
vor den Krallen.

In Böhmen kommen vorläufig fünf Arten vor.

Der hintere Schalenrand abgerundet. Der Körper oval.
  † Die Schale reticulirt. Das Postabdomen lang, der Afterhöcker klein. Die
    Schwanzkrallen mit einem Basaldorn.   1. globosus.
  † Die Schale glatt. Das Postabdomen kurz; der Afterhöcker gross. Die Schwanz-
    krallen mit zwei Dornen   2. latus.
Der hintere Schalenrand gerade. Der Körper kuglig.
  † Die Schale glatt. Das Postabdomen einfach bewehrt.
    †† Die Schwanzkrallen gezähnt.   3. punctatus.
    †† Die Schwanzkrallen glatt.   4. sphaericus.
  † Die Schale höckerig. Das Postabdomen mit Doppelzähnen bewaffnet.
                                     5. caelatus.

89. Chydorus globosus, Baird. — Der kugelige Linsenkrebs. — Čočkovec oblý.

1843, Chydorus globosus, Baird: An. and Mag. p. 90, Tab. III., Fig. 1—4.
1848? Lynceus tenuirostris, Fischer: Branch. und Entom. P. 193, Tab. X., Fig. 3.
1850. Chydorus globosus, Baird: Brit. Entom. p. 127, Tab. XVI., Fig. 7.
1853. Lynceus globosus, Lilljeborg: De Crust. p. 85, Tab. VIII., Fig. 1.
1860. Lynceus globosus, Leydig: Naturg. p. 230.
1863. Chydorus globosus, Schoedler: Neue Beitr. p. 13.
1867. Lynceus globosus, Norman and Brady: Monogr. p. 47, Tab. XX., Fig. 5.
1868. Chydorus globosus, P. E. Müller: Danm. Clad. p. 195, Tab. IV. Fig. 25.
1872. Lynceus globosus, Frič: Krusteuth. p. 245, Fig. 57.
1874. Chydorus globosus, Kurz: Dodekas p. 74, Tab. III., Fig. 8.

Fig. 63.

Fig. 62.

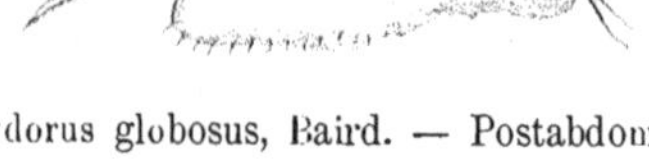

Chydorus globosus, Baird. — Postabdomen.

Chydorus globosus, Baird.
— Tastantenne.

Der Körper ist mittelgross, kurz oval, hinten abgerundet, von dunkel horngelber, selten röthlicher Farbe. In der Mitte ist der Körper schwarz, undurchsichtig. Zwischen Kopf und Thorax befindet sich ein breiter Eindruck. Der niedrige, bewegliche Kopf bildet unten einen ziemlich kurzen, starken Schnabel mit scharfer Spitze.

Das Auge ist zweimal so gross als der schwarze Pigmentfleck, welcher von der Schnabelspitze weiter entfernt steht als vom Auge. Die kurzen, dicken Tastantennen entspringen von einem Höcker der hinteren Kopfseite und sind an der Basis eingeschnürt. Aussen in der Mitte derselben steht eine kurze Seitenborste. Alle Riechstäbchen haben gleiche Länge. Die Ruderantennen sind klein und mit sieben Borsten ausgestattet. Der verkümmerte Lippenanhang ist blos durch einen kleinen abgerundeten Höcker angedeutet.

Der Dorsalrand der Schale ist hoch gewölbt und hinten vor dem oberen Schalenwinkel leicht ausgehöhlt. Der Unterrand beschreibt mit dem Hinterrande einen gleichmässigen, starken Bogen und ist an der inneren Lippe lang behaart. Die Schalenklappen, sowie auch der Kopfschild sind sehr dick, wenig durchsichtig, leicht zerbrechlich; die ersteren haben an der Oberfläche eine waabige und erhabene Structur, deren Polygone concentrisch angeordnet sind.

Der Darm besitzt hinten einen langen unpaaren Blindsack. Das Postabdomen ist lang, schmal, vorne mit einem tiefen Ausschnitt, an der geraden Unterkante hinter der Mitte breit ausgerandet. In der Mitte dieser Ausrandung sitzt der niedrige, scharfe Afterhöcker. Die Bewehrung des Postabdomens besteht aus 11—12 kurzen, einfachen Zähnen. Die Schwanzkrallen sind fein gezähnt und mit einem Basaldorn versehen. Die Schwanzborsten sind sehr kurz.

Länge: 0·73 m. m., Höhe: 0·64 m. m..

Beim Männchen sind die kurzen, dicken Tastantennen nebst der Seitenborste noch mit einem ziemlich langen, doppelcontourirten Stäbchen versehen. Die Fusshacken sind klein. Das Postabdomen ist gerade gestreckt und zeigt unten hinter der Mitte einen tiefen Ausschnitt.

Länge: 0·58 m. m.

In Tümpeln und Teichen nicht selten.

Fundorte: bei Poděbrad, Turnau, Wittingau, Deutschbrod.

90. Chydorus latus, Sars. — Der elliptische Linsenkrebs. — Čočkovec ovalní.

1862. Chydorus latus, Sars: Om de i Christ. Omegn. iagtt. Clad. p. 289.
1874. Chydorus ovalis, Kurz: Dodekas. p. 74, Tab. III., Fig. 11.

Fig. 65.

Fig. 64.

Chydorus latus, Sars. — Postabdomen.

Chydorus latus, Sars.
— Tastantenne.

Der Körper ist mittelgross, oval, hinten abgerundet und blass horngelb gefärbt. Zwischen Kopf und Thorax ist eine seichte Einkerbung. Der bewegliche Kopf ist sehr niedrig, der Schnabel lang, schmal, fein zugespitzt und nach hinten gebogen. Der schwarze Pigmentfleck, von viereckiger Gestalt, ist kleiner als das Auge und steht doppelt entfernt von der Schnabelspitze wie vom Auge. Die Tastantennen, vom Kopf tief eingeschnürt, sind conisch und tragen zwei Seitenborsten, von denen die eine in der Mitte der Aussenseite, die andere nahe dem freien Ende steht. Das schmale Tastantennenende ist mit einem Dornenkranze geschmückt. Die Riechstäbchen sind kurz, ungleich. Die Ruderantennen haben sieben Borsten und am ersten Gliede des inneren Astes noch einen kurzen Enddorn. Der Lippenanhang ist gross, dreieckig, sichelförmig nach hinten gebogen und an der Spitze scharf.

Die Schale ist länger als hoch, am Rücken stark gewölbt, hinten an den Winkeln breit abgerundet. Der untere gleichmässig gewölbte Rand ist einwärts kaum umgeschlagen und sehr lang behaart. Die Schalenoberfläche ist glatt und zeigt keine deutliche Structur.

Die Bewehrung des breiten und kurzen Postabdomens, das vorne abgerundet ist, besteht aus 13—14 kleinen, dichtstehenden Zähnen, welche jederseits des abgerundeten Endes stehen.

Der ziemlich niedrige, scharfe Afterhöcker liegt etwas hinter der Mitte der geraden Unterkante. Die Schwanzkrallen sind kurz, glatt und haben zwei Basaldornen, von denen der hintere äusserst klein ist. (Auf der Zeichnung fehlt der zweite Basaldorn.)

Länge: 0·54—0·59 ᵐ· ᵐ·. Höhe: 0·43—0·46 ᵐ· ᵐ·.

In sumpfigen Gewässern selten.

Ich traf diese Art an mehreren Stellen bei Wittingau.

91. Chydorus punctatus, n. sp. — Der punctirte Linsenkrebs. — Čočkovec tečkovaný.

Fig. 66.

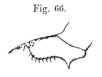

Chydorus punctatus, n. sp. — Postabdomen.

Der Körper ist klein, kugelig, hinten abgestutzt und dunkel horngelb gefärbt. Der niedrige Kopf läuft in einen ziemlich kurzen, scharfen Schnabel aus.

Der schwarze, rundliche Pigmentfleck von der Grösse des Auges steht diesem näher als der Schnabelspitze. Die kurzen Tastantennen sind in der Mitte angeschwollen. Die Seitenborste steht hinter der Mitte der Aussenseite. Die Riechstäbchen sind kurz, von gleicher Länge. Die Ruderantennen tragen sieben Borsten. Der Lippenanhang ist lang, sichelförmig gebogen, an der Spitze scharf und unten zweimal ausgerandet.

Die Schale ist kurz, hoch. Der Oberrand, zwischen Kopf und Thorax ohne Impression, ist hoch gewölbt und hinten vor dem oberen fast rechten Schalenwinkel tief ausgerandet. Der kurze, gerade Hinterrand geht unter einem breit abgerundeten Winkel in den sehr bauchigen Unterrand über. Dieser ist vorne weniger, hinten mehr abgeflacht und an der inneren Lippe mit langen, befiederten Haaren besetzt. Dieser Haarbesatz verliert sich allmälig am Höcker, welcher durch die Abflachung des Unterrandes entstanden ist. Die Structur der Schalenoberfläche und des Kopfschildes besteht aus regelmässigen, sechseckigen Feldchen, welche namentlich gegen die Ränder deutlicher hervortreten. In der Mitte jedes Feldchens, welches noch fein gestrichelt ist, sitzt ein kleines, punktförmiges Höckerchen.

Das Postabdomen ist kurz, breit, vorne abgerundet und mit 8—9 gleichen und kleinen Zähnen bewaffnet. Der Afterhöcker ist sehr hoch und scharf. Die fein gezähnten Schwanzkrallen tragen nur einen kleinen Basaldorn. Die Schwanzborsten sind kurz.

Länge: 0·44—0·47 ᵐ· ᵐ·, Höhe: 0·42—0·44 ᵐ· ᵐ·.

Beim Männchen ist der Schnabel kürzer und stumpfer. Die dicken Tastantennen haben in der Mitte der Aussenseite ausser der zugespitzten Tastborste, welche bis zur Mitte doppeltcontourirt ist, noch ein langes Riechstäbchen. Die Endriechstäbchen sind lang und von verschiedener Grösse. Der Fusshacken ist gross und stark gekrümmt. Das Postabdomen unten stark ausgeschnitten, gebogen, die Schwanzkrallen kurz, ungezähnt und ohne Basaldorn.

Länge: 0·42 ^{m. m.}.

In sumpfigen Gewässern selten.

Fundorte: In den Seen des Riesengebirges und des Böhmerwaldes, in Sümpfen bei Wittingau, Poděbrad und Mnišek.

Diese Art ist mit Ch. sphaericus sehr nahe verwandt, von welchem sie jedoch durch die Bewehrung des Postabdomens und die Beschaffenheit der Schalenstructur abweicht.

92. Chydorus sphaericus, O. Fr. Müller. — Der runde Linsenkrebs. — Čočkovec kulatý.

1785. Lynceus sphaericus, O. Fr. Müller: Entom. p. 71, Tab. IX., Fig. 7—9.
1820. Monoculus sphaericus, Jurine: Histoires etc. p. 157, Tab. XVI., Fig. 3.
1841. Lynceus sphaericus, Koch: Crustac. p. 36, Tab. XIII.
1848. Lynceus sphaericus, Liévin: Branchiop. p. 41, Tab. X., Fig. 5.
1848. Lynceus sphaericus, Fischer: Branch. und Entom. p. 192, Tab. IX., Fig. 13—15.
1850. Chydorus sphaericus, Baird: Brit. Entom. p. 126, Tab. XVI., Fig. 8.
1853. Lynceus sphaericus, Lilljeborg: De Crustac. p. 86, Tab. VII., Fig. 12—17.
1860. Lynceus sphaericus, Leydig: Naturgesch. p. 225.
1863. Chydorus sphaericus, Schoedler: Neue Beitr. p. 12, Tab. I., Fig. 5—7.
1867. Lynceus sphaericus, Norman and Brady: Monogr. p. 48, Tab. XXL, Fig. 12.
1868. Chydorus sphaericus, P. E. Müller: Daum. Clad. 194, Tab. IV., Fig. 24.
1872. Lynceus sphaericus, Friö: Krustenth. p. 246, Fig. 58.
1874. Chydorus sphaericus, Kurz: Dodekas. p. 71, Tab. III., Fig. 9. 10.

Fig. 67.

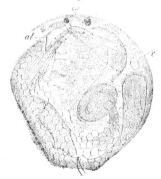

Chydorus sphaericus, O. Fr. Müller. —
Weibchen. *cb* Gehirn. *al* Lippenanhang.
c Herz.

Fig. 68.

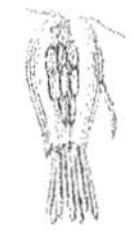

Chydorus sphaericus,
O. Fr. Müller. —
Tastantenne.

Der Körper ist klein, kugelig, hinten kurz abgestutzt, zwischen Kopf und Thorax ohne Einschnitt und von schmutzig grüner Farbe. Der bewegliche und stark niedergedrückte Kopf ist klein, der Schnabel ziemlich lang, fein zugeschärft.

Der rundliche, schwarze Fleck ist etwas weiter entfernt von der Schnabelspitze als von dem zweimal grösseren Auge. Die Tastantennen vom Kopf durch eine tiefe Einschnürung getrennt, sind kurz, in der Mitte angeschwollen und tragen die kurze Tastborste in der Mitte der Aussenseite. Die Riechstäbchen von mässiger Länge sind ungleich. Die Ruderantennen haben sieben Borsten. Der Lippenanhang ist verhältnissmässig kurz, gebogen, mit lang gestreckter und abgerundeter Spitze.

Die Schale ist höher als lang, hinten mit wenig abgerundeten Winkeln. Ihre grösste Höhe liegt etwas vor der Mitte der Schalenläuge. Der Oberrand ist stark gleichmässig gewölbt, der Hinterrand sehr kurz, gerade und in der Mitte der Schalenhöhe, der Unterrand bauchig, vorne und hinten ungleich abgeflacht, wie bei Ch. punctatus. Der Haarbesatz der inneren Lippe ist schwächer und fehlt am Höcker des Unterrandes. Die Schalenoberfläche ist besonders gegen die Ränder deutlich sechseckig gefeldert. Die Feldchen sind glatt.

Das Postabdomen ist kurz, breit, vorne etwas ausgerandet und am Unterwinkel abgerundet. Es trägt 7—8 einfache, kurze Zähne. Der stark hervorragende Afterhöcker hat die Spitze abgerundet. Die Schwanzkrallen sind glatt mit einem ziemlich langen Basaldorn.

Länge : 0·43 $^{m. m.}$; Höhe 0·38 $^{m. m.}$.

Beim Männchen, dessen Schnabel abgestutzt erscheint, tragen die Tastantennen mehrere Tastborsten und Riechstäbchen und sind nach Kurz (p. 72) plattgedrückt. Die Fusshacken sind durch ihre Grösse bemerkenswerth. Das Postabdomen ist kurz gebogen und vorne an der Unterkante wie bei Ch. punctatus tief ausgeschnitten. Sie sind stets beträchtlich kleiner als die Weibchen.

Ueberall sehr gemein, besonders im Frühlinge.

93. Chydorus caelatus, Schoedler. — Der höckerige Linsenkrebs. — Čočkovec drsný.

1859. Chydorus caelatus, Schoedler: Brauch. p. 27.
1863. Chydorus caelatus, Schoeder: Neue Beitr. p. 13, Tab. H., Fig. 44.
1874. Chydorus caelatus, Kurz: Dodekas. p. 73.

Fig. 69.

Chydorus caelatus, Schoedler. — Postabdomen.

Diese Art stellt sich als nächst verwandte zu Ch. sphaericus, mit dem sie sowohl in Form und Grösse als auch in Farbe gänzlich übereinstimmt. Der Körper ist klein, kugelig, hinten kurz abgestutzt und von schmutzig grüner Farbe. Die Eier der Weibchen sind ebenso wie bei Chydorus sphaericus schön grün gefärbt.

Der schwarze Pigmentfleck ebenfalls kleiner als das Auge, steht beinahe in der Mitte zwischen diesem und der Schnabelspitze. Die Tast- und Ruderantennen und der Lippenanhang wie bei voriger Art.

An der Schale tritt die obere und hintere Schalenecke deutlicher hervor. Die Structur der Schalenoberfläche besteht aus undeutlich begränzten, sechseckigen Feldchen, deren Mitte sich zu einem runden Höcker emporhebt. Diese Höckerchen sind auf der Schale in concentrischen Reihen geordnet. Der Kopfschild weist auch eine solche höckerige Structur auf.

Das Postabdomen weicht von dem der vorigen Art insoferne ab, dass die untere Kante etwa mit 10—11 Doppelzähnen bewaffnet ist. Auch scheint das Postabdomen vor dem stumpfen Afterhöcker schmäler zu sein als hinter demselben.

Länge: 0·44—0·47 $^{m. m.}$; Höhe: 0·37—0·39 $^{m. m.}$.

Ueberall ziemlich selten.

Diese Art lebt bei Poděbrad, Turnau, Wittingau. In grosser Anzahl fand ich sie im Keyer-Teiche bei Prag.

22. Gattung **Monospilus**, Sars.

Der Körper ist klein, oval, hinten abgerundet. Der bewegliche, kleine, stark niedergedrückte Kopf geht unten in einen ziemlich langen, geraden Schnabel aus. Der grosse schwarze Pigmentfleck vertritt das Auge, welches bei dieser Gattung gänzlich fehlt. Die kurzen Tastantennen sind ausser den Endriechstäbchen noch mit einer Seitenborste ausgestattet. Die Ruderantennen tragen acht Borsten. Der Lippenanhang ist verkümmert, klein, abgerundet.

Die Schale, vom Kopfschild durch eine kurze, senkrecht aufsteigende Sutur geschieden, hat eine länglich ovale, überall gleichmässig abgerundete Gestalt und ist unten bewimpert.

Der Darm ist gewunden. Das Abdomen trägt hinten am Rücken einen kurzen Fortsatz, welcher den Brutraum schliesst. Das Postabdomen ist gross, breit, vorne schräg abgestutzt und bedornt. Der Afterhöcker ist unbedeutend. Die Schwanzkrallen besitzen blos einen Basaldorn. Die Schwanzborsten sind ziemlich lang.

Bis jetzt nur eine Art bekannt.

94. **Monospilus tenuirostris**, Fischer. — Der blinde Linsenkrebs. — Čočkovec slepý.

1854. Lynceus tenuirostris, Fischer: Lync. und Daph. p. 427, Tab. III., Fig. 7—10.
1862. Monospilus dispar, Sars: Om de i Christ. Omegn. iagtt. Clad. p. 165.
1867. Monospilus tenuirostris, Norman and Brady: Monogr. p. 52, Tab. XIX., Fig. 2; Tab. XX., Fig. 9.
1868. Monospilus dispar, P. E. Müller: Daum. Clad. 196.

Der Körper ist klein, länglich oval, hinten abgerundet von blass gelber oder weisslicher Farbe. Der kleine, stark niedergedrückte Kopf ist vorne abgeflacht mit etwas hervorragender Stirngegend und endet in einen kurzen, scharfen Schnabel, welcher nach unten gerichtet ist. Die schwach entwickelten Fornices sind hinter dem grossen · Pigmentfleck erweitert.

Fig. 70.

Monospilus tenuirostris, Fischer. — Weibchen. *c* Macula nigra.

Die kurzen, in der Mitte erweiterten Tastantennen tragen in der Mitte der Aussenseite eine kurze, zugespitzte Tastborste. Die Riechstäbchen sind lang, ungleich. Der innere Ast der Ruderantennen weist 4 zweigliedrige Borsten und einen langen Stachel am ersten Gliede auf; der äussere Ast ist mit nur drei Borsten und mit einem kleinen Dorne am ersten Gliede ausgerüstet. Der Lippenanhang ist klein, abgerundet.

Die grösste Schalenhöhe liegt etwas hinter der Mitte. Die Schale ist bei erwachsenen Exemplaren aus mehreren (bis 6) sich dachartig bedeckenden Schalenklappen wie bei Ilyocryptus sordidus zusammengesetzt und an der Oberfläche sehr fein chagrainartig gerunzelt. Nebstdem erscheint noch die ganze Oberfläche mit grossen, länglichen Höckern in concentrischen Reihen besetzt.

Der Darm ist zweimal gewunden und mündet in der Mitte der unteren Schwanzkante. Der Abdominalfortsatz ist kurz, abgerundet. Das grosse Postabdomen von kurzer und breiter Form ist vorne schräg abgestutzt, an den Rändern der Afterspalte ausgeschnitten und mit 5—7 kleinen Zähnen bewaffnet. An den Seitenflächen laufen noch zwei feine Leistchenreihen in schiefer Richtung. Die starken, fein gezähnten Schwanzkrallen besitzen nur einen Nebendorn, welcher von einem niedrigen Basalhöcker entspringt.

Länge: 0·42—0·56 ^m. m.^; Höhe: 0·3—0·4 ^m. m.^.

Diese seltene Art fand ich im Kaňov- und Svět-Teiche bei Wittingau blos in einigen Exemplaren.

B. Gymnomera, Sars.

Das Proabdomen ist frei, unbedeckt. Die Aeste der Ruderantennen sind platt gedrückt mit vielen Seiten- und Endborsten. Die Maxillen rudimentär, unbeweglich. Die Beine sind deutlich gegliedert, cylindrisch.

a) Onychopoda, Sars.

Vier Paar, cylindrische, deutlich gegliederte Beine mit verkümmerten Branchialfortsätzen.

VII. Fam. Polyphemidae, Baird.

Der Kopf ist vor dem Thorax tief eingeschnürt. Das grösse, bewegliche Auge, die vordere Kopfhöhle gänzlich ausfüllend besitzt zahlreiche, dicht gedrängte und langgestreckte Krystalllinsen. Die Tastantennen von der Unterseite des Kopfes entspringend, sind klein. Die Aeste der grossen Ruderantennen sind platt gedrückt und mit vielen Borsten versehen. Der eine Ast ist viergliedrig, der andere dreigliedrig. Die Mandibeln sind gross, beweglich; die Maxillen verkümmert, unbeweglich.

Die rudimentäre Schale bedeckt nur den Rücken des Thorax und Proabdomens, und lässt die Füsse und das Postabdomen unbedeckt.

Der Darm ist einfach ohne Schlinge und Blindsäcke. Derselbe mündet am Postabdomen. Dieses ist verkümmert, klein. Der Schwanzhöcker, dem die Schwanzborsten aufsitzen, ist ungemein gross, langgestreckt.

Das Herz hat eine rundliche oder dreieckige Gestalt.

Die Arten sind meist Meeresbewohner.

23. Gattung Polyphemus, O. Fr. Müller.

Scalicercus, Koch.

Der Kopf ist gross, langgestreckt und vor dem Thorax tief eingeschnürt. Der vordere abgerundete und oben durch eine seichte Einkerbung gesonderte Kopfabschnitt, enthält das grosse, bewegliche Auge und wird von demselben gänzlich eingenommen. Dieses besteht aus einem grossen, kugelförmigen, hinten abgestutzten, schwarzen Pigmentfleck und aus zahlreichen cylindrischen Krysstalllinsen, welche jenen radiär und dicht gedrängt umlagern. Das Nebenauge fehlt.

Die Tastantennen stehen dicht neben einander und entspringen an der unteren Kopfseite gleich hinter dem Auge aus einem Kopfhöcker; sie sind kurz, cylindrisch, nach vorn gerichtet und tragen 5—6 ziemlich lange und gleiche Riechstäbchen. Die grossen Ruderantennen sind mit 14—15 gefiederten, zweigliedrigen Ruderborsten ausgestattet. Die grosse, dreieckige, hinten behaarte Oberlippe ragt frei nach unten herab. Die Kaufläche der Mandibeln ist mit einigen schlanken Zähnen bewehrt. Die unbeweglichen Maxillen haben die Gestalt eines cylindrischen, am Ende behaarten Fortsatzes.

Aus dem vorderen, dorsalen Theile des Thorax entspringt die rudimentäre Schale, den Körper nur theilweise bedeckend. Bei Weibchen ist die Schale kugelförmig aufgeblasen und die dadurch entstandene Höhle zum Brutraum verwendet. Beine sind vier Paare vorhanden, welche von vorn nach hinten bedeutend an Grösse abnehmen. Sie sind cylindrisch, viergliedrig und mit vielen behaarten und gekrümmten Borsten versehen. Das zweite und grösste Glied der drei ersten Fusspaare trägt aussen an der Basis eine kurze, am Ende erweiterte Lamelle, welche mit fünf Borsten ausgerüstet ist und den verstümmelten Aussenast der Cladocerenfüsse darstellt. Das vierte Beinpaar ist eingliedrig, kurz und ohne Anhang.

Der Darmkanal beginnt mit dem Munde, welcher vorne an die Oberlippe, hinten an die Maxillen gränzt, erweitert sich gleich hinter der kurzen Speiseröhre zu einem dreieckigen, weiten Magen und läuft rückwärts in einer mässig gebogenen Richtung durch den ganzen Leib in das Postabdomen, wo er ventral ausmündet. Das Postabdomen ist klein, an den Afterrändern abgerundet und ohne Krallen. Der Postabdominalhöcker, dem die dicken, eingliedrigen und langen Schwanzborsten aufsitzen, verlängert sich in einen sehr langen, aufwärts gekrümmten Cylinder, dessen freies Ende mit einem Kranze von kurzen Dornen umgeben ist. Die Schwanzborsten und der Höcker sind spärlich kurz bedornt.

Beim Männchen sind die Tastantennen am Ende mit einer langen, fein zugespitzten und bis zur Hälfte doppelt contourirten Geissel versehen. Das erste Fusspaar trägt einen kleinen Hacken und zwei lange, gezähnte und gekrümmte Borsten. Die Hodenausführungsgänge münden vor dem After.

Die Gattung zählt nur eine Art.

95. Polyphemus pediculus, De Geer. — Der grossaugige Seekrebs. — Velkoočka jezerní.

1778. Monoculus pediculus, De Geer: Mém. Tom. VII. p. 467, Tab. XXVIII., Fig. 9—13.
1785. Polyphemus oculus, O. Fr. Müller: Entom. p. 199, Tab. XX., Fig. 1—5.
1820. Polyphemus pediculus, Straus: Mem. p. 156.
1820. Monoculus polyphemus, Jurine: Histoir. p. 143, Tab. XV., Fig 1—3.
1841. Scalicercus pediculus, Koch: Crust. p. 37, Tab. II.
1848. Polyphemus oculus, Liévin: Branch. p. 43, Tab. XI., Fig. 4—8.
1848. Polyphemus stagnorum, Fischer: Branch. und Entom. p. 168, Tab. III. Fig. 1—9.
1850. Polyphemus pediculus, Baird: Brit. Entom. p. 111, Tab. XVII., Fig. 1.
1853. Polyphemus pediculus, Lilljeborg: De Crust. p. 62, Tab. V., Fig. 3—6.
1860. Polyphemus oculus, Leydig: Naturg. p. 232, Tab. VIII., Fig. 63., Tab. IX., Fig. 71.
1863. Polyphemus oculus, pediculus, Kochii, Schoedler: Neue Beitr. p. 67, Tab. II., Fig. 45., p. 69., p. 70.
1868. Polyphemus pediculus, P. E. Müller: Danm. Clad. p. 200, Tab. V., Fig. 19—21.
1870. Polyphemus pediculus, Lund: Bidrag. p. 139, Tab. V., Fig. 2„ Tab. VIII., Fig. 9—10.
1872. Polyphemus oculus, Frič: Krustenth. p. 247, Fig. 61.
1874. Polyphemus pediculus, Kurz: Dodekas. p. 77.

Grösse: 1·0—1·2 m. m.

Das Thier ist braun, durchsichtig mit bläulichem und weisslichem Schimmer. In Teichen und Seen ziemlich selten.

Ich traf sie in grosser Menge im Hladov-teiche bei Lomnitz; sonst kommt sie in allen Wittingauer Teichen und in den Böhmerwaldseen vor.

b) Haplopoda, Sars.

Sechs Paar einfache, cylindrische Beine ohne Fortsätze. Das Abdomen ist gegliedert.

VIII. Fam. Leptodoridae, Sars.

Der Kopf, vom Thorax deutlich gesondert, ist langgestreckt. Die Aeste der Ruderantennen sind viergliedrig, mit zahlreichen Seitenborsten versehen. Das Abdomen ist lang, nach hinten gestreckt und 4gliedrig. Die Schwanzkrallen gross.

8*

24. Gattung **Leptodora**, Lilljeborg.

Der Körper ist sehr gross, langgestreckt. Der Kopf, vom Thorax durch eine tiefe Einschnürung gesondert, zeichnet sich durch seine beträchliche Länge aus und ist an der Basis breit und oben buckelartig aufgetrieben, nach vorn allmälig verjüngt und abgerundet. Das Auge liegt vorne in der Kopfhöhle; es hat eine Kugelform mit ziemlich kleinem Pigmentfleck in der Mitte, welcher von sehr langen, radiär dichtgestellten Krystalllinsen umschlossen ist. Das Auge bewegt sich mittels einigen paarigen Muskeln, welche von beiden Seiten der Kopfhöhle entspringen.

An der unteren Kopfkante, gleich hinter dem Auge stehen von einander entfernt die kurzen, am freien Ende verdickten Tastantennen, welche erst vom freien Ende kurze Riechstäbchen abgeben. Die Ruderantennen haben einen sehr langen, die Kopflänge überragenden Stamm und zwei gleiche, 4gliedrige Aeste, welche seitlich von etwa dreissig langen, zweigliedrigen und fein gefiederten Borsten ausgerüstet sind. Die Mandibeln sind lang, eingliedrig, einwärts gekrümmt und fein zugespitzt. Die Maxillen fehlen.

Der cylindrische Thorax trägt unten sechs Paar Beine, welche nach hinten plötzlich an Grösse abnehmen. Das erste Fusspaar ist das längste, das zweite um das Doppelte an Länge übertreffend. Die Beine sind cylindrisch, 4gliedrig, ohne Fortsätze und tragen an der Hinterseite viele Borsten. Von dem Hinterrande des Thorax geht die verkümmerte und kurze Schale ab, welche bei der Seitenansicht eine eiförmige, vom Abdomen abstehende und als Brutraum dienende Höhle umschliesst.

Das Abdomen ist cylindrisch, sehr lang gestreckt und zerfällt in vier deutlich von einander abgetrennte Segmente, welche den Darmkanal, die Geschlechtsorgane und den Fettkörper einschliessen. Das letzte Segment trägt hinten zwei starke, divergirende Krallen.

Der Darm beginnt mit dem Munde, welcher unten an der Kopfbasis zwischen der Ober- und Unterlippe liegt und besteht aus einem geraden, langen bis in das dritte Postabdominalsegment reichenden Oesophagus und aus dem breiten, eigentlichen Darm, welcher zwischen den Schwanzkrallen ausmündet.

Beim Männchen sind die Tastantennen sehr dick und am Ende in einen sehr langen zugespitzten Fortsatz ausgezogen, welcher ebenfalls Riechstäbchen trägt.

Die Bewegungen dieser Thierchen sind hüpfend.

Bis jetzt ist blos eine Art bekannt.

66. **Leptodora hyalina**, Lilljeborg. — Der grosse Armkrebs. — Ramenatka velká.

1860. Leptodora hyalina, Lilljeborg: Beskr. p. 265, Tab. VII., Fig. 1—22.
1863. Leptodora hyalina, Schoedler: Neue Beitr. p. 74.
1868. Leptodora hyalina, P. E. Müller: Danmarks Clad. p. 226, Tab. VI., Fig. 14—21
1868. Leptodora hyalina, P. E. Müller: Bidrag til Clad. Fortpl. p. 297, Tab. XIII. Fig. 1—15.
1870. Leptodora hyalina, Lund: Bidrag til Clad. Morph. Tab. V., Fig. 3.
1874. Leptodora hyalina, Frič: Vesmír. III p. 16, F. 4.
1874. Leptodora hyalina, Weismann: Ueber Bau etc. mit 6 Taf.
1874. Leptodora hyalina, Kurz: Dodekas etc. p. 77.

Dieses Thierchen ist äusserst hyalin, farblos und bis 8 ᵐ·ᵐ· gross.

Die Wintereier der Lept. hyalina produciren eine ungegliederte, mit drei Gliedmassenpaaren und einem einfachen Auge versehene Naupliusform.

In grossen Teichen gemein.

Fundorte: in den Teichen bei Wittingau, Lomnitz, Budweis, Prag, Dymokur, Skalitz und Maleschau.

Von der Verbreitung der Cladoceren in Böhmen mit Berücksichtigung der ausländischen Faunen.

Bevor ich über die Verbreitung der Cladoceren in Böhmen sprechen werde, halte ich es für nothwendig auch von ihrer Lebensweise etwas zu erwähnen. Die Cladoceren sind grösstentheils Süsswasserbewohner und nur eine sehr geringe Zahl derselben gehört dem Meere an. Bisher sind uns nur 9 Meeresarten bekannt, von denen 2 den Sididen, die übrigen den Polyphemiden angehören. Die Brackwässer können keine besonderen Cladocerenformen aufweisen, da die Bewohner derselben mit jenen der Süsswasser gleichartig sind.

Süsswasser-Cladoceren findet man in stehenden oder langsam fliessenden Gewässern, Bächen, Flussbuchten, Seen, Teichen, in Tümpeln, Wassergräben u. s. w. In Seen und Teichen hält sich die grösste Artenanzahl am liebsten nahe den Ufern auf, und bildet auf diese Weise eine natürliche Abtheilung, die Uferfauna, ein geringerer Theil derselben pflegt dagegen lieber die Tiefen und die Mitte der Gewässer vorzuziehen und bildet die Seefauna, die von der ersteren auch im äusseren Baue schon auffallend verschieden ist. Dieser Unterschied ist desto grösser, je mehr die betreffenden Gewässer an Grösse und Tiefe zunehmen.

Auf diesen Umstand machte uns zuerst Lilljeborg aufmerksam, der die in der Mitte der grossen Gewässer lebenden Arten mit dem Namen „Sjöformer" bezeichnete. O. G. Sars stellte schon eine Reihe solcher Arten, die in Norwegen vorkommen, zusammen und beschrieb genau die Unterschiede der genannten Faunen. Dasselbe that auch P. E. Müller, welcher die Cladoceren ihrer Lebensart nach in zwei Gruppen: in pelagische und Uferformen eintheilte. In der Uferfauna finden wir keine Vertreter der Holopediden und Leptodoriden, in der Seefauna dagegen keine Lyncodaphniden und Lynceiden.

Das allgemeine und charakteristische Merkmal der Seeformen ist der hyaline und zarte Körperbau, während die übrigen Bildungsunterschiede (am Kopf, Schwanz, Schale, Tast- und Ruderantennen) nicht allgemein hervortreten, sondern blos als Unterscheidungsmerkmale einzelner Familien anzusehen sind.

Von den Sididen halten sich die Gattungen Sida und Daphnella am liebsten nahe dem Uferrande auf, wo die erstere besonders die mit Schilf bewachsenen Stellen aufsucht und sich daselbst mit ihrem Haftapparat festhält, da ihre Bewegungen sehr träge und schwerfällig sind. Die Gattung Daphnella zeichnet sich dagegen durch ihre raschen Bewegungen, zieht freies, nicht mit Schilf verwachsenes Wasser vor und geht in kleineren Gewässern auch in die Mitte derselben, wo sie sich nahe der Wasseroberfläche umhertreibt. Der eigentliche Repräsentant der Seefauna ist die Gattung Limnosida, welche man bisher nur in den Seen Norwegens beobachtete; diese steht unserer Daphnella am nächsten und zeichnet sich besonders durch ihre hervorragende Stirn und verlängertes Tastantennenpaar aus, welches beinahe die ganze Schalenlänge erreicht. Die Gattung L a t o n a, in Böhmen noch nicht aufgefunden, lebt hauptsächlich am Boden tiefer Gewässer.

H o l o p e d i u m   g i b b e r u m   ist die einzige, bisher bekannte Holopedidenart. Sie lebt namentlich in der Mitte der grossen Gebirgsseen. Ihr Körper ist in eine äusserst hyaline und gelatinöse Masse eingehüllt; ein Theil des Schalenrückens verlängert sich in einen ansehnlichen Buckel. In Böhmen fand ich dagegen diese Art auch in einem künstlichen Teiche bei Wittingau.

Von den D a p h n i d e n gehört nur eine geringe Artenanzahl des Gen. D a p h n i a der Seefauna an, welche sich besonders durch Verlängerung des hinteren Schalenstachels auszeichnen. Der Körper derselben ist grösstentheils sehr schmal und schlank, der Kopf gestreckt und verlängert, so dass er manchmal fast die Hälfte der Schalenlänge einnimmt. Hieber gehören vor allem jene Arten, die Schoedler unter dem Gattungsnamen H y a l o - d a p h n i a zusammenfasste. Alle übrigen Arten dieser Familie halten sich mehr oder weniger nahe den Ufern und zwar der eine Theil der D a p h n i a a r t e n und der Gattung M o i n a in Regenpfützen, die übrigen in Lachen, Teichen und Seen. Die Gattung S i m o c e p h a l u s führt dieselbe Lebensweise wie die Gattung S i d a. Man^{ch}e Arten von C e r i o d a p h n i a und M o i n a   m i c r u r a schliessen sich allmälig den Seeformen an.

Die B o s m i n i d e n zählen einige Arten, welche der Seefauna angehören und sich durch ihr verlängertes Tastantennenpaar, sowie zuweilen durch buckelartige Auftreibung des Schalenrückens von anderen Bosminiden unterscheiden. Die übrigen Arten derselben Gattung, obzwar sie sich wegen der Kürze ihres Ruderantennenpaares ziemlich schwerfällig zu bewegen scheinen, leben dennoch nie am Grunde der Gewässer, wie Sars angibt, sondern ziehen die Mitte der Gewässer vor, wo sie in geringer Entfernung von der Wasseroberfläche munter umherschwimmen. In Teichen findet man die Uferformen dieser Gattung gewöhnlich in Gesellschaft von D a p h n e l l a und C e r i o d a p h n i a, in kleineren, tiefen Tümpeln dagegen nicht selten mit einigen L y n c e i d e n (A l o n a l i n e a t a,   g u t t a t a). B o s m i n a   b o h e m i c a lebt bei uns in einer ansehnlichen Tiefe in der Mitte des Schwarzen Sees im Böhmerwalde.

Die L y n c o d a p h n i d e n gehören ausschliesslich der Uferfauna an. Alle hieher gehörigen Arten haben ungewöhnlich starke Ruderantennen, schwimmen zwar frei, aber schwerfällig umher und halten sich demnach grösstentheils gerne am Grunde der Gewässer. Die Gattung I l y o c r y p t u s lebt nur am Grunde, wo sie sich im Schlamm kriechend langsam hin und her bewegt. Ihre Ruderantennen, obzwar mächtig, sind zum freien Schwimmen doch nicht geeignet, die Bauchränder der Schale und der Dorsalrand des Postabdomens ist mit starken Dornen und Stacheln dicht besetzt, mit Hilfe deren sich die Thiere an feste Körper festklammern und vorwärts bewegen können.

Auch die nächstfolgende Familie der L y n c e i d e n zählt nur Uferformen, welche sich fast sämmtlich am Grunde der Gewässer aufhalten. Hievon bildet theilweise die Gattung A l o n a eine Ausnahme, indem sie auch in geringerer Entfernung von der Wasseroberfläche vorzukommen pflegt.

Die P o l y p h e m i d e n sind in Böhmen blos durch eine Gattung P o l y p h e m u s vertreten, welche nur an seichten Ufern lebt. Von der zur Seefauna angehörigen Gattung B y t h o t r e p h e s, welche nur in bedeutenden Tiefen grösserer Seen sich aufhält, hat man in Böhmen noch keinen Repräsentanten nachgewiesen. Diese Gattung hat einen auffallend verlängerten Schwanz, wodurch sie sich von P o l y p h e m u s unterscheidet.

Die letzte Familie L e p t o d o r i d a e weist nur eine einzige Art L e p t o d o r a h y a l i n a auf, die sich der Seefauna anschliesst. Ihr Körper ist langgestreckt, gerade, mit einem deutlich segmentirten Abdomen, die Ruderantennen sehr lang und mächtig. Diese Art ist in Böhmen allen mir bekannten Teichen eigenthümlich, in welchen sich die Seefauna ausgebildet hat. In den Gebirgsseen fehlt sie gänzlich.

In der nachstehenden Tabelle sind die sämmtlichen, bis jetzt aus Böhmen, Norwegen, Dänemark bekannten Seeformen angeführt, so wie auch ihr gemeinschaftliches Auftreten in diesen Ländern angedeutet.

		Böhmen	Norwegen	Dänemark
1	Limnosida frontosa, Sars		†	
2	Holopedium gibberum, Zaddach	†	†	†
3	Daphnia ventricosa, n. sp.	†		
4	„ caudata, Sars	†		
5	„ lacustris, Sars	†	†	
6	„ aquilina, Sars		†	
7	„ pellucida, P. E. Müller			†
8	„ pulchella, Sars		†	
9	„ affinis, Sars		†	
10	„ hyalina, Leydig		†	
11	„ longiremis, Sars		†	
12	„ cristata, Sars		†	
13	„ gracilis, n. sp.	†		
14	„ galeata, Sars	†	†	†
15	„ cucullata, Sars	†	†	†
16	„ vitrea, Kurz	†		
17	„ apicata, Kurz	†		
18	„ Kahlbergensis, Schoedler	†		†
19	„ Cederströmii, Schoedler	†		
20	Bosmina longispina, Leyd.		†	
21	„ diaphana, P. E. Müller			†
22	„ bohemica, n. sp.	†		
23	„ Coregoni, Baird		†	†
24	„ lacustris, Sars		†	
25	Bythotrephes longimanus, Leyd.		†	
26	„ Cederströmii, Schoedler			†
27	Leptodora hyalina, Lilljeb.	†	†	†
		13	16	9

Die sämmtlichen hier angeführten Arten erscheinen immer in grosser Menge und zwar in der Regel nahe der Oberfläche der Gewässer. In grösseren Tiefen habe ich in Böhmen nur 3 Arten und zwar: Daphnia ventricosa, caudata und Bosmina bohemica vorgefunden. Bei näherer Betrachtung der Uferfauna findet man, dass sich die Arten in zwei ziemlich scharf begränzten Abtheilungen unterbringen lassen, von denen die eine ihren Aufenthaltsort unmittelbar am Ufer oder am Grunde der Gewässer einnimmt, die andere aber nicht weit von demselben vorkommt. Die letztere Abtheilung bildet demnach einen Uebergang zu der Seefauna, wenn die Grösse der Gewässer eine ungestörte Entwickelung der Seefauna zulasst. Im widrigen Falle wird die Seefauna von dieser zweiten Abtheilung der Uferfauna vertreten. Hieher gehört hauptsächlich die Gattung Daphnella und von Daphnia nur jene Arten, welche kein Kämmchen an den Postabdominalkrallen besitzen, ferner Ceriodaphnia reticulata, pulchella, Moina micrura, Bosmina arten, Macrothrix hirsuticornis, Alona lineata, guttata und Monospilus tenuirostris. Alle hier angeführten Arten unterscheiden sich von den übrigen Uferformen noch durch ihre verhältnissmässig grössere Durchsichtigkeit. Auch pflegen sie sich nahe der Wasseroberfläche aufzuhalten.
Je nach der Beschaffenheit des Bodens oder des Ufers kann man in der unmit-

telbaren Ufernähe lebende Arten der Uferfauna noch in mehrere Unterabtheilungen eintheilen.

a) An den mit Schilf bewachsenen Uferstellen leben vor allem die Gattungen S i d a, S i m o c e p h a l u s und E u r y c e r o u s, welche sämmtlich mit einem besonderen Haftapparat ausgerüstet sind, mittelst welchem sie sich an festen Gegenständen festhalten können.

b) Im Bodenschlamme pflegt man die Arten M a c r o t h r i x l a t i c o r n i s, S t r e b l o c e r u's s e r r i c a u d a t u s, ferner die Gattungen I l y o c r y p t u s, A c a n t h o - l e b e r i s, C a m p t o c e r c u s, A l o n a L e y d i g i i, a c a n t h o c e r c o i d e s, q u a d r a n - g u l a r i s, t e n u i c a u d i s, ferner aus der Gattung P l e u r o x u s, Pl. p e r s o n a t u s, g l a b e r, n a n u s, e x c i s u s, e x i g u u s und die Gattung Ch y d o r u s vorzufinden.

c) Den sandigen Boden lieben B o s m i n a b r e v i r o s t r i s, A l o n a f a l c a t a, r o s t r a t a.

d) Die übrigen Arten dieser Abtheilung der Uferfauna schwimmen frei herum und sind in der unmittelbaren Nähe der Ufer vorzufinden, ohne sich auf einen bestimmten Aufenthaltsort zu binden. Es bleibt uns noch ein Theil der Cladoceren übrig, der sich in keine der beiden Faunen einreihen lässt und welcher bloss in schmutzigen Tümpeln und Regenpfützen zu finden ist. Die hieher gehörenden Arten lassen sich dadurch erkennen, dass ihnen der hohe Grad der Durchsichtigkeit der übrigen Arten abgeht und das sie in der Regel mit parasitischen Algen und Infusorien bewachsen oder mit Schleim bedeckt erscheinen. Hieher reihe ich alle Arten der Gatt. D a p h n i a, die sich durch das eigenthümliche Kämmchen an den Postabdominalkrallen auszeichnen und die Gatt. M o i n a mit Ausnahme der schon früher erwähnten Art M o i n a m i c r u r a. Zuweilen wenn solche Tümpel reines Wasser enthalten, findet man ausser diesen noch einige L y n c e i d e n, namentlich die Gattung Ch y d o r u s.

Was die Jahreszeit anbelangt, in welcher Cladoceren vorzukommen pflegen, brauche ich nur soviel zu erwähnen, das ihr Auftreten auf die Sommerzeit beschränkt ist. Sobald die Eisdecke in Folge der ersten Frühlingsstrahlen zu schmelzen beginnt, so erscheinen allmälig auch schon einzelne Cladocerenarten, und zwar zuerst in kleiner Anzahl stets aber in Gesellschaft von Copepoden, die zu dieser Zeit sowie auch im Winter vielleicht die einzigen Bewohner stehender Gewässer sind. Die Zahl der Cladoceren nimmt nach und nach zu, jene der Copepoden im verkehrten Verhältnisse ab, so zwar dass im Hochsommer beide Thiergruppen ihre Rolle gänzlich ausgetauscht haben, indem die Gewässer fast ausschliesslich von Cladoceren bewohnt werden, Copepoden aber sehr untergeordnet, fast vereinzelt vorkommen. Im Frühling trifft man vor allem die Gatt. D a p h n i a, welche die ganze Sommerzeit hindurch fast überall angetroffen wird. Hiezu reiht sich nach die Lynceidengattung Ch y d o r u s, welche besonders in den Frühlingsmonaten vorzukommen pflegt. Erst später stellen sich die Gattungen S i m o c e p h a l u s, M a c r o t h r i x und verschiedene L y n c e i d e n a r t e n ein. Zu Anfang des Monates Mai kommt die Gatt. S i d a, C e r i o d a p h n i a, zu Ende desselben Monates die Gatt. L e p t o d o r a, im Juni S c a p h o l e b e r i s und zuletzt erst Ch y d o r u s g l o b o s u s vor. Während des Monates Juli und August haben die Cladoceren bereits das Maximum ihres Vorkommens erreicht, und schon im folgenden Monate September nehmen sie allmälig ab, so dass sie schon im October manchmal gar nicht mehr vorgefunden werden. In den Buchten des im Frühjahre besonders wasserreichen Elbeflusses bei Poděbrad fand ich zu Ende Februar die Art D. p s i t t a c e a, welche nach kurzer Zeit gänzlich verschwand.

D i e V e r b r e i t u n g d e r C l a d o c e r e n i n B ö h m e n. Die Zahl der bisher in Böhmen beobachteten Cladocerenarten beträgt nun 96; jedoch kann sie durch weitere Nachforschungen bedeutend vermehrt werden, und diess um so mehr, als besonders in nord- und südwestlichen Böhmen in dieser Hinsicht viele Gegenden nicht untersucht wurden.

Zu den am gründlichsten durchforschten Gegenden zähle ich die Umgebung von Prag, Poděbrad, Turnau, Deutschbrod, Wittingau und zwar wurden in der Umgebung von Prag 36, Poděbrad 49, Turnau 37, Deutschbrod 39 *) und Wittingau 58 Arten beobachtet. Die an Teichen sehr reiche Gegend von Wittingau, sowie auch das Elbegebiet von Poděbrad, in welchem häufige Tümpel und stehende Gewässer vorkommen, ist dem Auftreten der Cladocerenarten besonders günstig. Bei den angestellten Untersuchungen wurde nicht nur die Natur des Wassers selbst, sondern auch die verschiedenen Tiefen in der Mitte und auch an den Ufern berücksichtigt.

Die böhmischen Gewässer, in welchen die Cladoceren vorkommen, lassen sich in folgende Gruppen eintheilen: *a)* Gebirgsseen, *b)* künstliche Teiche, *c)* tiefe Tümpel und Flussausbuchtungen, *d)* Lachen und Regenpfützen, nebst verschiedenen Wasserausammlungen mit trübem und unreinem Wasser. Alle diese Gruppen von Gewässern besitzen eine eigenthümliche Cladocerenfauna.

a) Gebirgsseen kommen in Böhmen nur im Böhmerwald und im Riesengebirge vor; der Böhmerwald zählt allein sechs grössere Seen und einige sogen. Filzseen, das Riesengebirge blos zwei kleine Teiche, welche am Fusse der Schneekoppe liegen. Die Fauna der letzten zwei Teiche ist mir fast gänzlich unbekannt. Am Felsenufer babe ich nur drei Arten: Acrop. leucocephalus, Pl. exiguus und Chyd. punctatus angetroffen. Ein viel günstigeres Resultat hat man in den Böhmerwaldseen erzielt, wo man Kähne und Holzflösse bei der Hand hatte, mit Hilfe deren man an beliebigen Stellen und in verschiedenen Tiefen untersuchen konnte. Diese Seen lassen sich wieder in drei natürliche Untergruppen ordnen, von welchen jede charakteristische Arten besitzt. Man kann sie bei ganz oberflächlichen Besichtigung erkennen, indem sie sich schon nach der Beschaffenheit des Wassers von einander unterscheiden.

Zu den ersten Untergruppe zähle ich die tiefen Seen bei Eisenstein und zwar den Schwarzsee, Teufelssee, die beiden Arberseen, ferner den Laka- und Stubenbacher-See. Der grösste und tiefste unter ihnen ist der Schwarzsee, welcher mitunter die Tiefen von 45 m. erreicht. Unweit von ihm durch einen Bergkamm getrennt, liegt der kleine und minder tiefe Teufelssee. Das Wasser dieser beiden Seen ist klar und farblos, die Ufer kahl, felsig oder sandig und hie und da mit Gesträppe bewachsen. Die bedeutend kleineren Arberseen haben ebenfalls ein farbloses, klares Wasser und mit üppigem Schilf bewachsene Ufer. In der Seefauna aller dieser Seen ist Holop. gibberum charakteristischeste Form, welche bis zur Tiefe von 3 m. massenhaft auftritt. Im Laka- und Stubenbacher See sind ihrer unbedeutenden Tiefe wegen keine Seeformen vorhanden. Die Uferfauna der sämmtlichen bis jetzt erwähnten Seen ist verhältnissmässig artenarm. Von den beiden sie charakterisirenden Formen Alonopsis elongata und Pol. pediculus ist erste ausschliesslich nur daselbst vorzufinden. In der beträchtlichen Tiefe von 27 m. hat Prof. Frič im Schwarzsee und Teufelssee auch D. ventricosa, im

---

*) Dodek. neuer Cladoc. Sitzber. der k. k. Acad. der Wissensch. Kurz führt hier 56 Arten Böhmens an, welche er meistens in der Umgebung von Prag, Deutschbrod, Kuttenberg und Rokycan gefunden hat. Von den zwölf neu beschriebenen Arten sind jedoch nur sechs standhaft, indem sich die übrigen als schon anderorts beschriebene oder als neue Varietäten der bereits bekannten Arten erwiesen.

Seine Bemerkung (auf pag. 78) betreffend Prof. Frič's Arbeit „Die Krustenthiere Böhmens" (Arch. für Landesd. von Böhm. II. Th.) ist vielleicht insoferne richtig, als daselbst bereits anderorts veröffentlichte Zeichnungen und Beschreibungen wiedergegeben werden. Da aber diese Arbeit, wie doch in der Vorrede ausdrücklich bemerkt wird, blos den Zweck verfolgt, den heimischen Naturfreunden eine Gelegenheit zu bieten, sich mit den in Böhmen sehr häufig vorkommenden Cladocerenarten nahe vertraut zu machen und sie auf diese Weise zu weiteren Untersuchungen aufzumuntern, so ist der Standpunkt, von welchem der Autor die in seiner Arbeit angeführten Arten auffasst, dadurch zu erklären, dass ihm viele schwer zugängliche Schriften, welche den älteren Ansichten eine ganz neue Richtung gaben, unbekannt geblieben sind. In dieser Hinsicht sind auch die Arbeiten Plateau's (Rech. sur les Crust. d'eau douce de Belgique. Mem. de l'acad. de Belgique. 1870. 1871.) und Vernet's (Entomostracees. Bull. de la soc. vaud. de scienc. natur. T. XIII. ur. 72.), welche fast gleichzeitig erschienen, mangelhaft geblieben. Uebrigens wird sich der Autor der Dodekas jedenfalls gut zu erinnern wissen, dass er sich aus Unkenntniss der neueren Literatur ähnliche Fehler in einem Manuskripte zu Schulden kommen liess, hätte ihn Prof. Frič auf die bevorstehende Gefahr nicht aufmerksam gemacht.

ersteren noch mit Begleitung von B. bohemica emporgeholt. Im Stubenbacher See ist Ac. leucocephalus, im Laka-See jedoch Al. elongata die häufigste Art. Der Plöckensteiner- und Rachelsee gehört schon der zweiten Untergruppe der Böhmerwaldseen an. Beide sind klein, kaum 18 m. tief, mit steilen, felsigen und spärlich bewachsenen Ufern. Ihr Wasser ist zwar klar aber von gelblicher Farbe. Als eine charakteristische Form kann D. caudata angesehen werden, da sie hier nicht nur massenhaft auftritt, sondern auch bis zu den bedeutendsten Tiefen verfolgt werden kann. Holopedium, Alonopsis und Polyphemus fehlen hier gänzlich.

Die dritte Untergruppe bilden die Filzseen bei Maader und Ferchenhaid. Die Ufer der beiden, sowie die Mitte des letzteren sind mit niedrigen Birken bewachsen, aus denen sich einzelne Gruppen von Pinus pumilio erheben. Der Grund ist dicht mit Heidelbeeren bewachsen; die Tiefe unbedeutend (1—2 m.), weshalb auch hier die Seefauna fehlt. An den mit Moos und Wasserpflanzen bewachsenen Ufern ist Acauthol. curvirostris und Scaph. obtusa zahlreich vertreten.

Eine ähnliche Fauna haben die sumpfigen Lachen in der Nähe der Elbequelle im Riesengebirge.

In der folgenden Tabelle führe ich sämmtliche Cladocerenarten an, die bisher in den Gebirgsgewässern Böhmens beobachtet wurden. Alle diese Arten und besonders die Lynceiden sind dunkler gefärbt als die in Teichen vorkommenden Formen.

		Schwarzer See	Teufels-See	Gr. Arbersee	Laka-See	Stubenbacher See	Rachel-See	Plöckensteiner See	Filzsee bei Ferchenhaid
1	Sida elongata			†					
2	Holopedium gibberum	†	†	†					
3	Daphnia caudata						†	†	
4	„ ventricosa	†	†	†					
5	Simocephalus vetulus			†	†		†		
6	„ exspinosus					†	†	†	
7	Scapholeberis mucronata			†	†				
8	„ obtusa								†
9	Ceriodaphnia reticulata			†	†	†			†
10	Bosmina bohemica	†							
11	Macrothrix laticornis				†				†
12	Streblocerus serricaudatus				†				
13	Acantholeberis curvirostris						†		†
14	Eurycercus lamellatus			†	†				
15	Acroperus leucocephalus	†	†	†	†	†		†	
16	Alonopsis elongata	†	†	†	†	†			
17	Alona Leydigii					†			
18	„ affinis			†	†	†			
19	„ costata			†					
20	Pleuroxus exsisus	†	†	†	†	†	†		
21	„ nanus			†		†	†		†
22	„ truncatus	†	†	†	†	†		†	
23	Chydorus sphaericus	†		†	†	†			
24	Polyphemus pediculus	†	†	†	†	†			†
		9	7	16	13	11	8	4	6

b) Die zweite Gruppe der Gewässer Böhmens bilden die künstlichen Teiche. Diese werden entweder mit Flusswasser oder Regenwasser, selten aber mit Quellwasser gespeist. Ihre Fauna ist, falls sie entsprechende Tiefe haben, durch eine sehr interessante Seeform Leptod. hyalina charakterisirt, welche nahe der Wasseroberfläche besonders in der Mitte oder an den Ufern, falls sie kahl und abschüssig sind, vorkommt. Die seichten und mit Schilf bewachsenen Teiche besitzen in der Regel eine sehr artenreiche Uferfauna. Das Vorkommen und die Art des Auftretens der Cladoceren scheint hier ziemlich zufällig zu sein, da mitunter zwei unmittelbar aneinander gränzende Teiche bald eine gemeinschaftliche, bald eine verschiedene Fauna aufweisen, obzwar die Teiche doch gegenseitig in keinem Zusammenhange stehen. Die etwaigen Unterschiede sind nicht in Manigfaltigkeit der Arten, sondern in einem mehr oder minder massenhaften Auftreten der Arten zu suchen.

Auffallend ist das Vorkommen von Hol. gibberum, welche Art bis jetzt nur in den Gebirgsseen von Nordeuropa und von Böhmen, wo ich sie schon im Jahre 1871 in grosser Anzahl und in Gesellschaft von Conochylus volvox traf, vorgefunden wurde, in dem Teiche „Nový vdovec" unweit von Wittingau, der, wie die meisten Teiche der Wittingauer Herrschaft, nur mit Flusswasser gespeist wird. Dieser Teich, dessen Ufer ringsum mit Wäldern bewachsen sind, erreicht an der nördlichen Seite, wo die Ufer kahl und steil sind, eine Tiefe von 6 M.; die östliche Partie ist dagegen seicht und mit dichtem Schilf bewachsen. Holop. gibberum lebt hier mit Daphn. Brandtiana, D. rosea, Leptodora hyalina und mit dem bereits erwähnten Räderthierchen Conochylus volvox zusammen.

Ebenfalls sehr interessant ist der 920 Joch betragende Teich „Bestrev" bei Frauenberg, der ein grüngefärbtes Wasser enthält, welche Erscheinung einer besonders kleinen, grünen, hier sehr zahlreich verbreiteten Alge Limnochlide flos aquae zuzuschreiben ist, die in Form von einigen Milimeter langer Stäbchen bis zur Tiefe von einem Meter die obersten Wasserschichten des Teiches erfüllen. Diese Alge zeigt sich für das Teichwesen von grosser Bedeutung zu sein, da sie sammt den Cladoceren den Fischen als gute Nahrung dient, so dass man eine verhältnissmässig grössere Anzahl von Fischen in solchen Teichen halten kann. Dagegen ist das Vorkommen dieser Alge der Verbreitung der Cladoceren nachtheilig, und in der That ist hier auch die Fauna verhältnissmässig artenarm. In der Mitte dieses Teiches lebt ebenfalls Lept. hyalina, kommt aber vereinzelt vor. Alona falcata und quadrangularis pflegen hier die sandigen Uferpartien aufzusuchen; beide Arten sind von dunkelgelber oder bräunlicher Farbe.

Von den zahlreichen Teichen der Wittingauer Herrschaft wurde ferner der Rosenberger-, Svět-, Opatowitzer-, Kaňov-, Tisi- und Karpfen-Teich bei Wittingau, der Syn-, Nekřtěný-, Pešák- und Baštýř-Teich bei Lomnitz, endlich der Hladov-, Hammer- und Lipič-Teich untersucht.

Die Schlägelgrube des grossen Rosenberger Teiches ist 6 M. tief und ein Lieblingsaufenthaltsort von B. cornuta. In der Mitte des Teiches überwiegt L. hyalina; an den mit Gras bewachsenen Ufern kommt I. sordidus, acutifrons und A. guttata vor.

Der Kaňov-Teich, der mit dem Rosenberger zusammenhängt und blos durch die Prager Strasse von ihm getrennt ist, zeichnet sich durch das Vorkommen zweier für die Fauna Böhmens neuen Arten: Mac. hirsuticornis und Mon. tenuirostris, welche sich am liebsten längs des steinigen Dammes aufhalten. Die erste Art ist hier häufig; von der zweiten bekam ich nur zwei Exemplare. Die häufigste Seeform ist hier D. Kahlbergensis.

Der ungefähr 377 Joch betragende und der Stadt Wittingau angränzende Teich „Svět", dessen Tiefe mitunter sogar 6 M. erreicht, hat vorwiegend dicht mit Schilf bewachsene Ufer. Daselbst ist S. crystallina und A. affinis die am häufigsten vorkommende Art. Hier fand ich auch Mon. tenuirostris, obzwar nur in einem einzigen Exemplare. In der Mitte dagegen leben sehr zahlreiche Exemplare von

D. galeata. In dem benachbarten Opatowitzer Teiche ist D. Cederströmii der häufigste Bewohner.

Der in der Nähe liegende Tisí- und Karpfenteich sind sehr seicht und mit dichtem Schilf bewachsen, so dass hier nur die Uferformen vorkommen, worunter auch P. pediculus vertreten ist.

Ungefähr vor sechs Jahren errichtete man auf der Wittingauer Herrschaft in einem sandigen Boden bei Lomnitz dem Eisenbahndamme entlang sieben neue Teiche, welche nur durch niedrige Dämme voneinander getrennt sind und mit dem von einigen naheliegenden Teichen abfliessenden Wasser gespeist werden. Ihre Tiefe ist ebenfalls unbedeutend. Obzwar seit der Errichtung dieser Teiche kaum ein Jahr verflossen ist, fand ich dennoch bei deren Untersuchung eine grosse Anzahl von Cladoceren. Die Fische gedeihten hier prächtig, trotzdem dass ihre Nahrung hauptsächlich aus Cladoceren bestand und es dürfte dies als Beispiel angeführt werden, um zu zeigen, dass auch diese sonst sehr unbedeutenden Thierchen im Teichwesen eine ziemlich wichtige Rolle zu spielen vermögen. Die häufigsten Bewohner waren hier: Daphnella Brandtiana, C. megops, pulchella. Im Syn-Teiche traf ich schon L. hyalina nebst noch einigen Seeformen.

Der Hladov-Teich, dessen Ufer ebenfalls schilfig sind, zieht durch das sehr häufige Vorkommen von P. pediculus die Aufmerksamkeit auf sich. Auch fand ich hier in grösserer Anzahl das Infusorium Ceratium furca, Ehr. Im Hammer-Teiche, in welchem Sc. mucronata und C. pulchella vorwiegen, lebt nebst einigen anderen Arten noch die in Böhmen äusserst seltene Form M. rosea.

Der Teich „Lipič" gehört zu jenen Wittingauer Teichen, die man hier Himmel-teiche (Nebeské rybníky) nennt und welche blos mit Quell- und Regenwasser gespeist werden und sonst keinen anderen Wasserzufluss haben. Da in diesen Teichen keine Hechte vorkommen, bei deren Gegenwart die Karpfen den Laich nicht lassen würden, so benützt man sie als Streichteiche. Der Lipič-Teich beträgt 49 Joch und ist an den Ufern dicht mit Schilf und Gras bewachsen. Hier traf Dr. Frič riesige Exemplare von L. hyalina, jedoch nur vereinzelt. Von der artenarmen Uferfauna ist die sehr selten, bis jetzt nur von Schoedler beobachtete Art Pl. striatus von Bedeutung. Es erübrigt noch zu bemerken, dass die sämmtlichen hier lebenden Arten dunkel gefärbt sind.

Von Bedeutung ist der mit trübem Wasser gefüllte Teich bei Bzí, in welchem Moina brachiata in Gesellschaft mit D. gracilis und L. hyalina vorkommt, die sonst nur in Pfützen anzutreten pflegt.

An den Ufern des Judenteiches bei Budweis ist Daph. Brandtiana sehr häufig.

Die sämmtlichen, hier angeführten Teiche werden jedes dritte Jahr ausgelassen und der dadurch wasserfrei gewordene Raum zu Feldern und Wiesen verarbeitet, zu dem Behufe, um die etwa vorkommenden schädlichen Insekten zu vertilgen. Von den Teichen, die sehr selten oder gar nie ausgelassen werden, ist vor allem der Jordán-Teich bei Tábor zu erwähnen, dessen Fauna vollständig mit jener der regelmässig ausgelassenen Teiche übereinstimmt. Hier vorwiegt D. cucullata.

In der nächsten Umgebung von Prag wurde blos der Keyer- und Počernitzer-Teich durchforscht. Ein Unterschied zwischen der Fauna dieser Teiche und jener der Umgebung von Wittingau ist blos in dem Vorkommen von Daph. brachyura in ersteren und Daph. Brandtiana in letzteren zu suchen. L. hyalina ist auch hier häufig vertreten. P. pediculus tritt gar nicht auf. D. cucullata ist ein häufiger Bewohner des Keyerteiches, D. Kahlbergensis dagegen des Počernitzer Teiches. Einer ähnlichen Fauna erfreut sich auch der Žehuner- und Jakobi-Teich bei Dymokur, in welchem sich auch P. pediculus vorfindet.

Zuletzt erwähne ich noch den Konvent-Teich nächst den Sazava-quellen, welcher im J. 1874 von Dr. Frič untersucht wurde. Seine Uferfauna enthält neben anderen Cladocerenarten den Pl. personatus in grösserer Anzahl, welche Art ich sonst in einigen Wasserreservoirs, die seit geraumer Zeit nicht gereinigt wurden, antraf (Röhr-kasten in Podĕbrad und Senftenberg). In der Mitte des Konventteiches überwiegt D. Kahl-bergensis und Cederströmii.

Nebst den erwähnten grossen Teichen giebt es noch andere kleinere, in welchen blos eine Art der Gatt. D a p h n i a vorzukommen pflegt und der sich dann einige Lynceidenarten anschliessen. Die Ufer dieser Teiche sind meist kahl und ohne Schilf. Hieher gehört der Teich Struharov im Sazavathale mit D. l a c u s t r i s und A. l i n o a t a und Cheyner Teich bei Prag mit D. a q u i l i n a.

Folgende Tabelle giebt uns eine Uebersicht der sämmtlichen, in den Teichen Böhmens vorgefundenen Cladocerenarten sowie auch ihre locale Verbreitung.

	Nový dvorec-T.	Rosenberger-T.	Kaňov-T.	Svět-T.	Opatovicer-T.	Tisí-T.	Karpfen-T.	Nektěný-T.	Syn-T.	Pešák-T.	Baštýř-T.	Lipě-T.	Hammer-T.	Hladov-T.	Jordán-T.	Juden-T.	Bestrev-T.	Kever-T.	Peterhuer-T.	Zehaner-T.	Jakobi-T.	Konven-T.
1 Sida crystallina .	†	†		†	†	†	†	†				†			†	†		†	†	†	†	†
2 Daphn. brachyura										†	†			†	†	†	†	†	†	†		
3 „ Brandtiana	†		†			†	†	†	†	†	†			†								
4 Holoped. gibberum	†																					
5 Daphn. longispina																		†	†			
6 „ lacustris . .	†					†	†	†					†	†								
7 „ aquilina . . .								†														
8 „ gracilis . . .								†														
9 „ galoata . . .		†	†	†											†			†		†		
10 „ cucullata . .				†				†						†				†	†			
11 „ Kahlbergensis	†	†	†	†			†		†						†	†	†	†			†	†
12 „ Cederströmii					†																	†
13 Simoceph. vetulus	†	†	†	†			†	†			†				†		†	†	†			
14 „ exspinosus																					†	
15 „ serrulatus															†							
16 Scaphol. mucronata			†	†	†	†	†				†	†	†	†	†	†	†	†	†	†	†	†
17 Ceriodaph. megops		†		†	†	†	†		†	†		†	†	†	†							
18 „ reticulata				†		†	†	†	†			†				†						
19 „ pulchella .		†			†	†			†	†	†		†	†	†	†	†	†	†	†	†	
20 „ laticaudata						†				†					†							
21 Bosmina cornuta		†					†	†		†				†	†		†	†	†			
22 „ longirostris	†	†	†	†	†	†	†	†			†				†			†				
23 „ brevicornis	†															†						
24 Macroth. laticornis		†	†														†		†			
25 „ hirsuticornis			†																			
26 „ rosea . . .																†					†	
27 Ilyocrypt. sordidus		†				†																
28 „ acutifrons		†																				
29 Euryc. lamellatus		†		†		†	†	†				†	†	†				†				†
30 Campt. rectirostris						†	†															
31 Acroper. leucocephalus		†	†	†			†	†			†	†	†		†							
32 „ angustatus .	†				†	†	†						†						†	†		
33 Alona Leydigii .		†													†							†
34 „ affinis	†	†	†	†									†	†	†		†	†	†	†	†	†
35 „ quadrangularis	†	†												†								
36 „ tenuicaudis .				†																		
37 „ costata . . .		†	†	†		†	†	†					†	†			†	†	†	†		
38 „ guttata . . .		†		†		†			†													
	9	19	11	16	7	14	16	9	9	4	4	6	7	13	11	14	9	15	12	14	14	10

	Nový rdovec-T.	Rosenberger-T.	Kaňov-T.	Svět-T.	Opatowitzer-T.	Tisí-T.	Karpfen-T.	Nekřtěný-T.	Syn-T.	Pešák-T.	Baštýř-T.	Lipic-T.	Hammer-T.	Hladov-T.	Jordán-T.	Juden-T.	Bestrev-T.	Keyer-T.	Pečerniker-T.	Žehuner-T.	Jakohi-T.	Konvent-T.
39 Alona lineata ...	9	19	11	16	7	14	16	9	9	4	4	6	7	13	11	14	9	15	12	14	14	10
40 „ falcata													†									
41 „ testudinaria .												†									†	
42 „ rostrata ...	†	†	†			†	†						†				†					
43 Pleuroxus exiguus		†																		†		
44 „ excisus ...	†		†	†			†															
45 „ nanus ...		†				†	†						†	†				†		†		
46 „ hastatus ..			†	†		†	†						†	†								
47 „ striatus ..													†									
48 „ trigonellus .													†			†						
49 „ aduncus ..																		†		†	†	
50 „ personatus .																						†
51 „ truncatus .		†				†	†						†			†		†	†	†	†	†
52 „ brevirostris													†									
53 Chydorus globosus													†		†		†					
54 „ sphaericus .	†	†	†	†	†	†	†	†					†	†				†	†	†	†	
55 Mon. tenuirostris		†	†																			
56 Polyph. pediculus	†					†	†		†				†	†	†					†	†	
57 Leptodora hyalina	†	†	†	†	†				†				†			†	†	†	†	†	†	†
	13	25	17	21	9	20	23	10	12	4	4	15	11	19	13	17	14	19	15	21	20	13

c) Flussausbuchtungen, langsam strömende Flüsschen und Bäche, Tümpel von verschiedener Grösse und Tiefe bilden die dritte Gruppe der Gewässer. Sie werden ausschliesslich von Uferformen bewohnt. Die Anzahl derselben ist jedoch stets grösser als jene der in Teichen lebenden Uferformen, was vielleicht in der Beständigkeit solcher Gewässer, die nie austrocknen, und dem Vorkommen, so wie auch der Verbreitung der Cladoceren bei weitem günstiger sind, zu suchen ist. Sind die Tümpel und Flussausbuchtungen hinreichend gross und tief, so findet man mitunter einzelne Formen, welche an die Seefauna errinnern. Solche sind jedoch mit den in der Mitte der Teiche und Seen vorkommenden Formen nicht zu verwechseln, da sie fast ausschliesslich der Uferfauna angehören. In der Mitte dieser Gewässer leben die Gatt. Daphuella, Bosmina, ferner Moina micrura und einige Arten der Gatt. Daphnia. Leptodora hyalina kommt hier nie vor.

Eine der grössten Buchten ist die ¼ Stunde lange, 80—100 m. breite, mitunter 9 m. tiefe, meistens dicht mit Schilf bewachsenen Ufern Elbebucht „Skupice" bei Poděbrad, welche die artenreichste Cladocerenfauna Böhmens aufweist. Sie zählt nämlich 37 Arten. M. micrura lebt hier nicht nur in der Mitte und in der Nähe der Wasseroberfläche, sondern auch in der Tiefe. In einer ähnlichen Elbebucht bei Přelouč wiegt Camptoc. rectirostris vor. In den Tümpeln bei Brandeis an der Elbe kommt eine sehr seltene und bisher nur aus Russland bekannte Art Scaphol. aurita, bei Turnau dagegen A. latissima und Mac. rosea vor. Strebloc. serricaudatus tritt im schlammigen Grunde der Sumpftümpfel bei Wittingau, Pleur. hastatus in einer Bucht des Iserflusses bei Podol und A. testudinaria im Egerflusse bei Königsberg massenhaft auf. In einem kleinen Tümpfel bei Krottensee lebt D. longispina, B. longicornis, brevicornis und einige Lynceidenarten, welche sämmtlich sehr blass gefärbt erscheinen.

In folgender Tabelle habe ich die in grösseren Flussausbuchtungen und Tümpeln vorkommenden Arten zusammengestellt.

		Elbebucht Skupice bei Poděbrad	Elbebucht bei Přelauč	Tümp. bei Arnoschitz (Turnau)	Tümp. bei Zehrov (Turnau)	Inerbucht bei Podol	Tümp. bei Königsberg	Tümp. bei Krottensee
1	Sida crystallina	†	†		†		†	
2	Daphnella brachyura	†	†		†		†	
3	Daphnia psittacea	†						
4	„ pennata	†						
5	„ longispina							†
6	„ microcephala	†						
7	„ cucullata	†						
8	Simocephalus vetulus	†			†	†	†	
9	„ exspinosus	†	†		†			
10	„ serrulatus				†			
11	Scapholeberis mucronata	†	†	†	†	†	†	
12	Ceriodaphnia megops	†	†			†	†	
13	„ reticulata	†			†	†		†
14	„ pulchella	†	†		†	†	†	
15	„ laticaudata	†			†		†	
16	Moina micrura	†						
17	Bosmina cornuta	†	†		†		†	
18	„ longirostris	†			†			
19	„ longicornis							†
20	„ brevicornis							†
21	Lathonura rectirostris				†			
22	Macrothrix laticornis	†	†		†			†
23	„ rosea				†			
24	Streblocerus serricaudatus				†			
25	Ilyocryptus sordidus	†			†			
26	Eurycercus lamellatus	†	†	†	†	†	†	
27	Camptocercus rectirostris	†	†					
28	„ Lilljeborgii				†	†		
29	Acroperus leucocephalus	†	†	†	†	†	†	†
30	„ angustatus				†			
31	Alona affinis	†	†		†		†	
32	„ quadrangularis	†						
33	„ tenuicaudis	†			†			
34	„ latissima				†			
35	„ costata	†	†		†	†	†	†
36	„ guttata	†			†			†
37	„ lineata							†
38	„ testudinaria	†			†	†	†	
39	„ rostrata				†	†	†	
40	Pleuroxus exiguus					†	†	†
41	„ excisus	†	†	†	†		†	
42	„ nanus	†	†		†		†	
43	„ hastatus				†	†	†	
		30	15	8	31	9	17	10

		Elbebucht Skupice bei Podĕbrad	Elbebucht bei Prelauč	Tümp. bei Arnschitz (Turnau)	Tümp. bei Žebrov (Turnau)	Iserbucht bei Podol	Tümp. bei Königsberg	Tümp. bei Krottensee
		30	15	8	31	9	17	10
44	Pleuroxus trigonellus	†	†		†			
45	„ aduncus	†					†	
46	„ personatus	†						
47	„ truncatus	†	†		†	†	†	
48	Chydorus globosus	†	†		†		†	
49	„ sphaericus	†	†	†	†	†	†	†
50	„ caelatus	†				†	†	†
		37	19	9	35	12	21	11

d) Pfützen und sonstige Regenwasseransammlungen meist mit trübem Wasser, die vorzugsweise zum Vieh- oder Pferdeschwemmen benützt werden, gehören der vierten Gruppe der Gewässer an und werden stets nur von den Moinaarten und von jenen Arten der Gatt. Daphnia bewohnt, welche an den Schwanzkrallen mit einem Kämmchen versehen sind.

Allgemeine Verbreitung der Cladoceren. Von einer allgemeinen Uebersicht der Cladocerenfauna der ganzen Erdoberfläche kann bis jetzt keine Rede sein, da in der bisherigen Literatur, welche uns über das Vorkommen und Verbreitung dieser Thierchen Aufschluss giebt, nur sehr lückenhafte Nachrichten enthalten sind. Ja selbst Europa steht in dieser Hinsicht noch zurück, denn der ganze Süden ist bis jetzt unberücksichtigt geblieben und nur in Nordeuropa, namentlich in Dänemark, von wo aus auch die ursprünglichen Forschungen ausgiengen, hat man eine nähere Aufmerksamkeit den Cladoceren gewidmet.

O. G. Sars lieferte uns bisher das artenreichste Cladocerenverzeichniss, der in Norwegen, namentlich in der Umgebung von Christiania seine Beobachtungen anstellte. Diesem Verzeichnisse reiht sich würdig jenes der Fauna Dänemarks an, welches schon im J. 1785 theilweise von O. Fr. Müller veröffentlicht, später aber durch P. E. Müller ergänzt wurde. Die Arten Schweden's bearbeitete Lilljeborg, England's Baird, Norman und Brady, welche letzteren die Forschungen Baird's bezüglich der Bosminiden, Lyncodaphniden und Lynceiden vervollständigt und vermehrt haben. Seb. Fischer vertraute uns mit der Fauna Russland's und zwar der Umgebung von Petersburg. Von den Schriften, welche in verschiedenen Zeitperioden in Deutschland. erschienen, sind die Arbeiten Schoedler's, der in der Umgebung von Berlin und in den Buchten des baltischen Meeres seine Untersuchungen anstellte, von grösserer Wichtigkeit. Nebstdem beschrieb Liévin die Cladoceren der Danziger Gegend, Zaddach der Umgebung von Königsberg und Leydig von Würzburg und des Bodensees. Endlich ist noch die Artenbeschreibung der Umgebung von Genf (Jurine 1820), ferner jener von Böhmen (Kurz 1874) und das Cladocerenverzeichniss von Pester Umgebung (Chyzer 1858) zu erwähnen.

Im Vergleiche mit anderen, verhältnismässig am besten durchforschten Ländern Europa's zählt Böhmen die grösste Anzahl von Cladoceren und zwar 96, Norwegen (nach Sars) 86, Dänemark (nach P. E. Müller) 75, Deutschland 70, England 52 und Russland nur 34 Arten. England und Russland sind bisher die artenärmsten Länder, was allerdings den noch nicht in hinreichendem Maasse betriebenen Forschungen zuzuschreiben ist, da uns von England an genaueren Verzeichnissen der Sididen und Daphniden, von Russland dagegen fast sämmtlicher Familien mangelt.

Stellen wir uns die Arten dieser Länder nach Familien in Reihen, so erhalten wir folgende Uebersichtstabelle. (Die marinen Arten sind inbegriffen).

Familie		Böhmen	Norwegen	Dänemark	Deutsch-land	England	Russland	Gesammt-zahl
I.	Sididae	4	6	4	4	2	3	8
II.	Holopedidae	1	1	1	1	—	—	1
III.	Daphnidae	39	30	19	21	12	9	53
IV.	Bosminidae	5	7	6	8	4	2	19
V.	Lyncodaphnidae	8	7	6	5	7	4	11
VI.	Lynceidae	37	29	32	28	25	14	51
VII.	Polyphemidae	1	5	6	2	2	1	9
VIII.	Leptodoridae	1	1	1	1	—	1	1
		96	86	75	70	52	34	153

Die Daphniden sind in Böhmen und Norwegen am zahlreichsten vertreten, in Russland dagegen am allerwenigsten; die Lynceiden weisen in allen Ländern die grösste Zahl auf. Holopedium blieb bisher in England und Russland, Leptodora nur in Russland unbekannt.

In nächstfolgender Tabelle ist dasselbe Artenverzeichniss jedoch nach Gattungen geordnet.

	Gattung		Böhmen	Norwegen	Dänemark	Deutsch-land	England	Russland	Gesammt-zahl
1	Sida, Straus		2	2	1	3	1	1	4
2	Daphnella, Baird		2	2	2	1	1	2	2
3	Limnosida, Sars		—	1	—	—	—	—	1
4	Latona, O. F. Müller		—	1	1	—	—	—	1
5	Holopedium, Zad.		1	1	1	1	—	—	1
6	Daphnia, O. Fr. Müll.		24	20	7	10	5	3	35
7	Simocephalus, Schœdl.		3	3	3	4	1	2	4
8	Scapholeberis, Schœdl.		3	1	1	2	2	2	3
9	Ceriodaphnia, Dana		5	5	7	3	2	1	7
10	Moina, Baird		4	1	1	2	2	1	4
11	Bosmina, Baird		5	7	6	8	4	2	19
12	Lathonura, Lilljeb.		1	1	1	2	1	1	2
13	Macrothrix, Baird		3	—	2	1	3	1	3
14	Streblocerus, Sars		1	1	—	—	—	1	1
15	Drepauothrix, Eurén		—	1	1	—	1	—	1
16	Acantholeberis, Schoedler		1	1	1	1	1	—	1
17	Ilyocryptus, Sars		2	2	1	1	1	1	2
18	Ophryoxus, Sars		—	1	—	—	—	—	1
			57	51	36	39	25	18	92

9

	Gattung	Böhmen	Norwegen	Dänemark	Deutsch- land	England	Russland	Gesammt- zahl
		57	51	36	39	25	18	92
19	Eurycercus, Baird	1	1	1	1	1	1	1
20	Camptocercus, Baird	2	1	3	4	1	1	4
21	Acroperus, Baird	2	3	3	2	2	1	5
22	Alonopsis, Sars	1	1	1	1	1	—	1
23	Alona, Baird	14	11	13	8	9	5	18
24	Frixura, P. E. Müller	—	—	1	—	—	—	1
25	Pleuroxus, Baird	11	6	7	8	7	3	12
26	Chydorus, Baird	5	4	2	4	2	2	7
27	Anchistropus, Sars	—	1	—	—	1	—	1
28	Monospilus, Sars	1	1	1	—	1	1	1
29	Polyphemus, O. F. Müll.	1	1	1	1	1	1	1
30	Bythotrephes, Leyd.	—	1	1	1	—	—	2
31	Podon, Lillj. (marin)	—	—	2	—	—	—	2
32	Pleopis, Sars (marin)	—	2	—	—	—	—	2
33	Evadne, Loven (marin)	—	1	2	—	—	1	2
34	Leptodora, Lillj.	1	1	1	1	1	—	1
		96	86	75	70	52	34	153

Von den 34 hier angeführten Gattungen haben in Böhmen 24, in Norwegen 31 (2 marine), in Dänemark 29 (2 marine), in Deutschland 23, in England 24 (1 marine) und in Russland 21 Gattungen ihre Vertreter. Die Hälfte derselben (17 Gatt.) ist allen diesen Ländern gemeinschaftlich. Die Gatt. Alona und Pleuroxus besitzt verhältnissmässig die meisten gemeinschaftlichen Arten, die Gatt. Bosmina die allerwenigsten.

Vergleichen wir endlich die Reihen der Arten der sechs Länder miteinander in Bezug auf das gemeinschaftliche Vorkommen einzelner Arten, so erhalten wir die nachstehende Tabelle, in welcher uns die angeführte Zahl immer die Menge der gemeinschaftlichen Arten je zweier Länder angiebt.

	Böhmen	Norwegen	Dänemark	Deutsch- land	England	Russland
Böhmen . . .	96	59	56	52	42	30
Norwegen . . .		86	50	38	39	26
Dänemark . .			75	43	40	27
Deutschland . .				70	36	25
England . . .					52	22
Russland . . .						34

Die meisten gemeinschaftlichen Arten weist Russland und England auf und zwar aus dem Grunde, dass man bisher nur den häufigsten Arten Aufmerksamkeit geschenkt hat.

Zum Schlusse sei mir erlaubt noch zu bemerken, dass man wesentliche Unterschiede zwischen den bereits erwähnten Faunen vergebens suchen würde, trotzdem dass man sich einigermassen dazu berechtigt fühlt und das um so mehr, als die einzelnen Länder geographisch von einander getrennt sind. Dies gilt namentlich von England, welches vom Kontinent gänzlich abgeschlossen ist, und doch findet man hier keine Art, welche nicht etwa am Kontinente vertreten wäre. Die Faunen Böhmens, Dänemark's und Norwegen's stimmen ebenfalls im Wesentlichen überein, da ihnen 46 Arten gemeinschaftlich sind. Die Cladoceren scheinen demnach kosmopolitische Thiere zu sein, welche überall angetroffen werden, wo man ihnen nur Aufmerksamkeit widmet und wo auch die äusseren Verhältnisse der Verbreitung und dem Vorkommen derselben entsprechend günstig sich gestalten.

CPSIA information can be obtained
at www.ICGtesting.com
Printed in the USA
BVHW040103220119
538278BV00008B/136/P